U0323992

机械制造技术基础

主　审　刘占斌
主　编　黄　东　祁　冰　方坤礼
副主编　刘增祥　薛　飞　温　琰　王沁军
参　编　邹红亮　宋佳妮　周　香　杨　阳　曹　阳

中国矿业大学出版社

图书在版编目（CIP）数据

机械制造技术基础／黄东，祁冰，方坤礼主编. —
徐州：中国矿业大学出版社，2018.8
ISBN 978-7-5646-4047-7

Ⅰ.①机… Ⅱ.①黄… ②祁… ③方… Ⅲ.①机械制
造工艺 Ⅳ.①TH16

中国版本图书馆 CIP 数据核字（2018）第 166870 号

书　　名	机械制造技术基础	
主　　编	黄　东　祁　冰　方坤礼	
责任编辑	何晓明	
出版发行	中国矿业大学出版社有限责任公司	
	江苏省徐州市解放南路　邮编 221008	
营销热线	（0516）83885307　83884995	
出版服务	（0516）83885767　83884920	
网　　址	http：//www.cumtp.com　E-mail：cumtpvip@cumtp.com	
印　　刷	武钢实业印刷总厂	
开　　本	787×1092　1/16　印张 19.5　字数 487 千字	
版次印次	2018 年 8 月第 1 版　2018 年 8 月第 1 次印刷	
定　　价	52.80 元	

（图书出现印装质量问题，本社负责调换）

前　言

本书根据高职高专教育基础课程教学基本要求和高职高专教育专业人才培养目标及规格，本着实用、易用的原则，吸收、运用国内教育改革研究成果，并结合作者在大型机械加工企业一线的多年工作经验编写的。在教材开发上，必须以"守正出新"为原则，坚持走特色化、多元化、立体化、实用化的道路，一切从学生的客观素质出发，并结合高职院校学生的培养定位和教学实践经验，总结出改革创新方针，规划设计符合高职院校学生基础薄弱、部分学生学习自觉性不高的特点。

在编写过程中以培养应用型人才为目标，以技术为本位，以实用、够用为度，结合作者多年的实际生产经验和教学心得，将机械制造技术的机床、刀具、夹具、机械制造工艺及机械装配技术等各种知识体系融入各类加工技术当中，并结合了部分实际加工案例进行教学，因而有利于学生初步掌握基本专业知识的综合应用，使学生具有在生产、服务、技术和管理第一线工作的全面素质和综合职业能力，为学习后续课程奠定必要的基础。

本教材联合了多所高等职业院校，按照高素质技能型专门人才的培养目标进行编写。本书由吉林电子信息职业技术学院黄东、沈阳职业技术学院祁冰、衢州职业技术学院方坤礼任主编。具体分工如下：绪论和项目1由沈阳职业技术学院祁冰编写，项目2由衢州职业技术学院方坤礼编写，项目3由山东轻工职业学院刘增祥编写，项目4由山西机电职业技术学院王沁军编写，项目5由永城职业学院薛飞编写，项目6由郑州电子信息职业技术学院温琰编写，项目7由黄东编写，项目8由沈阳职业技术学院祁冰编写，项目9由衢州职业技术学院方坤礼编写。参与文献资料搜集以及图形绘制的还有吉林电子信息职业技术学院的邹红亮、宋佳妮、周香、杨阳、曹阳等。

本书由吉林电子信息职业技术学院刘占斌老师担任主审。

由于作者水平有限，书中难免有错误之处，欢迎广大教师和读者批评指正。

编　者

2018 年 3 月

目　录

绪　　论

一、机械制造工业的发展现状及形势

机械制造是各种机械、机床、工具、仪表、仪器、刀具、量具制造加工过程的总称。机械制造技术是研究用于制造上述机械产品的加工原理、工艺过程和方法以及相应的加工设备的一门工程技术，一般包含机械制造热加工技术、机械制造冷加工技术以及机器装配技术三部分。

1. 机械制造工业在国民经济中的地位与作用

机械工业是为国民经济提供技术装备和为人们日常生活提供耐用消费品的产业。它为国民经济各部门提供冶金机械、矿山及工程机械、石油化工机械、各类运输机械、机床工具及仪器仪表、纺织及包装轻工机械、农牧业加工机械等。不论是传统还是新兴产业，都离不开各种各样的机械装备。

制造业是社会财富的主要贡献者之一，没有制造业的发展就没有今天人类的现代物质文明。机械制造业是国家的支柱产业之一，其生产能力和技术水平是衡量一个国家或地区科技水平和经济实力的重要标志。工业化国家中从事制造活动的人员占全国从业人数的四分之一，美国财富的68%来自制造业，日本国民生产总值大约50%由制造业创造，我国的制造业在国民经济中也占很大比重。

2. 机械制造业的发展现状及面临的形势

机械制造业是一个历史悠久的产业，它自18世纪初工业革命形成以来，经历了一个漫长的发展过程。

随着现代科学技术的进步，特别是微电子技术和计算机技术的发展，机械制造这个传统工业焕发了新的活力，增加了新的内涵，使机械制造业无论在加工自动化方面，还是在生产组织、制造精度、制造工艺方面都发生了令人瞩目的变化，发展成为现代制造技术。现代制造技术更加重视技术与管理的结合，重视制造过程的组织和管理体制的精简及合理化，从而产生了一系列技术与管理相结合的新的生产方式。

数控机床和自动换刀各种加工中心已成为当今机床的发展趋势。

在机床数控化过程中，机械部件的成本在机床系统中所占的比重不断下降，模块化、通用化和标准化的数控软件使用户可以很方便地达到加工目的。同时，机床结构也发生了根本性变化。随着加工设备的不断完善，机械制造技术也在不断地变革，从而使得机械制造精度不断提高。

随着新材料不断出现，材料的品种猛增，其强度、硬度、耐热性等不断提高。新材料的迅猛发展对机械加工提出了新的挑战。一方面迫使普通机械加工方法要改变刀具材料、改进所用设备；另一方面对于高强度材料及特硬、特脆和其他特殊性能材料的加工，要求应用更多的物理、化学、材料科学的现代知识来开发新的制造技术。

由此出现了很多特种加工方法，如电火花加工、电解加工、超声波加工、电子束加工、离子束加工以及激光加工等。这些加工方法，突破了传统的金属切削方法，使机械制造工业出现了新的面貌。

3. 我国机械制造工业的发展及与世界发达国家的差距

放眼世界，机械制造技术最发达的国家是美国、日本和以德国为代表的欧洲发达国家。尤其是美国、日本和德国，在超精密加工和特种加工方面领先于其他国家和地区，目前世界上最为先进的各种仪器、量具、检测手段和精密加工工艺基本都出自这三个国家。

例如，日本在1952年已经淘汰了蒸汽机车；日本与德国的精密加工水平已经达到原子级别，可以将原子核剖开，分离质子与中子；美国综合科技实力走在世界最前沿。可以说，世界机械制造技术的进步基本依赖于美、日、德三国的技术研究，它们是名副其实的世界制造强国，其产品不仅科技含量顶尖，而且品质极优，当然价格极其昂贵。

中华人民共和国成立前，我们的机械制造工业基本处于停滞状态。经过半个多世纪的努力，尤其是改革开放以来，通过引进吸收与自主开发，我国的机械工业已经基本形成门类齐全、具有相当规模及技术开发能力的支柱产业。产业的结构正向着合理化方向发展，先进的制造技术不断在生产中应用推广，机电及相关高效技术产品生产基地正在逐步形成。

现在，我国已具备相当规模、较高技术水平和较完整的机械工业体系。具有成套设备的制造能力，大型的水电、火电机组和核电设备，钻探、采矿设备等已达到世界先进水平，运载火箭、载人航天技术更加反映了我国制造工业的技术水平。

我国机械制造业的整体技术水平与工业发达国家相比还存在很大差距，目前的机械制造水平还是相对落后的，而且很多世界的高精尖技术还是空白。

二、机械制造技术的发展方向

1. 机床的发展趋势

（1）高速化

高速化体现了高效率，这正是机械加工技术追求的目标之一。制造设备的高速化表现在主轴转速、各运动轴的快速移动以及刀具的快速更换等方面。如国外生产的高速立式加工中心，主轴转速可达 24 000 r/min 以上；国内生产的高速卧式加工中心，其主轴转速也已达 18 000 r/min，且 x、y、z 轴移动速度达 60 m/min；高速数控纵切车床的主轴最高转速可达 12 000 r/min。在换刀速度方面，国内产品也达到了 1.5 s 的较高水平。

（2）高精度化

为适应机械制造产品越来越精密的要求，制造设备的高精度化是发展的必然趋势。近年来，制造设备的精度不断提高，如国内生产的高精度高速车削中心，在主轴转速高达

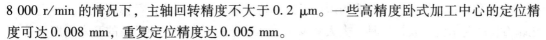

8 000 r/min 的情况下，主轴回转精度不大于 0.2 μm。一些高精度卧式加工中心的定位精度可达 0.008 mm，重复定位精度达 0.005 mm。

（3）复合化

复合化是机床发展的又一个重要趋势。复合化是将多种动力头集中在一台机床上，使工件在一次装夹中，完成多种工序的加工，从而减小了多次装夹误差，提高了工件的加工精度。例如，国产的 MK2710 型内、外圆复合磨床，工件在一次装夹中，可同时磨削内孔、外锥面或同时磨削内孔、端面，显著提高了磨削加工效率及各加工表面的相互位置精度；国产的 TK6610 型数控立、卧复合铣镗床，具有立、卧两个主轴箱，可进行铣平面、斜面、长槽、阶梯面及钻、镗、攻螺纹等工序。

（4）高科技含量化

科学技术的进步极大地提高了现代制造装备的科技含量。目前，数控机床的应用越来越广泛。国内已制造出六轴五联动数控锥齿轮铣齿机、五轴联动龙门加工中心等，可加工大型空间曲面构件、涡轮发动机叶片、螺旋桨等复杂空间零件的机床。用于微细加工的机床也不断涌现出来，如国产的 ZK9301 型数控喷油钻床，其主轴转速高达 20 000 r/min，可钻 φ0.1～1.0 mm 的小孔。

（5）环保化

减少机械加工对环境的污染，使操作者更加安全地工作，已成为制造装备行业发展的又一趋势。目前，在数控机床上都装有全防护装置，以防止冷却液和铁屑飞溅，减轻油雾弥漫，降低噪声。在一些较先进的机床上，已采用了新型冷却技术，如采用低温空气代替传统的冷却液；通过废液、废气、废油的再回收利用等，减少对环境的污染；也有的机床采用干式加工技术、负压抽吸技术等新技术，从各方面减少了对环境的污染。

2. 切削加工的发展

切削加工是制造技术的主要基础工艺，在未来发展中仍将是汽车、航空航天、能源、军事、模具、电子等制造业重要部门的主要加工手段。因此，随着制造技术的发展，切削加工也将进入以发展超高速切削、开发新的切削工艺和加工方法、提供成套技术为特征的新阶段。

（1）超高速切削

超高速切削加工所用切削速度高于常规 5～10 倍，甚至更多。例如，超高速切削铝合金时 $v = 1\ 500 \sim 5\ 500$ m/min；切削铸铁时 $v = 750 \sim 4\ 500$ m/min；切削普通钢材时 $v = 600 \sim 800$ m/min；超高速切削加工的进给速度 $v_f = 20 \sim 40$ m/min。超高速切削的发展，要求制造技术的全面进步和进一步创新（包括数控机床、刀具材料、涂层等技术的重大进步），以满足切削速度和进给速度成倍提高的需要。日本的超高速切削速度可达 10 万～12 万 r/min，而我国目前仅为 2 万 r/min。

（2）硬切削

硬切削是用单刃或多刃刀具加工淬硬零件。与传统的磨削加工相比，硬切削具有效率高、柔性好、工艺简单、投资少等优点，目前已在一些生产领域中应用，并取得了较好的效果。如在汽车行业中，用立方氮化硼（CBN）刀具加工 20CrMo5 淬硬齿轮（60HRC）的内孔，代替原来的磨削加工，已成为国内外汽车行业推广的新工艺；在模具行业，用立方氮化硼刀具高速精铣淬硬钢模具，大大减少了模具抛光的工作量，使模具的开发周期显著缩短；在机床行业，用立方氮化硼旋风铣刀精加工滚珠丝杠（64HRC），代替螺纹磨削，以及用硬质合金滚刀加工淬硬齿轮等，都显现出很强的生命力。

（3）干切削

一个以降耗、节能、节材、减废为目的，有利于环境保护和人身健康的，实现清洁安全生产的绿色工程已在工业发达国家兴起，实行绿色工程，开发绿色制造技术，是新世纪切削加工发展的重要课题。干切削技术考虑了切削加工中切削液对环境的污染、对操作者健康的伤害，因此得到了迅速发展。目前已出现了微量润滑切削、冷风切削等准干切削新工艺。随着干切削技术的进一步发展，不仅切削加工中的切削液将彻底去掉，而且传统的切削工艺也将发生重大变革，促进刀具材料、涂层、结构等的创新。

（4）快速成形技术

快速成形技术是一种用材料逐层或逐点堆积出制件的新型制造方法。传统切削加工通过切除多余材料得到所需形状的零件，而快速成形技术是通过材料的迁移和堆积，形成所需要的原型零件的。

3. 切削加工刀具的发展

刀具是制造业发展的重要基础。美、德、日等世界制造业发达的国家无一例外都是刀具工业先进的国家。先进刀具不但是推动制造技术发展进步的重要动力，还是提高产品质量、降低加工成本的重要手段。金属切削刀具作为数控机床必不可少的配套工艺装备，在数控加工技术的带动下，已进入"数控刀具"的发展阶段，显示出"三高一专"（即高效率、高精度、高可靠性和专用化）的特点。

（1）刀具材料的发展

长期以来，难加工材料如奥氏体不锈钢、高锰钢、淬硬钢、复合材料、耐磨铸铁等一直是切削加工中的难题，不仅切削效率低，而且刀具寿命短。随着制造业的发展，21世纪这些材料的用量也迅速增加。同时，新工程材料的不断问世，也对切削加工提出了新的要求。如在切削加工比较集中的汽车工业，使用硅铝合金制造的发动机、传动器的比例在持续增加，并且已开始引入镁合金和新的高强度铸铁来制造汽车零件，以减轻汽车重量，节约能耗；又如在航空航天工业，钛合金、镍基合金以及超耐热合金、陶瓷等难加工材料的应用比例也呈增加趋势。能否高效加工这些材料，直接关系到我国汽车、航空航天、能源等重要工业部门的发展速度和制造业整体水平，也是对切削技术的极大挑战。

发展新型刀具材料是解决上述问题的有效途径之一。刀具材料发展的主要方向：开发加入增强纤维的陶瓷材料，进一步提高陶瓷刀具材料的性能，以大幅度地提高切削用量；开发应用新的涂层材料，使新的涂层材料能用更韧的基体与更硬的刃口组合，采用更细颗粒，改进涂层与基体的黏合性，提高刀具的可靠性；进一步改进粉末冶金高速钢的制造工艺，扩大应用范围；推广应用金刚石涂层刀具，扩大超硬刀具材料在机械制造业中的应用。

（2）新型高效刀具的发展

为批量生产的特定零件和特定加工开发高效专用刀具是刀具发展的又一个重要方向。如在汽车行业中，已开发了缸孔镗刀、缸体铣刀、曲轴铣刀、曲轴车拉刀和各种组合镗刀等，这些刀具能满足加工特殊零件的需要，具有复合功能，往往能巧妙地实现刀具的附加运动，实现加工空刀槽、倒角、锪平面等功能，因此被称为智能化刀具。新型高效刀具的出现既满足了用户的特定要求，提高了产品质量，减少加工时间，又使产品的开发周期大大缩短。

三、本课程的特点及学习方法

1. 本课程的特点

（1）综合性强

本课程综合了机类专业课及专业基础课的知识，内容涵盖面广，覆盖了大部分机械专业课和专业基础课等内容，因此教学中要注意专业核心课程与相关课程内容上的融合，要善于运用机械制图及公差配合、金属材料及热处理、机械设计基础、金属切削方法、液压与气动等课程的相关知识。

（2）实践性强

本课程的理论与机械制造过程中的工艺实践关系非常密切，因此在教学中应注重理论教学与实践教学，如生产实习、工艺实验、课程实训等环节的有机结合，使学生在学习和实践中抓住要领，深入理解本课程的重要性，理解课程的核心内容，通过生产实习及课程实训环节帮助学生理解和掌握机械制造工艺系统（机床、刀具、夹具、工件）。

2. 本课程的学习方法

对于机电、数控、模具等专业来讲，它是一门专业基础课，因此学好这门课将为后续的专业课奠定坚实的基础。

课程实践性很强，这门课与生产实践联系十分紧密，有了实践知识和实践经验才能够理解并掌握，因此必须要注重实践环节的学习。

要结合课后思考与练习及课程综合实训、实习等教学环节，掌握整门课程的内容。

项目
车削加工
1

车削加工是机械制造最主要的切削技术之一，机械零件中绝大部分回转体零件主要加工方法都是车削加工（另外还有滚压与磨削）。车床是应用最广泛的机床之一，约占机床总数的50%。另外其他机床基本上都是在车床的基础上演化而来的，车床可以替代其他多种机床完成各种加工操作，故而车床堪称万床之母。

本项目学习要点：

1. 掌握 CA6140 型车床典型的结构、主要参数及其功能。
2. 掌握车削刀具几何角度，能够标注简单车刀的几何角度。
3. 掌握典型车床专用夹具及附件的结构。
4. 掌握简单的回转体零件的车削工艺过程，能编制简单的加工工艺。

任务一　车　床

一、车床种类

车床种类很多，按其结构和用途不同，可分为卧式车床、立式车床、回轮车床、转塔车床、多挡半自动车床、数控车床、精密车床、仪表车床、偏心车床、双头车床、数显车床等。

1. 卧式车床（CA6140 型）

（1）外观：CA6140 型卧式车床外观如图 1 - 1 - 1 所示。

（2）机床运动：主轴带动卡盘夹持工件的旋转为主运动，刀架的直线或曲线移动为进给运动。注意：所有的机械加工都离不开刀具与工件的相对运动，无论何种加工方式都具有主运动且只有一个，但是进给运动可以有一个，可以有多个，也可以没有。在整个加工过程中速度最快的运动就是主运动，其余所有的运动都是进给运动。

（3）主参数：加工工件的最大回转直径。

（4）主要特征：主轴卧式布置，与地面平行，加工对象广，主轴转速和进给量的调整范围大，主要由工人手工操作，生产效率低。

（5）主要用途：用于加工各种轴、套和盘类零件上的回转表面。此外，还可以车削端面、沟槽、切断及车削各种回转的成形表面（如螺纹）等，亦可以进行孔加工，适用于单件、小批量生产和修配车间。

（6）代表机床：CA6140 型车床、CM6132 型车床等。

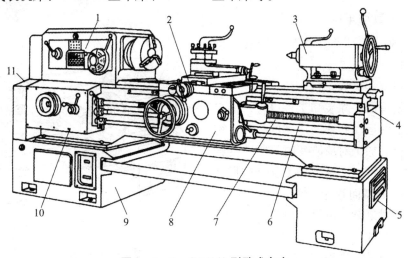

图 1-1-1　CA6140 型卧式车床

1——主轴箱；2——刀架；3——尾座；4——床身；5，9——床腿；6——光杠；

7——丝杠；8——溜板箱；10——进给箱；11——挂轮变速机构

2. 立式车床

（1）外观：立式车床外观如图 1-1-2 所示。

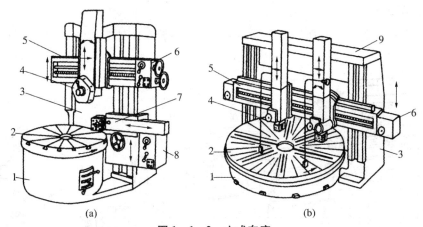

(a) 单柱立车；(b) 双柱立车

图 1-1-2　立式车床

（a）单柱立车；（b）双柱立车

1——底座；2——工作台；3——立柱；4——垂直刀架；5——横梁；6——垂直刀架进给箱；

7——侧刀架；8——侧刀架进给箱；9——顶梁

（2）主参数：最大车削直径。

（3）主要特征：主轴立式布置，与地面垂直，工件装夹在水平的回转工作台上，刀架在横梁或立柱上移动。分单柱和双柱两大类。立式车床可以做得很大，工作台直径可达几米甚至几十米。

（4）主要用途：适用于加工较大、较重、难于在普通车床上安装的板类、箱体类零件，或者某些精度要求不高的大孔径加工。

（5）代表机床：C5116A型、C5225型等。

3. 多刀半自动车床

（1）外观：多刀半自动车床外观如图1-1-3所示。

（2）主参数：最大棒料直径。

（3）主要特征：除装卸工件以外，能自动完成所有切削运动和辅助运动的机床，称为半自动机床。加工对象改变时只需改变输入的程序指令即可，可精确加工复杂的回转成形面，且质量高而稳定，加工效率较高。缺点是结构相对复杂，可靠性较差，故障率较高，维修较麻烦。

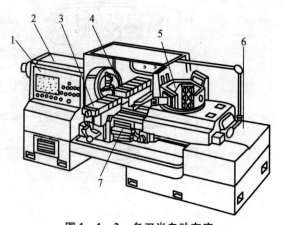

图1-1-3 多刀半自动车床

1——电气装置；2——主轴箱；3——前刀架；
4——后刀架；5——转塔刀架；6——液压装置；7——床身

（4）主要用途：与普通车床大体一样，主要用于加工各种回转表面，特别适宜粗加工和较复杂的回转成形面。目前在中小批量生产中广泛应用。

（5）代表机床：CB7630型半自动车床。

4. 六角车床

（1）外观：转塔车床外观如图1-1-4所示，回轮车床外观如图1-1-5所示。

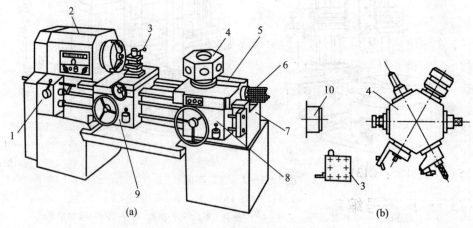

(a)   (b)

图1-1-4 转塔车床

1——进给箱；2——主轴箱；3——横刀架；4——转塔刀架；5——转塔刀架溜板；6——定程装置；
7——床身；8——转塔刀架溜板箱；9——横刀架溜板箱；10——工件

（2）主参数：转塔车床以卡盘直径为主参数；回轮车床以最大棒料直径为主参数。

（3）主要特征：具有能装多把刀具的转塔刀架，能在工件的一次装夹中由工人依次使用不同刀具完成多种工序。

（4）主要用途：适于成批生产外形较复杂，且具有内孔及螺纹的中小型轴、套类零件。

（5）代表机床：CB3220-MC 型转塔车床，C3025 型回轮车床。

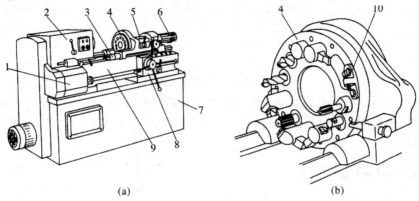

(a)　　　　　　　　　　　　　　　(b)

图 1 - 1 - 5　回轮车床

1——进给箱；2——主轴箱；3，6——纵向定程机构；4——回转刀架；5——纵向溜板；

7——底座；8——溜板箱；9——床身；10——横向定程机构

5. 自动车床

（1）外观：自动车床（单轴转塔）外观如图 1 - 1 - 6 所示。

（2）主参数：以最大棒料直径为主参数。

（3）主要特征：具有实现自动控制的凸轮机构，按一定程序自动完成中小型工件的多工序加工，能自动上下料，重复加工一批同样的工件。

（4）主要用途：适于大批量生产形状不太复杂的小型的盘、环和轴类零件，尤其适于加工细长的工件。可车削圆柱面、圆锥面和成形表面，当采用各种附属装置时，可完成螺纹加工、孔加工及钻横孔、铣槽、滚花和端面沉割等工作。

（5）代表机床：C1312 型自动车床。

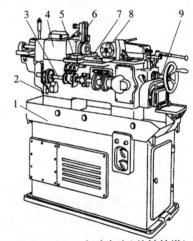

图 1 - 1 - 6　自动车床（单轴转塔）

1——底座；2——床身；3——分配轴；4——主轴箱；

5——前刀架；6——上刀架；7——后刀架；

8——转塔刀架；9——辅助轴

二、车床型号编制

机床型号是机床产品的代号，用以简明地表示机床的类型、通用和结构特性、主要技术参数等。目前我国的机床型号是按照《金属切削机床型 号编制方法》（GB/T 15375—2008）编制的，机床型号由汉语拼音字母和阿拉伯数字按一定的规律组合而成，它适用于新设计的各类通用机床、专用机床和回转体加工自动线（不包括组合机床、特种加工机床）。如图 1 - 1 - 7 所示。

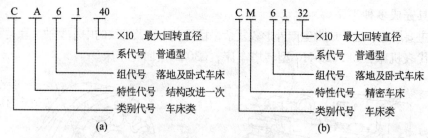

图 1-1-7　车床型号编制

注意：机床型号编制中的数字及字母的含义是相同的，如 C 表示的就是车床；6 表示卧式，无论何种机床，只要是卧式的结构，组代号就是 6；1 表示的就是普通型机床，即人工开动的机床。

三、CA6140 型车床

1. CA6140 型车床的主要组成部件及功能

如图 1-1-1 所示的 CA6140 型卧式车床主要由主轴箱、进给箱、溜板箱、挂轮箱、床身、刀架、尾座、卡盘、床腿、光杠与丝杠、冷却及照明装置等部件组成。

（1）主轴箱：也称主轴变速箱。它固定在机床身的左端，装在主轴箱中的主轴（主轴为中空，不仅可以用于更长棒料的加工及机床线路的铺设，还可以增加主轴的刚性），通过卡盘等夹具装夹工件。主轴箱的功用是支撑并传动主轴，使主轴带动工件按照规定的转速旋转。

（2）进给箱：它固定在床身的左前侧、主轴箱的底部。其功能是改变被加工螺纹的螺距或机动进给的进给量。

（3）溜板箱：它固定在刀架部件的底部，可带动刀架一起做纵向、横向进给以及快速移动或螺纹加工。在溜板箱上装有各种操作手柄及按钮，工作时工人可以方便地操作机床。车床不使用时要将溜板箱退回至机床最右侧，以防止过大的质量压弯光杠，形成挠度，影响加工精度。

（4）挂轮箱：车非标螺纹或蜗杆时，必须根据需要计算螺纹螺距后加挂轮，这样才能满足非标螺纹加工的需要，所以挂轮是作为一种扩展配件来使用的。

（5）床身：床身固定在左床腿和右床腿上，是机床的基本支撑件。在床身上安装着机床的各个主要部件，工作时床身使它们保持准确的相对位置。

（6）刀架：它位于床身的中部，并可沿床身上的刀架轨道做纵向移动。刀架部件位于床鞍托板上，其功能是装夹车刀，并使车刀做纵向、横向或斜向运动。

（7）尾座：它位于床身的尾座轨道上，并可沿导轨纵向调整位置。尾座的功能是用后顶尖支撑工件。在尾座上还可以安装钻头等加工刀具，以进行孔加工。

（8）卡盘：用于夹紧工件做回转运动，有三爪卡盘、四爪卡盘及花盘等，三爪卡盘可以自动定心。

（9）床腿：用于支撑机床重量、安放电动机等。为了保证机床工作时最大限度减小振动，满足加工精度，通常床腿下面需要打水泥地基，使用前用水平仪进行校对调平。

（10）光杠：车床的光杠和丝杠都是传递转矩使刀架移动用的。光杠从结构上不能保证精确的传动比，所以一般用来车外圆、端面、内孔等，不用来车螺纹。

（11）丝杠：主轴转一圈刀架能精确移动相应的距离，这样可以保证车削加工的螺纹螺距相等,所以丝杠是用来车螺纹的。在设计时光杠与丝杠之间有互锁作用,即光杠转丝杠不转,丝杠转光杠不转,防止同时转动而损害设备。

2. CA6140 型车床工艺范围

CA6140 型车床的通用性较强,应用极为广泛,在金属切削机床中所占的比重最大,主要用于加工各种回转表面,如内外圆柱表面、内外圆锥表面、成形回转面和回转体端面、螺纹、抛光等。其主要工艺范围如图1-1-8所示。

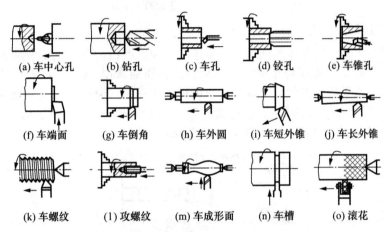

(a) 车中心孔　(b) 钻孔　(c) 车孔　(d) 铰孔　(e) 车锥孔

(f) 车端面　(g) 车倒角　(h) 车外圆　(i) 车短外锥　(j) 车长外锥

(k) 车螺纹　(l) 攻螺纹　(m) 车成形面　(n) 车槽　(o) 滚花

图 1 - 1 - 8　CA6140 型车床主要工艺范围

3. CA6140 型车床的工艺参数

床身上工件最大回转直径：　　　　　400 mm
溜板上工件最大回转直径：　　　　　210 mm
最大工件长度：　　　　　　　　　　750 mm、1 000 mm、1 500 mm
最大车削长度：　　　　　　　　　　650 mm、900 mm、1 400 mm
主轴空心孔径：　　　　　　　　　　48 mm
主轴转速：
　　　正转(24 级)：　　　　　　　10 ~ 1 400 r/min
　　　反转(12 级)：　　　　　　　14 ~ 1 580 r/min
刀架纵向及横向进给量：　　　　　　各 64 种
纵向一般进给量：　　　　　　　　　0. 08 ~ 1. 59 mm
　　　小进给量：　　　　　　　　　0. 028 ~ 0. 054 mm
　　　加大进给量：　　　　　　　　1. 71 ~ 6. 33 mm
横向一般进给量：　　　　　　　　　0. 04 ~ 0. 79 mm
　　　小进给量：　　　　　　　　　0. 014 ~ 0. 027 mm
　　　加大进给量：　　　　　　　　0. 86 ~ 3. 16 mm
刀架纵向快速移动速度：　　　　　　4 m/min
车削螺纹范围：
　　　米制螺纹(44 种)：　　　　　 1 ~ 192 mm
　　　英制螺纹(20 种)：　　　　　 2 ~ 24 牙/in
　　　模数螺纹(39 种)：　　　　　 0. 25 ~ 48 mm

径节螺纹(37 种):	1~96 牙/in
主电动机:	
功率	7.5 kW
转速:	1 450 r/min
快速电动机:	
功率:	0.25 kW
转速:	2 800 r/min

4. 车床的运动

如图 1-1-9 所示为车床车削运动。车床的表面成形运动有：主轴带动工件的旋转运动、刀具的进给运动。前者是车床的主运动，其转速通常以 n(r/min) 表示。后者有几种情况：刀具既可做平行于工件旋转轴线的纵向进给运动(车圆柱面)，又可做垂直于工件旋转轴线的横向进给运动(车端面)，还可做与工件旋转轴线方向倾斜的运动(车削圆锥面)，或做曲线运动(车成形回转面)。进给运动以 f(mm/r) 表示。

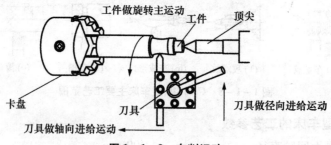

图 1-1-9　车削运动

5. CA6140 型车床传动系统

机床在加工过程中，需要有多少个运动就应该有多少条传动链。所有这些传动链和它们之间的相互联系就组成了一台机床的传动系统。分析传动系统也就是分析各传动链。分析各传动链时，应按下述步骤进行：

① 根据机床所具有的运动，确定各传动链两端件。

② 根据传动链两端件的运动关系，确定计算位移量。

③ 根据计算位移量及传动链中各传动副的传动比，列出运动平衡式。

④ 根据运动平衡式，推导出传动链的换置公式。

传动链中换置机构的传动比一经确定，就可根据运动平衡式计算出机床执行件的运动速度或位移量。

要实现机床所需的运动，CA6140 型卧式车床的传动系统需具备以下传动链：

① 实现主运动的主传动链。

② 实现螺纹进给运动的螺纹进给传动链。

③ 实现纵向进给运动的纵向进给传动链。

④ 实现横向进给运动的横向进给传动链。

⑤ 实现刀架快速退离或趋近工件的快速空行程传动链。

CA6140 型车床传动系统分为主运动传动系统，进给运动传动系统和纵向、横向机动进给传动系统三部分，具体如图 1-1-10 所示。

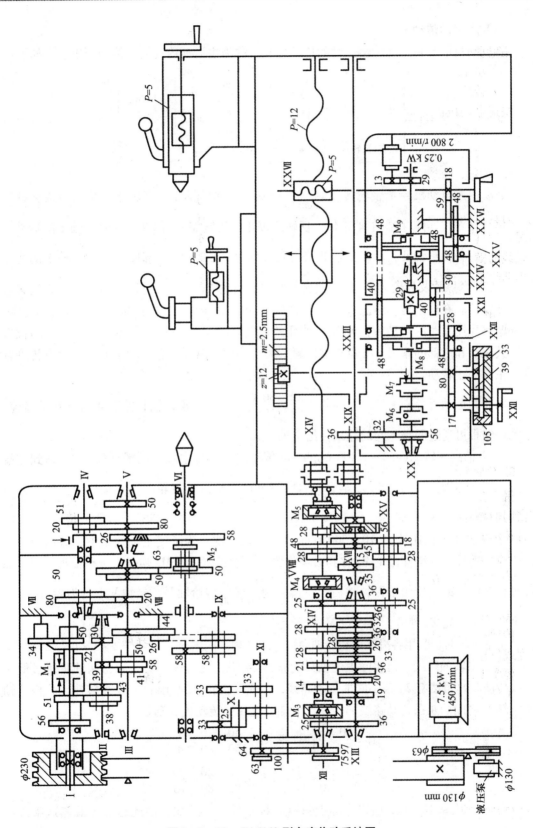

图 1-1-10 CA6140 型车床传动系统图

（1）主运动传动链

将电动机的旋转运动传给主轴的传动总和，称为主运动传动链。传动链表达式如下：

$$\text{电动机}\rightarrow\frac{\phi130}{\phi230}\rightarrow\text{I}\rightarrow\left\{\begin{array}{l}\text{M}_1\text{左（正转）}\rightarrow\left[\begin{array}{c}\frac{56}{38}\\\frac{51}{43}\end{array}\right]\rightarrow\\[2em]\text{M}_1\text{右（反转）}\rightarrow\frac{50}{34}\rightarrow\text{Ⅶ}\rightarrow\frac{34}{30}\end{array}\right\}\rightarrow\text{Ⅱ}\rightarrow\left[\begin{array}{c}\frac{39}{41}\\\frac{30}{50}\\\frac{22}{58}\end{array}\right]\rightarrow\text{Ⅲ}\rightarrow\left\{\begin{array}{l}\left[\begin{array}{c}\frac{20}{80}\\\frac{50}{50}\end{array}\right]\rightarrow\text{Ⅳ}\rightarrow\left[\begin{array}{c}\frac{20}{80}\\\frac{51}{50}\end{array}\right]\rightarrow\text{Ⅴ}\rightarrow\frac{26}{58}\\[2em]\frac{63}{50}\end{array}\right\}\rightarrow\text{Ⅵ（主轴）}$$

运动由主电动机经 V 带轮传动副 $\frac{\phi130}{\phi230}$ 传到主轴箱的轴 I 。在轴 I 上装有双向多片式摩擦离合器 M_1，可以控制主轴正传、反转或停止。压紧 M_1 左部摩擦片时，轴 I 的运动经齿轮副 $\frac{56}{38}$ 或 $\frac{51}{43}$ 传给轴 Ⅱ，从而使轴 Ⅱ 获得两种转速。压紧 M_1 右部摩擦片时，轴 I 的运动经 M_1 右部摩擦片及齿轮 Z_{50}，传给轴 Ⅶ 上的空套齿轮 Z_{34}，然后再传到轴 Ⅱ 上的齿轮 Z_{30}，使轴 Ⅱ 转动。在这条传动路线上，由于多了一个中间齿轮 Z_{34}，因此轴 Ⅱ 的转动方向与 M_1 左部摩擦片压紧时的转动方向相反，轴 Ⅱ 的反转转速只有一种。当离合器处于中间位置时，其左部和右部的摩擦片都没有被压紧，离合器处于离开状态，轴 I 的运动没有传到轴 Ⅱ，主轴停止转动。

轴 Ⅱ 的运动可分别通过三对齿轮副 $\frac{22}{58}$、$\frac{30}{50}$ 或 $\frac{39}{41}$ 传给轴 Ⅲ，轴 Ⅲ 共有 $2\times3=6$ 种转速。运动由轴 Ⅲ 可通过两条不同的路线传给主轴。

① 主轴高速转动（450～1 400 r/min）的传动路线：将主轴上的滑移齿轮 Z_{50} 移到左端位置，使之与轴 Ⅲ 上的齿轮 Z_{63} 啮合，这时运动就由轴 Ⅲ 经齿轮副 $\frac{63}{50}$ 直接传给主轴，使主轴得到 6 种高转速。

② 主轴中、低速转动（10～500 r/min）的传动路线：为了使主轴处于中、低速转动状态，应将主轴上的滑移齿轮 Z_{50} 移到右端位置，使齿式离合器 M_2 啮合。于是轴 Ⅲ 上的运动经过齿轮副 $\frac{20}{80}$ 或 $\frac{50}{50}$ 传给轴 Ⅳ，然后经过齿轮副 $\frac{20}{80}$ 或 $\frac{51}{50}$ 传给轴 Ⅴ，经轴 Ⅴ 上的齿轮 Z_{26} 与主轴上的空套齿轮 Z_{58} 啮合，再经过 M_2 传给主轴。

主轴正转时，利用各滑移齿轮的轴向位置的各种不同组合，共可得 $2\times3\times(1+2\times2)=30$ 种传动主轴的路线，但实际上主轴只能获得 24 级正转转速。这是因为从轴 Ⅲ 通过低速路线传动时，虽然有 24 条不同的传动路线，但实际上正转只能得到 18 级转速。分析从轴 Ⅲ 到轴 Ⅴ 之间的 4 条传动路线的传动比可知，这 4 个传动比分别是：

$$i_1=\frac{50}{50}\times\frac{51}{50}\approx1;\qquad i_2=\frac{50}{50}\times\frac{20}{80}=\frac{1}{4};$$

$$i_3=\frac{20}{80}\times\frac{51}{50}\approx\frac{1}{4};\qquad i_4=\frac{20}{80}\times\frac{20}{80}\approx\frac{1}{16}$$

由于 i_2 和 i_3 基本相同，所以实际上只有 3 种不同的传动比，因此运动经低速这条传动路线时，正转实际上应为 $6 \times (4 - 1) = 18$ 级。加上由高速路线传动获得的 6 种转速，主轴有 $2 \times 3 \times [1 + (2 \times 2 - 1)] = 24$ 级转速。

同理，主轴反转路线总数为 $3 \times (1 + 2 \times 2) = 15$ 条，其中有 3 种转速重复，所以反转有 $3 \times [1 + (2 \times 2 - 1)] = 12$ 级转速。

主轴的转速可按下列传动链方程式计算：

$$n_{主轴} = n_{电动机} \frac{d_1}{d_2} \varepsilon i$$

式中　d_1——主轴带轮直径，mm；

　　　d_2——从动带轮直径，mm；

　　　ε——V 带传动的滑动系数，$\varepsilon = 0.98$。

其中，正转时的最高及最低转速计算如下：

$$n_{正max} = 1\,450 \times \frac{130}{230} \times 0.98 \times \frac{56}{38} \times \frac{39}{41} \times \frac{63}{50} \approx 1\,400 \ (\text{r/min})$$

$$n_{正min} = 1\,450 \times \frac{130}{230} \times 0.98 \times \frac{51}{43} \times \frac{22}{58} \times \frac{20}{80} \times \frac{20}{80} \approx 20 \ (\text{r/min})$$

主轴的各级转速由主轴箱右边手柄操作调整。

（2）车削螺纹传动链

车削螺纹传动系统使车床能够车削米制、英制、模数和径节 4 种标准的常用螺纹，还可车削大导程、非标准和较精密的螺纹；既可车削右旋螺纹，也可车削左旋螺纹。

车削螺纹时，必须保证主轴转一转，刀具准确地移动一个螺纹导程的距离。为了车削不同标准、不同导程的螺纹，应对车削螺纹传动路线进行适当的调整，使 $i_{总}$ 做相应的改变。

① 车削米制螺纹：车削米制螺纹时，进给箱中的离合器 M_3 和 M_4 脱开，M_5 接合。运动由主轴 Ⅵ 经齿轮副 $\frac{58}{58}$、轴 Ⅸ 与 Ⅹ 间的换向机构 $\frac{33}{33}$（车左旋螺纹时经 $\frac{33}{25} \times \frac{25}{33}$）、交换齿轮 $\frac{63}{100} \times \frac{100}{75}$ 传至进给箱的轴 ⅩⅢ，然后经齿轮副 $\frac{25}{36}$、轴 ⅩⅣ 间的滑移齿轮变速机构齿轮副 $\frac{25}{36} \times \frac{36}{25}$ 传到轴 ⅩⅥ，再经轴 ⅩⅥ 与 ⅩⅤ 间的两组滑移齿轮变速机构和离合器 M_5 传给丝杠 ⅩⅨ。合上溜板箱中的开合螺母，使之与丝杠啮合，就可以带动刀架纵向移动。车削米制螺纹时传动链结构式如下：

$$\text{主轴 Ⅵ} \xrightarrow{\frac{58}{58}} \begin{cases} \dfrac{33}{33} \\ （\text{右旋螺纹}） \\ \dfrac{33}{25} \\ （\text{左旋螺纹}） \end{cases} \to \text{Ⅹ} \xrightarrow{\frac{63}{100} \times \frac{100}{75}} \text{ⅩⅢ} \xrightarrow{\frac{25}{36}} $$

$$XIV \rightarrow \left\{ \begin{array}{c} \dfrac{26}{28} \\[4pt] \dfrac{28}{28} \\[4pt] \dfrac{32}{28} \\[4pt] \dfrac{36}{28} \\[4pt] \dfrac{19}{14} \\[4pt] \dfrac{20}{14} \\[4pt] \dfrac{33}{21} \\[4pt] \dfrac{36}{21} \end{array} \right\} \rightarrow XV \rightarrow \dfrac{25}{36} \times \dfrac{36}{25} \rightarrow XVI \rightarrow \left\{ \begin{array}{c} \dfrac{28}{35} \times \dfrac{35}{28} \\[4pt] \dfrac{18}{45} \times \dfrac{35}{28} \\[4pt] \dfrac{28}{35} \times \dfrac{15}{48} \\[4pt] \dfrac{18}{45} \times \dfrac{15}{48} \end{array} \right\} \rightarrow XVIII \rightarrow M_5 \rightarrow XIX(丝杠) \rightarrow 刀架$$

为适应车削右旋或左旋螺纹的需要，轴Ⅸ与Ⅹ间的换向机构可在主轴Ⅵ转向不变的情况下改变丝杠的旋转方向。轴ⅩⅣ与ⅩⅤ间和轴ⅩⅥ与ⅩⅦ间的齿轮变速机构用于变换主轴至丝杠间的传动比，以便车削各种不同导程的螺纹。轴ⅩⅣ与ⅩⅤ间的变速机构可变换8种不同的传动比，称为基本组。轴ⅩⅥ与ⅩⅦ间的变速机构可变换4种传动比，称为增倍组。车削米制螺纹时传动路线的方程式如下：

$$KP_1 = l_{主轴} \times i_{总} \times P_{丝}$$

式中　K——被加工螺纹的线数；

　　　P_1——被加工螺纹的螺距，mm；

　　　$i_{总}$——主轴至丝杠之间全部传动机构的总传动比；

　　　$P_{丝}$——机床丝杠的螺距，mm；

　　　$l_{主轴}$——主轴转一周的进给量，mm。

CA6140 型车床的丝杠螺距为 12 mm，计算可得到 8 × 4 = 32 种螺距，其中符合标准的有 20 种。

② 车削模数螺纹：车削模数螺纹主要用于车削米制蜗杆。米制蜗杆的齿距为 π m，所以模数螺纹的导程为 $K\pi$ m，这里 K 为螺纹的线数。因为导程中含有 π，所以在车削模数螺纹时，挂轮需要换成 $\dfrac{64}{100} \times \dfrac{100}{97}$，其余部分的传动路线与车削米制螺纹时完全相同。其传动链方程如下：

$$K\pi m_s = l_{主轴} \times i_{总} \times P_{丝}$$

$$m_s = \frac{l_{主轴} \times i_{总} \times P_{丝}}{K\pi}$$

式中　m_s——模数螺纹的轴向模数，mm。

③ 车削英制螺纹：英制螺纹以每英寸长度上的扣数 a(扣/in) 表示，因此英制螺纹的螺距为 $\dfrac{1}{a}$ in，换算成以毫米为单位的相应螺距值为 $\dfrac{25.4}{a}$ mm，则其导程为 $K\dfrac{25.4}{a}$ mm。车

制英制螺纹时，挂轮 $\frac{63}{100} \times \frac{100}{75}$，进给箱中的离合器 M_3 和 M_5 接合，M_4 脱开。同时，轴 XVI 左端的滑移齿轮 Z_{25} 左移，与固定在轴 XIV 上的齿轮 Z_{36} 啮合。与车削米制螺纹时相反，运动由轴 XIII 经离合器 M_3 先传到轴 XV，然后由 XV 传到 XIV，再经齿轮副 $\frac{36}{25}$ 传到轴 XVI，其余部分传动路线与车削米制螺纹相同。车削英制螺纹的传动链结构式如下：

$$主轴 \text{VI} \rightarrow \frac{58}{58} \left\{ \begin{array}{c} \frac{33}{33} \\ (右旋螺纹) \\ \frac{33}{25} \\ (左旋螺纹) \end{array} \right\} \rightarrow \text{X} \rightarrow \frac{63}{100} \times \frac{100}{75} \rightarrow \text{XIII} \rightarrow M_3 \rightarrow \text{XV} \left\{ \begin{array}{c} \frac{28}{26} \\ \frac{28}{28} \\ \frac{28}{32} \\ \frac{28}{36} \\ \frac{14}{19} \\ \frac{14}{20} \\ \frac{21}{33} \\ \frac{21}{36} \end{array} \right\} \rightarrow$$

$$\text{XIV} \rightarrow \frac{36}{25} \rightarrow \text{XVI} \left\{ \begin{array}{c} \frac{28}{35} \times \frac{35}{28} \\ \frac{18}{45} \times \frac{35}{28} \\ \frac{28}{35} \times \frac{15}{48} \\ \frac{18}{45} \times \frac{15}{48} \end{array} \right\} \rightarrow \text{XVIII} \rightarrow M_5 \rightarrow \text{XIX}(丝杠) \rightarrow 刀架$$

其传动链方程如下：

$$K \frac{25.4}{a} = l_{主轴} \times i_{总} \times P_{丝}$$

$$a = \frac{25.4K}{l_{主轴} \times i_{总} \times P_{丝}}$$

式中　a——被加工螺纹每英寸长度上的扣数，扣/in。

④ 车削径节螺纹：车削径节螺纹主要用于车削英制蜗杆。车削径节螺纹时，除挂轮需要换成 $\frac{64}{100} \times \frac{100}{97}$ 外，其余部分的传动路线与车削英制螺纹完全相同。

⑤ 车削大导程螺纹：在使用正常螺距传动路线时，车削的最大导程为 12 mm。当车削导程大于 12 mm 的多线螺纹、螺旋油槽时，就要使用扩大螺距机构。这时应将主轴箱内轴 IX 上的滑移齿轮 Z_{58} 移至右端，使之与轴 VIII 上的齿轮 Z_{26} 啮合。当主轴上的 M_2 向右接合时，轴 IX 的转速比主轴转速高 4 倍和 16 倍，从而使车出的螺纹导程也扩大了 4 倍和 16 倍。由

于主轴 M_2 右移接合时，主轴处于低速状态，所以当主轴转速为 10～32 r/min 时，导程可以扩大 16 倍；当主轴转速为 40～125 r/min 时，导程可以扩大 4 倍；当主轴转速再高时，导程不能继续扩大。

⑥ 车削非标准和较精密的螺纹：车削非标准螺纹或车削螺纹精度要求较高时，可将进给箱中的三个齿轮离合器 M_3、M_4、M_5 全部接合，把轴 XIII、XV、XVIII 和轴 XIX（丝杠）连成一体，运动直接由轴 XIII 传至丝杠，车削螺纹导程通过选配挂轮架上的交换齿轮得到。由于传动路线缩短，减少了传动误差，因此可车出精度较高的螺纹。

（3）纵向、横向机动进给传动链

车削圆柱面和端面时，刀架纵向、横向机动进给，由主轴至进给箱轴 XVIII 的传动路线，与车削米制和英制螺纹的传动路线相同。其后运动由轴 XVIII 经齿轮副 $\frac{28}{56}$ 传到光杠 XX，再由光杠经溜板箱中的齿轮副 $\frac{36}{32} \times \frac{32}{56}$、超越离合器 M_9、安全离合器 M_6、轴 XXIII 蜗杆副传至轴 XXV。当运动由轴 XXV 经齿轮副 $\frac{40}{48}$ 或 $\frac{40}{30} \times \frac{30}{48}$、齿轮副 $\frac{28}{80}$ 传至小齿轮 Z_{12}，小齿轮沿固定在床身上的齿条转动时，床鞍做纵向机动进给。当运动由轴 XXV 经齿轮副 $\frac{40}{48}$ 或 $\frac{40}{30} \times \frac{30}{48}$、$M_8$、轴 XXVII 及齿轮副 $\frac{48}{48} \times \frac{59}{18}$ 传至中滑板丝杠 XXIX 后，中滑板做横向机动进给。其传动链结构式如下：

$$
主轴 VI \rightarrow \left\{ \begin{array}{l} 英制螺纹传动路线 \\ 米制螺纹传动路线 \end{array} \right\} \rightarrow XVIII \rightarrow \frac{28}{56} \rightarrow XX(光杠) \rightarrow \frac{36}{32} \times \frac{32}{56} \rightarrow M_9(超越离合器) \rightarrow M_6(安全离合器) \rightarrow
$$

$$
XXII \rightarrow \frac{4}{29} \rightarrow XXV \left\{ \begin{array}{l} \left\{ \begin{array}{l} \frac{40}{48} \rightarrow M_7 \uparrow \\ \frac{40}{30} \times \frac{30}{48} \rightarrow M_7 \downarrow \end{array} \right\} \rightarrow XXVI \rightarrow \frac{28}{80} \rightarrow XXII \rightarrow Z_{12} \rightarrow 齿条 \rightarrow 刀架(纵向进给) \\ \left\{ \begin{array}{l} \frac{40}{48} \rightarrow M_8 \uparrow \\ \frac{40}{30} \times \frac{30}{48} \rightarrow M_8 \downarrow \end{array} \right\} \rightarrow XXVII \rightarrow \frac{48}{48} \times \frac{59}{18} \rightarrow XXIX \rightarrow 刀架(横向进给) \end{array} \right.
$$

纵向进给量传动链方程式如下：

$$
f_{纵} = l_{主轴} \times i_{总} \times m \times \pi \times Z_{12}
$$

式中 $f_{纵}$——纵向进给量，mm/r；

$i_{总}$——主轴至纵向进给齿轮之间全部传动链的总传动比；

m——齿轮 Z_{12} 的模数；

Z_{12}——纵向进给齿轮的齿数。

横向进给量传动链方程式如下：

$$
f_{横} = l_{主轴} \times i_{总} \times P
$$

式中 $f_{横}$——横向进给量，mm/r；

$i_{总}$——主轴至横向进给丝杠之间全部传动链的总传动比；

P——横向进给丝杠螺距，mm；

$l_{主轴}$——主轴转一周。

CA6140型车床纵向机动进给量有64种，由4种类型的传动路线获得。当运动由主轴经正常导程米制螺纹传动路线时，可获得正常进给量。运动经正常导程的英制螺纹传动路线时，可得较大的纵向进给量。当主轴箱上手柄置于"扩大螺距"位置，主轴上 M_2 向右接合时，可得加大进给量。当 M_2 向左接合，主轴处于450～1 400 r/min时，可得细进给量。

为了减轻操作者的劳动强度，缩短辅助时间，CA6140型车床还有刀架快速移动传动路线，它可以使刀架快速趋近或退离加工部位。扳动溜板箱右侧的操纵手柄，并按下顶部的按钮，使快速电动机(0.25 kW，1 360 r/min)接通，电动机经齿轮副 $\dfrac{14}{28}$ 传动，使轴 XXII 高速转动，经蜗杆副 $\dfrac{4}{29}$ 传到溜板箱内的传动机构，使刀架按手柄扳动方向做快速移动。

6. 车床主要部件的机械结构

（1）主轴箱

CA6140型车床主轴箱展开装配图如图 1 – 1 – 11 所示，在主轴箱的传动轴中，卸荷式带轮，双向多片摩擦离合器，开停、换向及制动装置，主轴组件，变速操纵机构等是较典型机械结构。

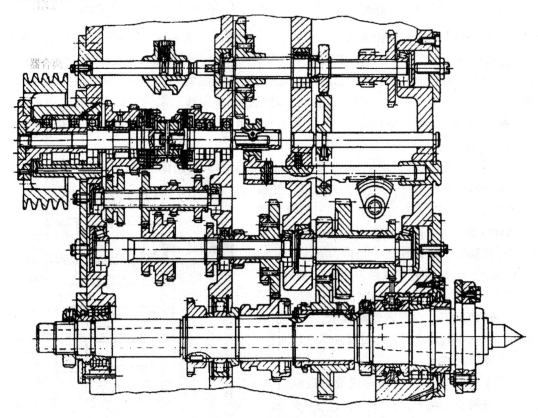

图 1 – 1 – 11　CA6140 型车床主轴箱展开装配图

① 主轴部件

主轴部件是车床的关键部件。工作时，主轴通过卡盘直接带动工件做旋转运动。因此，其旋转精度、刚度和抗振性等对工件的加工精度和表面粗糙度都有直接的影响。

图 1 – 1 – 12 所示是 CA6140 型车床的主轴结构。主轴是一空心阶梯轴，中心有一 ϕ48 mm 的通孔，可以使长棒料通过，也可用于通过钢棒卸下顶尖，或用于通过气、液动夹具的传动杆。主轴前端有精密的莫氏 6 号锥孔，用于安装顶尖、芯轴或车床夹具。主轴前端为短式法兰结构，它以短锥体和轴肩端面定位，用 4 个螺栓将卡盘的法兰或拨盘固定在主轴上，由主轴轴肩端面上的圆柱形端面键传递转矩。

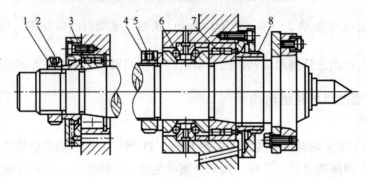

图 1 – 1 – 12　CA6140 型车床主轴支承结构

1，4——圆螺母；2，5——防松螺钉；3，7——双列短圆柱滚子轴承；6——双列推力向心球轴承；8——螺母

为了提高主轴的刚性和抗振性，主轴的前、后支承处各装有一个双列短圆柱滚子轴承 7（D3182121）和 3（E3182115），中间支承处装有一个单列圆柱滚子轴承（E32216，图中没画出），以承受径向力。由于圆柱滚子轴承的刚度和承载能力大，旋转精度高，而且内圈较薄，内孔是 1∶12 的锥孔，可通过相对主轴轴颈的轴向移动来调整轴承间隙，因而可保证主轴有较高的旋转精度和刚度。在主轴的前支承处还装有一个 60° 角接触的调心球轴承 6，用于承受左、右两个方向的轴向力。

轴承因磨损而导致间隙过大需要调整时，前轴承 7 的间隙可通过螺母 8 和 4 进行调整。调整时，先松螺母 8 和防松螺钉 5，然后旋转螺母 4，使轴承 7 的内圈相对主轴锥面轴颈向右移动。由于锥面的作用，轴承内圈产生径向弹性膨胀，从而使滚子与内、外圈之间的间隙减小。间隙调整完成后，应将防松螺钉 5 和螺母 8 旋紧。后轴承 3 的间隙可用螺母 1 调整。一般情况下，只需调整前轴承，当调整前轴承后仍达不到要求时，才对后轴承进行调整。

② 卸荷式带轮

图 1 – 1 – 13 所示为卸荷式带轮机械结构。带轮与花键套用螺钉连接成一体，支承在法兰内的两个深沟球轴承上，而法兰则固定在主轴

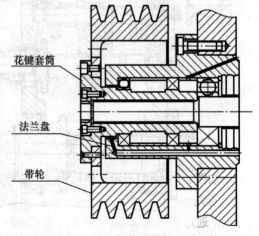

花键套筒

法兰盘

带轮

图 1 – 1 – 13　卸荷式带轮机械结构

箱体上。这样，带轮可通过花键套带动轴Ⅰ旋转，而带的拉力则经法兰直接传至箱体（卸下了径向载荷），从而避免因拉力而使轴Ⅰ产生弯曲变形，提高了传动平稳性。卸荷式带轮特别适用于要求传动平稳性高的精密机床。

③ 双向多片式摩擦离合器及其操纵机构

双向多片式摩擦离合器装在主轴箱内轴Ⅰ上，其结构如图1-1-14所示。它分为左、右两部分，结构相同。左离合器使主轴正转，主要用于切削，需要传递较大的扭矩，摩擦片的片数较多。右离合器使主轴反转，主要用于退刀，摩擦片数较少。内摩擦片3上有花键内孔与轴Ⅰ的花键相连接；外摩擦片2的内孔是光滑的圆孔，空套在轴Ⅰ花键外圆上；外摩擦片的外圆上有4个凸齿，分别卡在空套齿轮1、8套筒部分的缺口内。内、外摩擦片相间安装，未被压紧时互不联系。当操纵机构将滑环10向右拨动时，摆杆12绕销轴11摆动，其下端就拨杆9向左移动。位于杆9左端的固定销6使圆螺母5及加压套4向左移动，压紧左边一组摩擦片，将扭矩由轴Ⅰ传给空套齿轮1，此时主轴正转。当操纵机构将滑环10左推时，右边一组摩擦片被压紧，使主轴反转。当滑环10处于中间位置时，左、右两组摩擦片都处于松开状态，这时轴Ⅰ虽然在转动，但是主轴仍处于停止状态。摩擦离合器除了传递扭矩外，还具有过载保护功能。当车床过载时，摩擦片打滑，保护了车床。

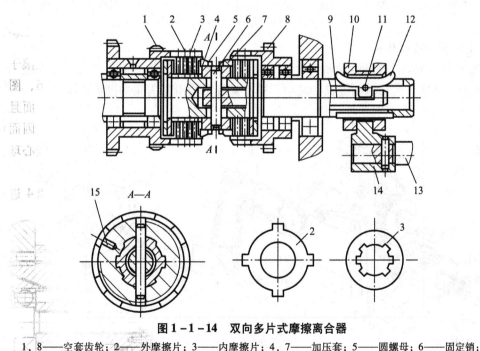

图1-1-14 双向多片式摩擦离合器

1,8——空套齿轮；2——外摩擦片；3——内摩擦片；4,7——加压套；5——圆螺母；6——固定销；
9——杆；10——滑环；11——销轴；12——摆杆；13——轴；14——拨叉；15——弹簧销

如图1-1-15所示，摩擦离合器的接合与脱开由手柄13操纵。为便于操纵，在操纵杆14上有两个操纵手柄，分别位于进给箱和溜板箱的右侧。向上扳动手柄13时，连杆16向外移动，通过摆杆17使轴和扇形齿轮12顺时针方向转动，从而使齿条轴18右移，使主轴正转。向下扳动手柄时，主轴反转。当扳到中间位置时，传动链断开，主轴处于停止状态。

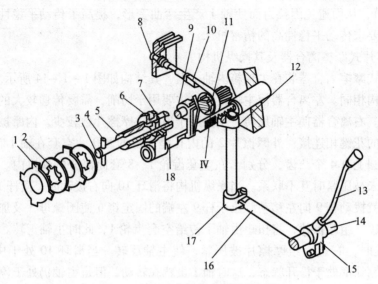

图 1 - 1 - 15　摩擦离合器操纵机构

1——外摩擦片；2——内摩擦片；3——拉杆；4——销；5—— I 轴；6——滑套；7——元宝杠杆；8——调节螺钉；
9——杠杆；10——制动带；11——制动盘；12——扇形齿轮；13——手柄；14——操纵杆；15——杠杆；
16——连杆；17——摆杆；18——齿条轴

④ 主轴变速操纵机构

如图 1 - 1 - 16(a)所示主轴箱内共有 7 组滑移齿轮，其中 5 组用于改变主轴转速。这 5 组滑移齿轮分别由两套机构操纵。其中，轴Ⅱ和轴Ⅲ为滑移齿轮的操纵机构。

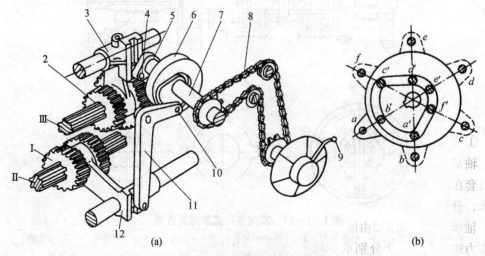

(a)　　　　　　　　　　　　　　　　　　(b)

图 1 - 1 - 16　主轴变速操纵机构

1，2——齿轮；3，12——拨叉；4，5——曲柄；6——凸轮；7——轴；8——链条；
9——手柄；10——圆柱销；11——杠杆

这套变速机构由单手柄操纵，可使轴Ⅲ得到 6 种不同的转速。操纵变速手柄 9 时，手柄通过链条 8 使轴 7 转动，在轴 7 上有固定盘形凸轮 6 和曲柄 5。凸轮上有一条封闭的曲线槽，它由两段不同半径的圆弧和过渡直线组成，有6个变速位置，如图1-1-16(b)所示。其中 a'、b'、c' 位置对应凸曲线的大半径，d'、e'、f' 位置对应小半径。凸轮槽通过杠杆11操纵轴Ⅱ上的双联滑移齿轮1。杠杆11的滚子处于凸轮曲线的大半径时，齿轮1在左端位置；若处于小半径处，则齿轮1被移向右端位置。曲柄5上的圆销滚子装在拨叉3的长槽中。当曲柄5随着轴7转动时，可拨滑移齿轮2，使其处于左、中、右三个不同位置。转动手柄到不同变速位置，就可使两组滑动齿轮1、2的轴向位置实现6种不同的组合，使轴Ⅲ得到6种不同的转速。

（2）进给箱

进给箱中主要有变换螺纹导程和进给量的变速机构、变换螺纹种类的移换机构、丝杠和光杠的转换机构以及操纵机构等。箱内主要传动轴及两组同心轴的装配结构如图1-1-17所示。

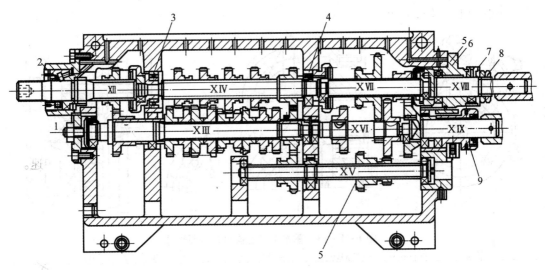

图1-1-17　进给箱装配结构图

1——调节螺钉；2、9——调整螺母；3、4——深沟球轴承；5——推力球轴承；
6——支承套；7——推力球轴承；8——锁紧螺母

① 进给箱的轴结构及轴承间隙的调整

轴Ⅻ、ⅩⅣ、ⅩⅦ及丝杠布置在同一轴线上。轴ⅩⅣ两端以半月键连接两个齿离合器，并以套在离合器上的两个深沟球轴承支承在箱体上。内齿离合器的内孔中安装有圆锥滚子轴承，分别支承轴Ⅻ右端及轴ⅩⅣ左端。轴ⅩⅣ右端由轴ⅩⅦ左端内齿离合器孔内的圆锥滚子轴承支承。轴ⅩⅧ由固定在箱体上的支承套6支承，并通过联轴节与丝杠相连，两侧的推力球轴承5和7分别承受丝杠工作时所产生的两个方向的轴向力。松开锁紧螺母8，然后拧动其左侧的调整螺母，可调整轴ⅩⅧ两侧推力轴承间隙，以防止丝杠在工作时做轴向窜动。拧动轴Ⅻ左端的螺母2，可以通过轴承内圈、内齿离合器端面以及轴肩而使同心轴上的所有圆锥滚子轴承的间隙得到调整。

轴Ⅻ、ⅩⅥ及ⅩⅨ组成另一同心轴组。轴ⅩⅢ及ⅩⅥ上的圆锥滚子轴承可通过轴左端螺钉1进行调整。轴ⅩⅨ上角接触球轴承可通过右侧调整螺母9进行调整。

② 基本组变速操纵机构

图1-1-18所示为基本组变速操纵机构的工作原理图。轴XIV上4个滑移齿轮（图1-1-17）由一个手轮6通过4个杠杆2集中操纵。杠杆2一端装有拨叉1，嵌在滑移齿轮的环形槽内。杠杆摆动时，可通过拨叉使滑移齿轮换位。杠杆2的另一端装有长销5。4个长销穿过进给箱前盖，插入手轮6内侧的环形槽内，并在圆周上均匀分布。手轮环形槽上有两个间隔，直径略大于槽宽的圆孔 C 和 D。在孔内分别装有带内斜面的圆压块10和带外斜面的圆压块11[图1-1-18(a)、(c)]。每次变速时，手轮转动角度为45°或其倍数，这样，总有一个(也只有一个)压块压向4个长销中的一个。当外斜压块或内斜压块转至某一长销处，则迫使长销沿径向外移[图1-1-18(c)]或内移[图1-1-18(d)]，并经杠杆、拨叉使相应滑移齿轮根据杠杆旋转方向，移动到左边或右边的啮合位置。未被压块压动的3个长销，均位于环形槽内，此时与其相应的滑移齿轮位于中间，不与轴XIII上齿轮啮合[图1-1-18(b)]。

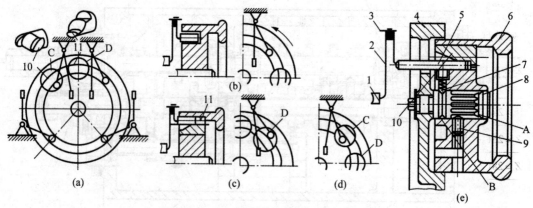

图1-1-18　基本组变速操纵机构原理图

1——拨叉；2——杠杆；3——杠杆回转支点；4——前盖；5——长销；6——手轮；7——钢球；8——轴；9——定位螺钉；10，11——压块；A，B——V形槽；C，D——圆孔

需变速时，先将手轮6向右拉出，使定位螺钉9处于 A 槽位置[图1-1-18(e)]，然后才能转动手轮。当手轮转至需要位置后，再将其推回到原来位置，在回推过程中使内斜压块或外斜压块压向某一长销，从而实现变速。轴8上加工有8条轴向V形定位槽，可通过定位螺钉9对手轮进行轴向定位。手轮的轴向定位由钢球7嵌入轴8左端环形槽内实现。

③ 移换机构及光、丝杠转换的操纵原理

图1-1-19表示了移换机构及光杠、丝杠转换的操纵原理。空心轴3上固定一带有偏心圆槽的盘形凸轮2。偏心圆槽的 a、b 点与圆盘回转中心的距离均为 l；c、d 点与回转中心的距离均为 L。杠杆4、5、6用于控制移换机构，杠杆1用于控制光杠、丝杠传动的转换。转动装在空心轴3上的操纵手柄，就可通过盘形凸轮的偏心槽使杠杆上插入偏心槽的销子来改变离圆盘回转中心的距离(l 或 L)，并使杠杆摆动，从而通过与杠杆连接的拨叉使滑移齿轮移位，以得到各种不同传动路线。设图1-1-19所示凸轮位置为起始位置(0°)，依次顺时针转动手柄90°，具体的螺纹种类转变可见表1-1-1。

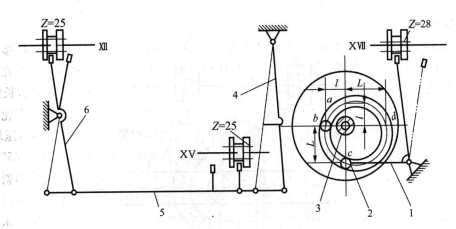

图 1-1-19 移换机构及光杠、丝杠转换的操纵原理图

1，4，5，6——杠杆；2——盘形凸轮；3——空心轴

表 1-1-1   **螺纹种类及丝杠、光杠转换表**

滑移齿轮位置	凸轮旋转角度			
	0°	90°	180°	270°
$Z=25$（XⅡ）	左	右	右	左
$Z=25$（XV）	右	左	左	右
$Z=28$（XⅦ）	左	左	右	右
	接通英制路线光杆进给	接通米制路线光杆进给	接通英制路线丝杆进给	接通米制路线丝杆进给

④ 增倍组操纵机构

增倍组通过位于轴 XV 及轴 XⅦ 上两个双联滑移齿轮滑移变速，而使增倍组获得 4 种成倍数关系的传动比。轴 XV 上双联齿轮应有左、右两不同位置，而轴 XⅦ 上的双联齿轮除了变速外，在加工非标准螺纹时，要通过 Z_{28} 与内齿离合器 M_4 啮合，使运动直传丝杠。因此，该滑移齿轮在轴向有三个工作位置，其中左位用于接通 M_4，中、右位用于变速，如图 1-1-20 所示。

图 1-1-20 所示为增倍组操纵机构原理图。变速时，通过手柄轴 7 带动齿轮 8。齿轮 8 上装有插入滑板 5 弧形槽内的偏心销 2。齿轮 8 转动时可通过偏心销 2、弧形槽带动滑板 5 在导杆 6 上滑动。滑板 5 上装有控制轴 XⅦ 双联滑移齿轮块 3 的拨叉 4，从而使齿轮块获得左、中、右三个位置。齿轮 8 与一齿数为其一半的小齿轮 11 啮合。齿轮 8 转动一周，小齿轮 11 转动两周，从而通过安装在小齿轮 11 上的偏心销及拨叉 12 使轴 XV 上双联滑移齿轮 13 左、右移动两个循环，同时，轴 XⅦ 上的双联滑移齿轮 3 左、右移动一个循环。这样，转动手柄轴 7 一周，就得到了 4 种不同的齿轮组合。表 1-1-2 表明了增倍组机构工作情况的转换。

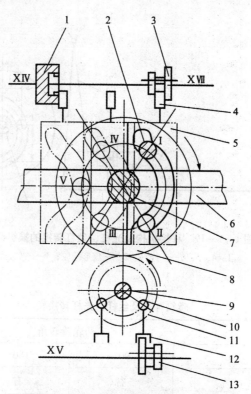

图 1 - 1 - 20 增倍组操纵机构工作原理图

1——内齿离合器 M_4；2——偏心销；3，13——双联滑移齿轮；4，12——拨叉；5——滑板；6——导杆；

7——手柄轴；8——齿轮；9——轴；10——偏心销；11——小齿轮

表 1 - 1 - 2 　　　　　　　　　　　增倍组机构工作情况转换表

销子 2 位置	I	II	III	IV	V
轴XVII上双联齿轮	右	右	中	中	左
轴XV上双联齿轮	右	左	右	左	空
u	$\dfrac{18}{45} \times \dfrac{15}{48} = \dfrac{1}{8}$	$\dfrac{28}{35} \times \dfrac{15}{48} = \dfrac{1}{4}$	$\dfrac{18}{45} \times \dfrac{35}{28} = \dfrac{1}{2}$	$\dfrac{28}{35} \times \dfrac{35}{28} = 1$	M_4 啮合 直传丝杠

（3）溜板箱

溜板箱由单向超越离合器、安全离合器、开合螺母机构、机动进给操纵机构和互锁机构等组成。

① 单向超越离合器

CA6140 型卧式车床的溜板箱内具有快速移动装置。单向超越离合器能实现快速移动和慢速移动的自动转换。其工作原理如图 1 - 1 - 21 所示。它由星形体 4、三个滚柱 3、三个弹簧销 7 以及与齿轮 2 连成一体的套筒 m 等组成。齿轮 2 空套在轴 II 上，星形体 4 用键与轴 II 连接。慢速运动由轴 I 经齿轮副 1 和 2 传来，套筒 m 逆时针转动时，依靠摩擦力带动滚柱 3，楔紧在星形体和套筒 m 之间，带动星形体和轴 II 一起旋转。当齿轮 2 以慢速转动的同时，启动快速电动机，其运动经齿轮副6和5传给轴Ⅱ，带着星形体4逆时针快速转动。由于星形体的运动超前于套筒 m，于是滚柱3压缩弹簧销7并离开楔缝，套筒 m 与星形体之间的运动联系便自动断开。当快速电动机停止转动时，慢速运动又重新接通。这种单向超越离合器，传入的快、慢速运动是单方向的，轴Ⅱ传出的快、慢速运动方向是固定不变的。

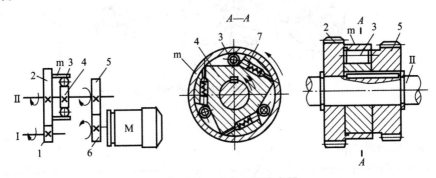

图 1-1-21　单向超越离合器

1, 2, 5, 6——齿轮；3——滚柱；4——星形体；7——弹簧销

② 安全离合器

安全离合器 M₆ 是进给过载保护装置，其工作原理如图 1-1-22 所示。它由端面带螺旋形齿爪的左、右两半部3、2 和弹簧1组成。左半部由光杠带动旋转，空套在轴ⅩⅫ上，右半部用键与轴ⅩⅫ连接。在正常机动进给时，在弹簧1的压力作用下，两半部相互啮合，把光杠的运动传至轴ⅩⅫ［图 1-1-22（a）］。当进给运动出现过载时，轴ⅩⅫ扭矩增大，这时通过安全离合器端面螺旋齿传递的扭矩也随之增大，致使端面螺旋齿处的轴向推力超过了弹簧1的压力，离合器右半部2被推开［图 1-1-22（b）］。这时离合器左半部3继续旋转，而右半部2却不能被带动，两者之间出现打滑现象［图 1-1-22（c）］，将传动链断开，使传动机构不致因过载而损坏。过载现象消失后，在弹簧1的作用下，安全离合器自动地恢复到原来的正常状态，运动重新接通。

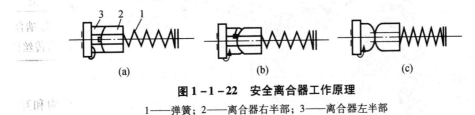

　　(a)　　　　　　　　(b)　　　　　　　　(c)

图 1-1-22　安全离合器工作原理

1——弹簧；2——离合器右半部；3——离合器左半部

③ 开合螺母机构

开合螺母机构（图 1-1-23）主要用于车削螺纹，它可以接通或断开从丝杠传来的运动。合上开合螺母，丝杠通过开合螺母带动溜板箱与刀架运动；脱开时，传动停止。

开合螺母由上、下两个半螺母1和2组成。上半螺母与下半螺母装在燕尾槽中，且能上、下同时移动。上、下半螺母背面各装一个圆柱销3，其伸出部分分别嵌在槽盘的两个曲线槽中。顺时针方向扳动手柄6，经轴7使槽盘转动［图 1-1-23（b）］，曲线槽使两圆柱销接近，上、下半螺母相互合拢并与丝杠抱合。逆时针方向扳动手柄，可使开合螺母与丝杠脱开。适当调整调节螺钉，改变镶条 5 的位置，能够调整燕尾导轨间隙。

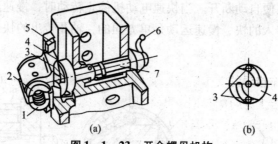

图 1-1-23　开合螺母机构

（a）开合螺母机械；（b）槽盘正视图

1，2——半螺母；3——圆柱销；4——槽盘；5——镶条；6——手柄；7——轴

④ 机动进给操纵机构

如图 1-1-24 所示，向左或向右扳动手柄 1，使手柄座 3 绕销钉 2 摆动时（销钉 2 装在轴向固定的轴 23 上），手柄座下端的开口通过球头销 4 拨动轴 5 轴向移动，再经杠杆 10 和连杆 11 使凸轮 12 转动，凸轮上的曲线槽又通过销钉 13 带动轴 14 以及固定在它上面的拨叉 15 向前或向后移动，拨叉拨动离合器 M_7，使之与轴 XXIV 上的相应空套齿轮啮合，于是纵向机动进给运动接通，支架向左或向右移动。

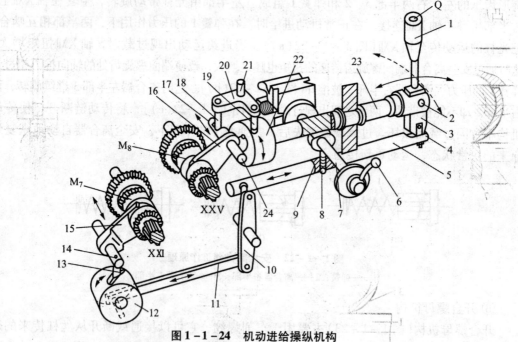

图 1-1-24　机动进给操纵机构

1，6——手柄；2——销钉；3——手柄座；4，8，9——球头销；5，7，14，17，23，24——轴；

10，20——杠杆；11——连杆；12，22——凸轮；13，18，19——销钉；15，16——拨叉；21——销轴

向前或向后扳动手柄 1，通过手柄座 3、轴 23 使凸轮 22 转动，又通过嵌入凸轮曲线槽里的销钉 19 使杠杆 20 绕轴销 21 摆动，再经销钉 18 带动轴 24 及拨叉 16 轴向移动，拨

动离合器 M_8，使之与轴 XXVII 上空套齿轮啮合，横向机动进给接通，刀架向前或向后移动。手柄扳至中间直立位置时，离合器 M_7 和 M_8 处于中间位置，机动进给传动链断开。当手柄扳至任一位置时，如按下装在手柄1顶端的按钮Q，则快速电动机启动，刀架便在相应方向上快速移动。

⑤ 互锁机构

互锁机构是防止操作错误的安全装置，主要作用是使机床在接通机动进给时，开合螺母不能合上；反之，在合上开合螺母时，机动进给就不能接通。图1-1-25所示为互锁机构的工作原理图。它由凸肩a、固定套4和机动操作机构轴1上的球头销2、弹簧7等组成。图1-1-25(a)所示为停车位置，即机动进给(或快速移动)未接通，开合螺母处于脱开状态。这时，可以任意接开合螺母或机动进给。图1-1-25(b)所示为合上开合螺母时的情况。由于手柄转过一个角度，它的平轴肩旋入到轴5的槽中，使轴5不能转动。同时，轴6转动使V形槽转过一定角度，将装在固定套4横向孔中的球头销3往下压，使它的下端插入轴1的孔中，将轴1锁住，其不能左、右移动。所以，当合上开合螺母时，机动进给手柄即被锁住。图1-1-25(c)所示为向左、右扳动机动进给手柄，接通纵向进给时的情况。由于轴1沿轴向移动了位置，其上的横孔不再与球头销3对准，使球头销不能向下移动，因而轴6被锁住，开合螺母不能闭合。图1-1-25(d)所示为向前、后扳动机动进给手柄，接通横向进给时的情况。由于轴5转动了位置，其上面的沟槽不再对准轴6上的凸肩a，使轴6无法转动，开合螺母不能闭合。

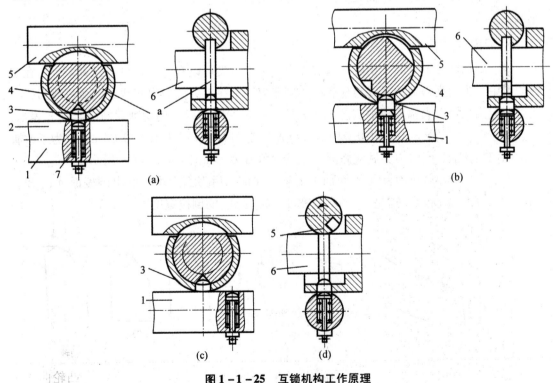

图1-1-25 互锁机构工作原理

1, 5, 6——轴；2, 3——球头销；4——固定套；7——弹簧

任务二 车 刀

一、车刀的组成

车刀由刀头和刀杆两部分组成。刀头的结构可以概括为：三面、两刃、一刀尖，如图 1-2-1 所示。

1. 刀面

（1）前刀面（前面）：刀具上切屑流过的表面。

（2）后刀面（后面）：与加工表面相对的表面。

（3）副后刀面（副后面）：与已加工表面相对的表面。

2. 切削刃

（1）主切削刃：前、后刀面汇交的边缘，有且只有一个。

（2）副切削刃：切削刃上除主切削刃以外的刀刃，可以有一个，也可以有多个。

切削刃并不是一段棱，而是一段打磨光滑的微小圆弧。

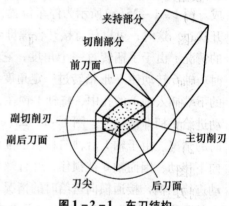

图 1-2-1 车刀结构

3. 刀尖

主、副切削刃汇交的一小段切削刃称为刀尖，刀尖可以有一个，也可以有多个。在实际应用中，为增强刀尖的强度与耐磨性，多数刀具都在刀尖处磨出直线或圆弧过渡刃，刀尖处磨成圆弧可以大幅度减小应力集中效应。刃口的锋利程度用切削刃钝圆半径 r_ε 表示，一般高速钢刀具的 r_ε 为 $0.01 \sim 0.02$ mm，硬质合金刀具的 r_ε 为 $0.02 \sim 0.04$ mm。为了改善刀尖的切削性能，常将刀尖做成修圆刀尖或倒角刀尖，如图 1-2-2（c）所示。

为了提高刃口强度以满足不同加工要求，在前、后刀面上均可磨出倒棱面 $A_{\gamma 1}$、$A_{\alpha 1}$，如图 1-2-2（b）所示。$b_{\gamma 1}$ 是 $A_{\gamma 1}$ 的倒棱宽度，$b_{\alpha 1}$ 是 $A_{\alpha 1}$ 的倒棱宽度。

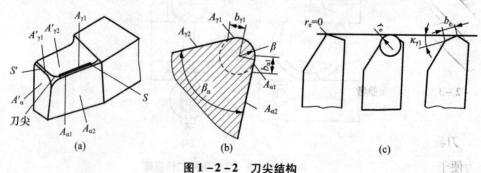

图 1-2-2 刀尖结构

（a）外圆车刀示意图；（b）刀楔剖面形状；（c）刀尖形状

二、刀具的几何角度定义、选择及标注

刀具的角度是依附于基准坐标平面来定义的，用于定义和规定刀具角度的各基准坐标平面称为刀具角度参考系。根据不同状态将其分为静止参考系和工作参考系。静止参考系是用于刀具设计、制造、刃磨和测量时定义刀具几何参数的；工作参考系是用于刀具进行切削加工工作时定义刀具几何参数的。

1. 刀具角度参考系

根据刀具结构不同，常用的坐标平面参考系有三种。

（1）正交平面参考系

如图1-2-3所示，正交平面参考系是由以下三个基准平面构成的：

① 基面p_r：通过切削刃上选定点，垂直或平行于刀具上的安装面（轴线）的平面，车刀的基面可以理解为平行于刀具底面的平面。

② 切削平面p_s：通过切削刃上的选定点，与该切削刃相切并垂直于基面的平面。

③ 正交平面p_o：通过切削刃上选定点并同时垂直于基面和切削平面的平面。

（2）法平面参考系

如图1-2-4所示，法平面参考系由p_r、p_s、p_n三个平面组成。其中，法平面p_n是通过切削刃上选定点并垂直于切削刃的平面。

（3）假定工作平面参考系

如图1-2-5所示，假定工作平面参考系由p_r、p_f、p_p三个平面组成。其中，假定工作平面p_f是通过切削刃上选定点平行于假定进给运动方向并垂直于基面的平面。背平面p_p是通过切削刃选定点既垂直于该点基面，又垂直于假定工作平面的平面。

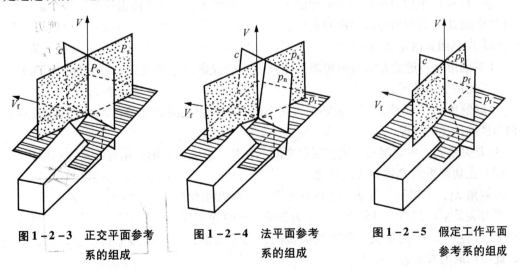

图1-2-3　正交平面参考
系的组成

图1-2-4　法平面参考
系的组成

图1-2-5　假定工作平面
参考系的组成

2. 刀具几何角度的定义

为便于刀具设计者在设计刀具时的标注，一般先合理地规定一些条件。以车刀为例，这些条件是：

① 被加工工件是圆柱表面。

② 工艺系统无进给运动。

③ 刀具刀尖恰在工件的中心线上。

④ 刀杆中心线垂直于工件轴线。

如图 1-2-6 所示，在以上条件下，普通外圆车刀在主切削刃上任选一点 M，通过该点作出三个基准平面，形成一个正交平面参考系。有了这个坐标平面后就可以确定刀具上的标注角度了。

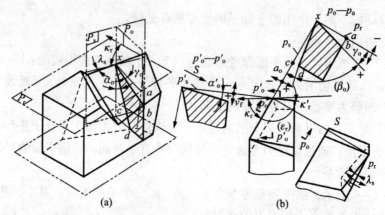

图 1-2-6　在正交平面参考系内设计车刀的角度定义

（1）在正交平面 P_o 内定义的角度

① 前角 γ_o：前刀面与基面的夹角，决定刀具锋利程度。前刀面在基面之下前角为正值；前刀面在基面之上前角为负值；前刀面平行于基面时前角为零。

② 后角 α_o：主后刀面与切削平面的夹角，影响加工后零件表面粗糙度。

③ 楔角 β_o：前刀面与后刀面的夹角。

（2）在基面 p_r 内定义的角度

① 主偏角 κ_r：进给方向与主切削刃在基面上的投影之间的夹角，影响加工时工件在轴向与径向的受力情况。

② 副偏角 κ_r'：进给方向与副切削刃在基面上的投影之间的夹角，影响加工时工件在轴向与径向的受力情况。

③ 刀尖角 ε_r：主切削刃与副切削刃之间的夹角，影响刀具的使用寿命及锋利性。

（3）在切削平面 P_s 内定义的角度

刃倾角 λ_s：主切削刃与基面之间的夹角，影响切屑的流向。

当刀尖是主切削刃上最低点时，λ_s 为负值，此时切屑流向已加工表面；当刀尖是主切削刃上最高点时，λ_s 为正值，此时切屑流向待加工表面；主切削刃平行于基面时，λ_s 为零，此时切屑沿着前刀面流出。

3. 刀具的实际切削角度

刀具的标注角度是在忽略了进给运动条件及刀具安装误差等因素影响情况下给出的。实际上刀具在使用过程中，应该考虑合成运动和安装情况。按照刀具的实际情况所确定的刀具角度参考系称为刀具工作角度参考系，在这个参考系中标注的角度称为刀具的工作角度。

由于进给运动的速度远小于主运动的速度，在一般安装情况下，可用标注角度代替工作角度，差值不大于 1°。但是如果进给运动或刀具安装对工作角度产生较大影响，则需要计算工作角度。刀具的工作角度是在相应的标注角度右下角标处加小写字母 e。

（1）进给运动对刀具工作角度的影响（横向进给）

当考虑进给运动时，如图 1-2-7（a）所示。切削刃上一点 A 的运动轨迹是一条阿基米德螺旋线，实际切削实际切削平面 P_{se} 为过 A 且切于螺旋线的平面，实际基面 P_{re} 是过 A 与 P_{se} 垂直的平面，在实际测量平面内的前、后角分别为工作前后角（γ_{oe}、α_{oe}）。其大小为：

$$\begin{cases} \gamma_{oe} = \gamma_o + \eta \\ \alpha_{oe} = \alpha_o - \eta \\ \eta = \arctan[f/(\pi d_w)] \end{cases}$$

式中　η——合成切削速度角，是主运动和合成切削速度之间的夹角；

　　　f——刀具相对工件的横向进给量，mm/r；

　　　d_w——切削刃上选定点 A 处的工件直径。

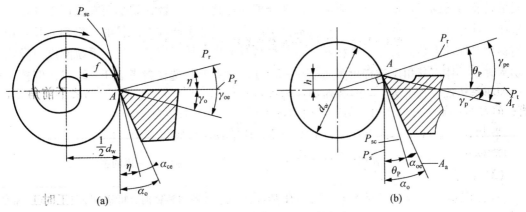

图 1-2-7　刀具的实际切削角度

（a）进给运动对刀具工作角度的影响（横车）；（b）刀尖切削角度位置的高低对工作角度的影响

在切断刀切断工件进给运动（横车）时，切削平面和基面发生了倾斜，造成工作前角增大，后角减小。

从以上可以看出：切削刃越接近工件中心处，d_w 值越小，则 η 越大，γ_{oe} 越大，而 α_{oe} 越小甚至变为零或负值，从而对刀具的工作越不利。

由上述分析可知：η 值随切削刃不断趋近工件中心而逐步增大。在一般进给量下，当切削刃离工件中心 1 mm 时，η 大约是 1°40′，而当切削刃进一步接近工件中心时，η 值急剧增大，这时的工作后角变为零甚至负值。所以在切断工件时，工件在剩下 1 mm 左右的直径时就被车刀撞断而切断面中心有一个小凸台就是缘于此。

（2）纵向进给运动对刀具工作角度的影响

考虑纵向进给运动时，车刀的工作前角增大，工作后角减小。

（3）刀尖位置的高低对工作角度的影响

安装时，刀尖的高度不一定正好在机床中心高度上，刀尖高于主轴中心高度，如图 1 - 2 - 7(b) 所示，此时选定点 A 的基面和切削平面已经变为过 A 点的径向平面 P_{re} 和与之垂直的切削平面 P_{se}，其工作前角比标注前角增大了，工作后角比标注后角减小了。其关系为：

$$\begin{cases} \gamma_{oe} = \gamma_o + \theta \\ \alpha_{oe} = \alpha_o - \theta \\ \theta = \arcsin(2h/d_w) \end{cases}$$

式中　θ——刀尖位置变化引起前、后角的变化值，rad；

　　　h——刀尖高于主轴中心线的数值，mm；

　　　d_w——切削刃上选定点 A 处的工件直径。

故而当刀尖高于工作中心时，工作前角增大，工作后角减小；当刀尖低于工作中心时，工作前角减小，工作后角增大。

4. 刀具几何角度与刃部参数的选择

刀具切削部分的几何参数对切削过程中的金属变形、切削力、切削温度、工件的加工质量以及刀具的磨损都有显著影响。选择合理的刀具几何参数，就是要在保证工件加工质量和刀具经济耐用度的前提下，达到提高生产率、降低生产成本的目的。影响刀具合理几何参数选择的主要因素是工件材料、刀具材料及类型、切削用量、工艺系统刚度以及机床功率等，具体刀具角度选择可参考表 1 - 2 - 1，刀尖形状选择参考表 1 - 2 - 2，倒棱及刃口钝圆参数选择参考表 1 - 2 - 3 所列内容。

表 1 - 2 - 1　　　　　　　　　　　　刀具角度选择

角度名称	作用	选择时应考虑的主要因素
前角 γ_0	增大前角可以减小切屑变形和摩擦阻力，使切削力、切削功率及切削时产生的热量减小。 前角过大将导致切削刃强度降低，刀头散热面积减小，致使刀具寿命降低	加工一般灰铸铁时，可选 $\gamma_0 = 5° \sim 15°$；加工铝合金时，选 $\gamma_0 = 30° \sim 35°$；用硬质合金刀具加工一般钢料时，选 $\gamma_0 = 10° \sim 20°$。 （1）刀具材料的抗弯强度及韧性较高时，可取较大前角。 （2）工件材料的强度、硬度较低，塑性较好时，应取较大前角；加工硬脆材料时，应取较小前角，甚至取负前角。 （3）断续切削或粗加工有硬皮的铸锻件时，应取较小前角；精加工时，宜取较大前角。 （4）工艺系统刚性较差或机床功率不足时，应取较大前角。 （5）成形刀具和齿轮刀具为减小齿形误差，应取小前角甚至零前角

续表 1 - 2 - 1

角度名称	作用	选择时应考虑的主要因素
α_0	后角的主要作用是减小刀具后刀面与工件之间的摩擦。后角过大会使刀刃强度降低，并使散热条件变差，使刀具耐用度降低	车刀合理后角，在 $f \leq 0.25$ mm/r 时，可选 $a_0 = 10° \sim 12°$；在 $f > 0.25$ mm/r 时，取 $a_0 = 5° \sim 8°$。 （1）工件材料强度、硬度较高时，应取较小后角；工件材料软、黏时，应取较大后角；加工脆性材料时，宜取较小后角。 （2）精加工及切削厚度较小的刀具，应采用较大的后角；粗加工、强力切削，宜取较小后角。 （3）工艺系统刚性较差时，应适当减小后角。 （4）定尺寸刀具，如拉刀、铰刀等，为避免重磨后刀具尺寸变化过大，宜取较小的后角
主偏角 k_r	主偏角减小，可使刀尖处强度增大，使切削刃切削长度增加，有利于刀具散热和减轻单位刀刃长度上的负荷，提高刀具的寿命。减小主偏角还可使工件表面残留面积高度减小。 主偏角增大，可使背向力 F_p 减小，进给力 F_f 增加，因而可降低工艺系统的变形与振动	（1）在工艺系统刚性允许的条件下，应采用较小的主偏角。如系统刚性较好（$l_w/d_w < 6$），可取 $k_r = 30° \sim 45°$；当系统刚性较差时（$l_w/d_w = 6 \sim 12$），取 $k_r = 60° \sim 75°$；车削细长轴时（$l_w/d_w > 12$），取 $k_r = 90° \sim 93°$。 （2）加工很硬的材料时，应取较小的主偏角。 （3）主偏角的大小还与工件的形状相适应。如车削阶梯轴时，可用 $k_r = 90°$；要用同一把车刀车削外圆、端面和倒角时，可取 $k_r = 45°$
副偏角 k_r'	较小的副偏角可以减小工件已加工表面的粗糙度值，增加刀头散热面积，但过小的副偏角会加剧副后刀面与工件已加工表面的摩擦，也易引起振动	在工艺系统刚性较好、不引起振动的条件下，副偏角宜取小值。 精车时，一般取 $k_r' = 5° \sim 10°$；粗车时，取 $k_r' = 10° \sim 15°$；对切断刀及切槽刀，取 $k_r' = 1° \sim 3°$；精加工刀具，必要时可磨出一段 $k_r' = 0°$ 的修光刃
刃倾角 λ_s	刃倾角影响切屑流出方向，$+\lambda_s$ 使切屑流向待加工表面，$-\lambda_s$ 使切屑流向已加工表面。 增大 λ_s 可增大实际工作前角、减小刀刃钝圆半径，使切削轻快。 单刃刀具采用较大的 $-\lambda_s$ 可使离刀尖较远的切削刃首先接触工件，使刀尖免受冲击。 对于多刃回转刀具，如圆柱铣刀等，螺旋角就是刃倾角，此角可使切入切出过程平稳。 当 $-\lambda_s$ 的绝对值增大时，背向力 F_p 将显著增大	加工一般钢料和铸铁时，无冲击的粗车取 $\lambda_s = 0° \sim 5°$，精车取 $\lambda_s = 0 \sim +5°$；有冲击负荷时，取 $\lambda_s = -15° \sim -5°$，冲击负荷特别大时，取 $\lambda_s = -45° \sim -3°$；对刨刀可取 $\lambda_s = -20° \sim -10°$。 （1）当加工材料硬度大或有大的冲击载荷时，应取绝对值较大的 $-\lambda_s$，以保护刀尖。 （2）精加工时 λ_s 取正值，使切屑流向待加工表面，并可使刃口锋利。 （3）加工通孔的刀具取 $-\lambda_s$ 角，可使切屑向前排出，加工盲孔的刀具则取 $+\lambda_s$ 角。 （4）当工艺系统刚性不足时，应尽量不用 $-\lambda_s$ 角

表 1 – 2 – 2　　　　　　　　　　　　　　　刀尖形状选择

形状	简图	作用	参数选择
直线形		刀尖处采用直线形或圆弧形过渡刃，可显著提高刀具的耐崩刃性和耐磨性，减小工件已加工表面粗糙度	$\kappa_{r_1} = \frac{1}{2}\kappa_r$ $b_\varepsilon = 0.5 \sim 2$ mm
			$\kappa_{r_1} = 45°$ $b_\varepsilon = 0.5 \sim 1$ mm 或 $b_\varepsilon = \frac{1}{5}b_t$
圆弧形			高速钢车刀：$r_\varepsilon = 1 \sim 3$ mm; 硬质合金和陶瓷车刀：$r_\varepsilon = 0.5 \sim 1.5$ mm; 精加工时取小值，工艺系统刚性不足时取小值

表 1 – 2 – 3　　　　　　　　　　　　　倒棱及刃口钝圆参数选择

形式	简图	作用	参数选择
倒棱		（1）倒棱和刃口钝圆的主要作用是增强切削刃，减小刀具破损，用硬质合金和陶瓷刀具进行粗加工或断续切削时，对减少崩刃和提高刀具耐用度的效果钝十分显著; （2）钝圆刃还有一定的切挤熨压及消振作用	一般 $b_{r1} = 0.2 \sim 1$ mm 或 $b_{r1} = (0.3 \sim 0.8)f$，粗加时取大值，精加工时取小值。 倒棱前角 γ_{01} 对高速钢刀具 $\gamma_{01} = 0° \sim 5°$，对硬质合金刀具 $\gamma_{01} = -10° \sim -5°$
钝圆刃			一般 $r_n < f/3$，轻型钝圆 $r_n = 0.02 \sim 0.03$ mm，中型钝圆 $r_n = 0.05 \sim 0.1$ mm，重型钝圆 $r_n = 0.15$ mm。重型钝圆用于重载切削

5. 车刀图及角度标注方法

采用正交平面参考系标注角度，既能反映刀具的切削性能，又便于刃磨检验，因此车刀设计图一般均标注该参考系角度。

（1）90°偏刀（图1-2-8）

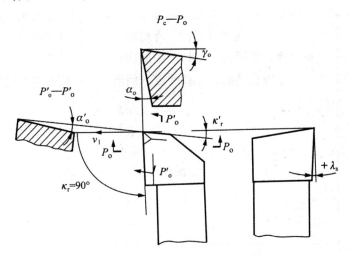

图1-2-8　90°偏刀刀头设计图

（2）切断刀（图1-2-9）

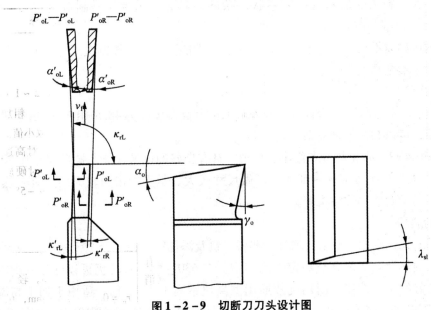

图1-2-9　切断刀刀头设计图

三、刀具材料

刀具切削金属的基本前提是刀具材料的硬度大于被切削金属的硬度。

金属切削过程中，刀具的切削部分直接完成切削工作。刀具材料性能的优劣直接影响刀具的质量。切削加工生产率和刀具耐用度的高低、零件加工精度和表面质量的优劣等，在很大程度上都取决于刀具材料的选择是否合理。

1. 刀具材料应具备的性能

由于刀具在切削过程中受到力、摩擦、热等作用，作为刀具的材料应满足以下要求：

（1）高硬度和耐磨性，即刀具材料要比工件材料硬度高、抗磨损能力强。

（2）足够的强度和韧性，即可以承受切削中的压力、冲击和振动。

（3）较高的耐热性能，即在高温下保持硬度、耐磨性、强度和韧性的能力。

2. 常见的刀具材料

目前，生产中常见的刀具材料有四大类：① 淬火后的工具钢与模具钢（包括碳素工具钢、合金工具钢和高速钢）；② 硬质合金；③ 陶瓷和超硬刀具材料（包括金刚石和立方氮化硼）；④ 一般机械加工常用高速钢和硬质合金。由于碳素工具钢和合金工具钢耐热性能差，一般仅用于手工或切削速度较低的刀具，如钳工锉刀、手用铰刀、手用丝锥板牙等。

（1）高速钢

高速钢是一种加入较多的钨、钼、铬、钒等合金元素的高合金工具钢。具有较高的热稳定性，切削温度达 500～650 ℃时仍能进行切削，但是刀具硬度有所降低，有较高的强度和耐磨性。其制造工艺简单，成本较低，容易磨成锋利的切削刃，可以锻造，对于如钻头、成形刀具、拉刀、齿轮刀具等形状复杂的刀具尤其重要，是制造这些刀具的主要材料。

高速钢按用途不同可分为通用型高速钢和高性能高速钢；按制造工艺不同可分为熔炼高速钢和粉末冶金高速钢。

① 通用高速钢

W18Cr4V：有较好的综合性能，在 600 ℃时其高温硬度为 48.5HRC。刃磨和热处理工艺控制方便，可以制造各种复杂刀具。

W6Mo5Cr4V2：碳化物分布细小、均匀，具有良好的机械性能，抗弯强化比 W18Cr4V 高 10%～15%，韧性高 50%～60%。可做尺寸较大、承受冲击力较大的刀具，热塑性特别好，更适用于制造热轧钻头等。

② 高性能高速钢

在通用型高速钢的基础上再增加一些碳、钒及添加钴、铝等合金元素，形成高性能高速钢。按其耐热性，又称高热稳定性高速钢。在 630～650 ℃时仍可以保持 60HRC 的硬度，具有更好的切削性能，耐用度较通用型高速钢高 1.3～3 倍，适用于加工高温合金、钛合金、超高硬度钢等难加工材料。典型牌号有高碳高速钢 9W18Cr4V、高钒高速钢 W6Mo5Cr4V3、钴高速钢 W6MoCr4V2Co8、超硬高速钢 W2Mo9Cr4VCo8 等。

③ 粉末冶金高速钢

用高压氩气或纯氮气雾化熔融的高速钢钢水，直接得到细小的高速钢粉末，高温下压制成致密的钢坯，之后锻轧成刀具形状。有效解决了一般熔炼高速钢时铸锭产生粗大碳化物共晶偏析的问题，而得到细小均匀的结晶组织，使之具有良好的机械性能。其强度和韧性分别是熔炼高速钢的2倍和2.5~3倍；磨削加工性好；物理、机械性能高，各向同性好，淬火变形小；耐磨性提高20%~30%，适合于制造切削难加工材料的刀具、大尺寸刀具、精密刀具、磨削加工量大的复杂刀具、高压动载荷下使用的刀具等。但其成本价较高，生产中使用尚少。

注意：所有的高速钢车刀都不能车削淬火钢，这是因为淬火钢的硬度与高速钢相近，是制作刀具的材料，车不动。车削加工淬火钢必须使用金刚石或者立方氮化硼之类的超硬刀具，而且车床的主轴刚度必须性能极佳，故而极少有车削淬火钢的加工。淬火钢也可以使用电火花机床加工。

（2）硬质合金

由难熔金属碳化物（如WC、TiC）和金属黏结剂（如Co）经粉末冶金法制成。

因含有大量熔点高、硬度高、化学稳定性好、热稳定性好的金属碳化物，硬质合金的硬度、耐磨性、耐热性都很高，硬度可达89~93HRA，在500~600℃时硬度几乎不变，在800~1 000℃还能承担切削，仍具有较高的硬度，且耐用度较高，比高速钢高几十倍。当耐用度相同时，切削速度可提高4~10倍。硬质合金是当前广泛使用的刀具材料之一，大多数车刀、端铣刀和部分立铣刀等均已采用硬质合金制造，价格适中，性价比高，可回收循环使用；缺点是硬度大导致比较脆，受冲击后易崩刃。

硬质合金按其化学成分与使用性能分为四类，即YG（WC + Co）、钨钛钴类YT（WC + TiC + Co）、添加稀有金属碳化物类YW[WC + TiC + TaC（NbC） + Co]及碳钛基类YN（TiC + WC + Ni + Mo）。常用硬质合金牌号的应用范围见表1-2-4。

表1-2-4　　　　　　　　　常用硬质合金的性能及用途

牌号	使用性能	使用范围
YG3	在YG类合金中，耐磨性仅次于YG3X、YG6A，能使用较高的切削速度，但对冲击和振动比较敏感	适合铸铁、有色金属及其合金、非金属材料（橡胶、纤维、塑料、板岩、玻璃、石墨电极等）连续精车及半精车
YG3X	属细晶粒合金，是YG类合金中耐磨性最好的一种，但冲击韧度较差	适合铸铁、有色金属及其合金的精车、精镗等，亦可适用于淬硬钢及钨、钼材料的精加工
YG6	耐磨性较高，但低于YG6X、YG3X及YG3	适合铸铁、有色金属及其合金、非金属材料连续切削时的粗车，间断切削时的半精车、精车；连续断面的半精铣与精铣
YG6X	属细晶粒合金，其耐磨性比YG6高，而使用强度接近YG6	适合冷硬铸铁，合金铸铁、耐热钢的加工，亦适于普通铸铁的精加工，并可用于制造仪器仪表工业用的小型刀具和小模数滚刀
YG8	使用强度较高，抗冲击和抗振动性能较YG6好，耐磨性和允许的切削速度较低	适合铸铁、有色金属及其合金、非金属材料的粗加工

牌号	使用性能	使用范围
YG8C	属粗晶粒合金，使用强度较高，接近于 YGll	适合重载切削下的车刀、刨刀等
YG6A（YA6）	属细晶粒合金，耐磨性和使用强度与 YG6X 相似	适合硬铸铁、灰铸铁、球墨铸铁、有色金属及其合金，耐热合金钢的半精加工，亦可用于高锰钢、淬硬钢及合金钢的半精加工和精加工
YT5	在 YT 类合金中，强度最高，抗冲击和抗振动性能最好，但耐磨性较差	适合碳钢及合金钢不连续面的粗车、粗刨、半精刨、粗铣、钻孔等
YT14	使用强度高，抗冲击性能和抗振动性能好，但较 YT5 稍差，耐磨性及允许的切削速度较 YT5 高	适合于碳钢和合金钢的粗车，间断切削时的半精车和精车，连续面的粗铣等
YT15	耐磨性优于 YT14，但抗冲击韧度较 YT14 低	适合碳钢与合金钢加工中，连续切削时的粗车、半精车及精车，间断切削时的断面精车，连续面的半精铣与精铣等
YT30	耐磨性及允许的切削速度较 YT15 高，但使用强度及冲击韧度较低，焊接及刃磨极易产生裂纹	适合碳钢及合金钢的精加工，如小断面精车、精镗、精扩等
YWl	扩展了 YT 类合金的使用性能，能承受一定的负荷，通用性较好	适合耐热钢、高锰钢、不锈钢等难加工材料的精加工，也适合一般钢材、铸铁及有色金属的精加工
YW2	耐磨性稍次于 YW1 合金，但使用强度较高，能承受较大的冲击负荷	适合耐热钢、高锰钢、不锈钢及高级合金钢等难加工钢材的精加工、半精加工，也适合一般钢材和铸铁及有色金属的加工

（3）其他刀具材料

① 涂层刀具

涂层刀具是在韧性较好的硬质合金基体或高速钢刀具基体上，涂覆一薄层耐磨性高的难熔金属化合物而制成的。涂层硬质合金一般采用化学气象沉积法，沉积温度在1 000 ℃左右；涂层高速钢刀具一般采用物理气相沉积法，沉积温度在 500 ℃左右。

常用的涂层材料有 TiC、TiN、Al_2O_3 等。涂层厚度：硬质合金 4 ~ 5 μm，表层硬度可达 2 500 ~ 4 200HV；高速钢为 2 μm，表层硬度可达 80HRC。

涂层刀具具有较高的抗氧化性能和黏结性能，因而有高的耐磨性和抗月牙洼磨损能力，有低的摩擦系数，可降低切削力及切削温度，可提高刀具耐用度（硬质合金刀具提高 1 ~ 3 倍；高速钢刀具可提高 2 ~ 10 倍）。但也存在锋利性、韧性、抗剥落性、抗崩刃性差及成本高的不足。例如，日本以 2.5 元/根的价格购买中国的普通麻花钻头，经过涂层镀膜后，价格达到 3 000 元/根，但是加工质量优异，耐用度也有显著提升，国内有企业尝试该技术，但是差距较大，甚至出现涂层脱落的现象。

② 陶瓷刀具

陶瓷有 Al_2O_3 纯陶瓷 Al_2O_3-TiC 混合陶瓷两种，以其微粉在高温下烧结而成。有很高的硬度（91～95HRA）和耐磨性；有很高的耐热性，在 1 200 ℃以上仍能进行切削；切削速度比硬质合金高 2～5 倍；有很高的化学稳定性，与金属的亲和力小，抗黏结和扩散的能力好。可用于加工钢、铸铁，也使用于车、铣加工。

陶瓷脆性大，抗弯强度低，冲击韧性差，易崩刃，使用范围受到限制。

③ 金刚石刀具

金刚石是目前最硬的物质，其原子晶体结构是空间三维立体状，是在高温、高压和其他条件配合下由石墨转化而成的。硬度可达 10 000HV，耐磨性好，可用于加工硬质合金、陶瓷、高硅铝合金及耐磨塑料等高硬度、高耐磨的材料，刀具耐用度比硬质合金可提高几倍到几百倍。其切削刃锋利，能切下极薄的切屑，加工冷硬现象少，有较低的摩擦系数，切屑与刀具不易产生黏结，不产生积屑瘤，适合于精密加工。

但是价格极其昂贵，必须配合使用主轴刚度极高的机床，热稳定性差，切削温度不宜超过 700～800 ℃；强度低、脆性大，对振动敏感，只适宜于微量切削；与铁有强的化学亲和力，不适宜加工黑色金属。目前只适用于磨具磨料，对有色金属及非金属材料进行高速精细车削及镗削；加工铝合金、铜合金时，切削速度可达 800～3 800 m/min。目前有使用人造金刚石代替天然金刚石的刀具，但是效果差距很大，优势是成本大幅降低。

④ 立方氮化硼刀具

立方氮化硼（CBN）是纯人工合成材料，是继人造金刚石之后，美国 GE 公司于 1957 年首先宣布利用高温超高压装置合成的另一种新型超硬材料，硬度仅次于金刚石，其原子晶体结构也是空间三维立体状。聚晶立方氮化硼（PCBN）是由 CBN 微粉与少量结合剂烧结而成的多晶体。PCBN 自 1973 年研制成功以来，经过众多材料专家及刀具专家的努力，PCBN 材料及其刀具已完全进入实用阶段，在工业发达国家 PCBN 刀具已应用于汽车、重型机械等机械加工行业。

立方氮化硼有很高的硬度（8 000～9 000HV）及耐磨性；有比金刚石高很多的热稳定性（达 1 400 ℃），可用来加工高温合金，化学惰性很大，与铁族金属直至 1 200～1 300 ℃时也不易起化学反应，可用于加工淬硬钢及冷硬铸铁，有良好的导热性、较低的摩擦系数。

目前，立方氮化硼不仅用于磨具，也逐渐用于车、镗、铣、铰等。缺点是价格昂贵，不易推广，如普通砂轮的成本仅为几百元至几千元，而同体积的立方氮化硼砂轮价格在七八万元，差距极大。

四、车刀的类型与种类

1. 车刀的类型

车刀是用于卧式车床、转塔车床、自动车床及数控车床的刀具。车刀的类型很多，适用范围广泛。

（1）车刀按用途来分，有外圆车刀、端面车刀、内孔车刀、切断刀、切槽刀、螺纹车刀等，如图 1-2-10 所示。

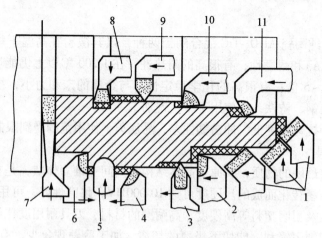

图 1 - 2 - 10　车刀的类型与用途

1——45°弯头车刀；2——90°外圆车刀；3——外螺纹车刀；4——75°外圆车刀；5——成形车刀；
6——90°左切外圆车刀；7——切槽刀；8——内孔切槽刀；9——内螺纹车刀；10——盲孔镗刀；11——通孔镗刀

（2）按结构的不同，车刀可分为整体式、焊接式、机夹式和可转位车刀等，见表 1 - 2 - 5。

表 1 - 2 - 5　　　　　　　　　　　　　　车刀结构特点及适用场合

名称		结构特点	适用场合
整体式		用高速钢车刀条制造，刃口可磨得较锋利。优点：可刃磨整体成形刀。缺点：不适合高速切削	适用于小型车床或加工非铁金属
焊接式		刀头切削部分用硬质合金或高速钢刀片焊接。优点：结构紧凑、使用灵活。缺点：刀片易产生裂纹	各类车削
机夹式		刀片采用机械装夹方式。优点：避免刀头焊接式产生的应力、裂纹等缺陷，刀杆利用率高，刀片可集中刃磨，获得所需几何参数。缺点：机械夹固式结构复杂，不紧凑	外圆、端面、镗孔、切断、螺纹车刀等
可转位式		刀片有多个切削刃，刀片可快换转位。优点：生产率高，断屑稳定，可使用涂层材料。缺点：夹固式结构复杂，不紧凑	大中型车床加工外圆、端面、镗孔，特别适用于自动线、数控机床

2. 车刀的种类

（1）焊接式硬质合金车刀（GB/T 17985.1—2000）

① 车刀代号示例

正方形截面 25 mm×25 mm，用途小组为 P20 的硬质合金刀片，06 型右切削车刀的代号为：

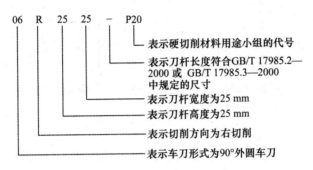

表 1-2-6　　　　　　　　　　车刀头部的形式

符号	车刀形式	名称	符号	车刀形式	名称
01	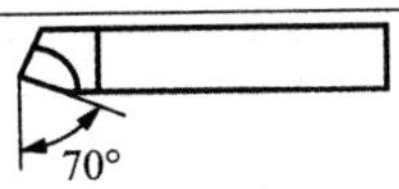	70°外圆车刀	10		90°内孔车刀
02	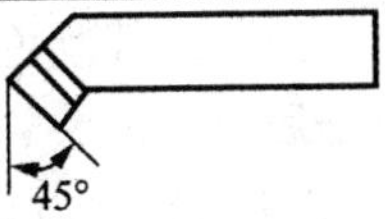	45°端面车刀	11	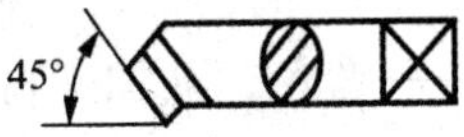	45°内孔车刀
03	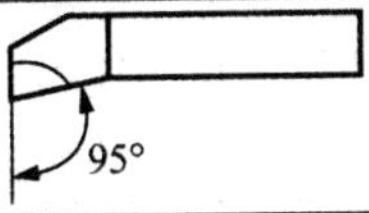	95°外圆车刀	12	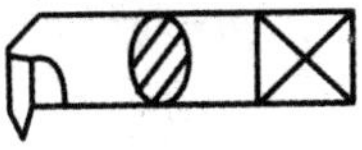	内螺纹车刀
04		切槽车刀	13	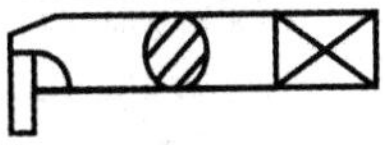	内切槽车刀
05		90°端面车刀	14	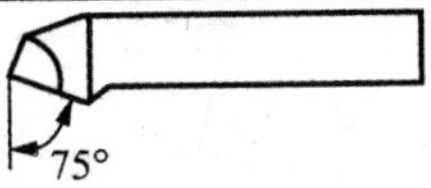	75°车外圆刀
06	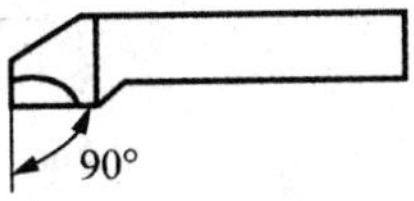	90°外圆车刀	15	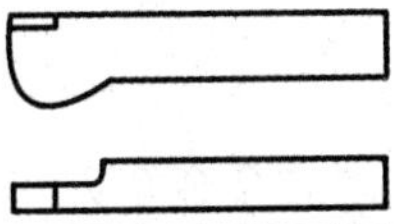	B 型切断车刀
07	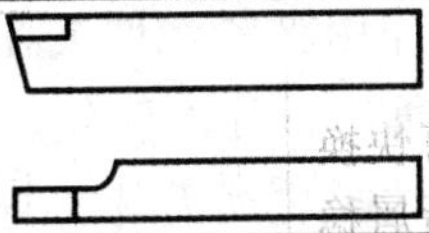	A 型切断车刀	16	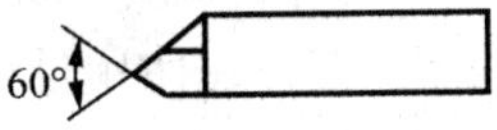	外螺纹车刀
08	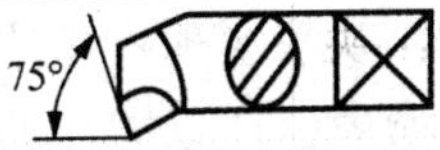	75°内孔车刀	17	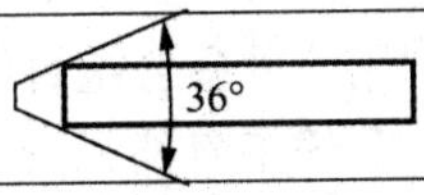	带轮车刀
09	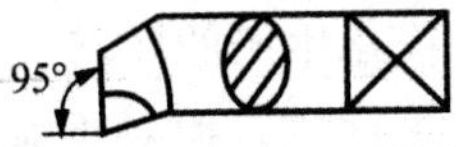	95°内孔车刀			

② 代号表示规则

硬质合金车刀代号由按规定顺序排列的一组字母和数字组成，共有 6 个符号分别表示其各项特征。

第一个符号用两位数字表示车刀头部的形式，见表 1 - 2 - 6。

第二个符号用一字母表示车刀的切削方向：

a. R 为右切削车刀；

b. L 为左切削车刀。

第三个符号用两位数字表示车刀的刀杆高度，如果高度不足两位数字，则在该数前面加"0"，如 - 0808，用于每边为 8 mm 的正方形截面；又如 - 2516，用于高为 25 mm 和宽为 16 mm 的矩形截面；再如 - 25，用于直径为 25 mm 的圆形截面。

第四个符号用两位数字表示车刀的刀杆宽度，如果宽度不足两位数字时，则在该数前面加"0"。

第五个符号用" - "表示该车刀的长度符合 GB/T 17985.2—2000 或 GB/T 17985.3—2000 的规定。

第六个符号用一字母和两位数字表示车刀所焊刀片按 GB/T 2075—2007 中规定的硬切削材料的用途小组代号。

③ 标志

a. 车刀上应按 GB/T 2075—2007 的规定如如下标志：

"切屑形式大组"的色标，涂在刀杆的后部，如图 1 - 2 - 11 所示，其颜色为：

（a）P 组——蓝色，被加工材料的大类是带长切屑的黑色金属。

（b）M 组——黄色，被加工材料的大类是带长或短切屑的黑色金属和有色金属。

（c）K 组——红色，被加工材料的大类是带短切屑的黑色金属、有色金属和非金属材料。

b. 车刀代号应标志在车刀左侧面，如图 1 - 2 - 11 所示。

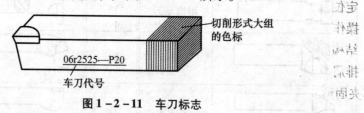

图 1 - 2 - 11　车刀标志

（2）可转位硬质合金车刀

硬质合金可转位车刀就是把经过研磨的可转位多边形刀片用夹紧元件夹在刀杆上的车刀（图 1 - 2 - 12）。车刀在使用过程中，一旦切削刃磨钝，通过刀片的转位，即可用新的切削刃继续切削，只有当多边形刀片所有的刀刃都磨钝后，才需更换刀片，且刀片可由厂家回收，循环利用。硬质合金可转位式车刀安装的多刃刀片，除了实现连续加工、减少更换刀片的次数、节约工时外，由于刀片安装在车刀刀头的卡槽内，所以刀片的安装精度不受安装人员技术水平的影响，因此切削性能稳定，很适合现代化生产的要求。

一般来讲，当刀片所有的刀刃磨钝后还可卸下重磨再继续使用，但对于涂层刀片和陶

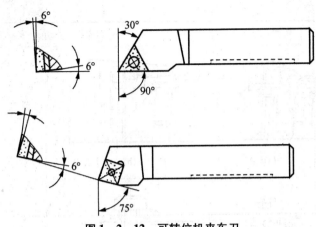

图1-2-12　可转位机夹车刀

瓷等高硬度刀具材料的刀片用钝后即不再重磨，因此也有称为不重磨刀片和机夹不重磨刀具。

① 可转位车刀类型

由于可转位刀片的形式多种多样，并采用多种刀具结构和几何参数，因此刀具的品种越来越多，使用范围很广。

四边形刀片常用于制作45°、75°外圆车刀及75°端面车刀，当刀杆为弯头结构时，则既可加工外圆又可加工端面；正三边形刀片的适用范围更广，既可用于车削外圆，又可用于车削端面及仿形车削；35°、55°棱形刀片和圆形刀片常用于仿形车削。

② 刀片的夹固形式及特点

可转位车刀多利用刀片上的孔进行机械夹固，与机械夹固式车刀的夹固结构完全不同，对它的要求是：

a. 夹紧可靠：不允许刀片在切削时松动，且受小刀片及刀槽尺寸误差的影响。

b. 定位精确：刀片转位或更换时，刀尖位置的变化在工作精度允许的范围以内。

c. 操作方便：以节省转位或更换刀片的时间。

d. 结构简单：以降低制造成本。

e. 排屑流畅：夹固元件不应妨碍切屑的流出。

其夹固形式及特点见表1-2-7。

表1-2-7　　　　　　可转位刀片的夹固形式及特点

形式	夹固简图		特点
拉杆式	(a)	(b)	夹紧力较大，稳定性好，使用方便，但制造较困难

形式	夹固简图		特点
楔钩式	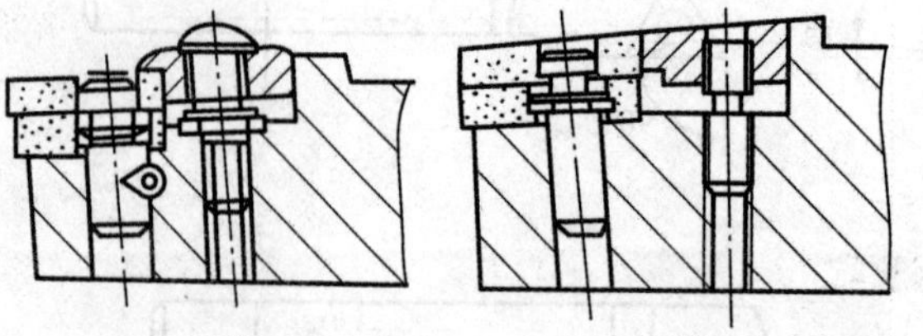 (a)	(b)	制造方便,使用可靠
压板式	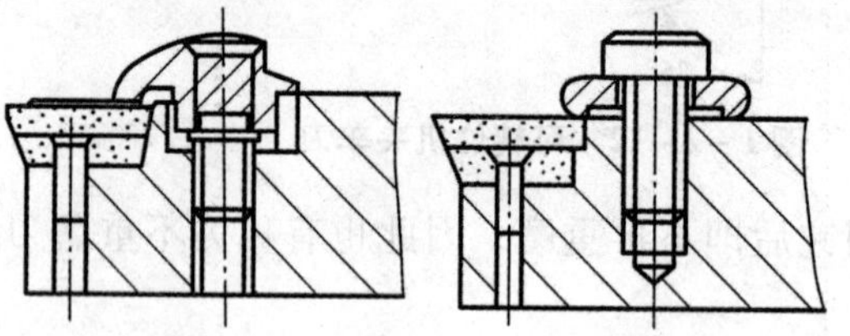 (a)	(b)	制造容易,夹紧力大,稳定可靠
偏心销式	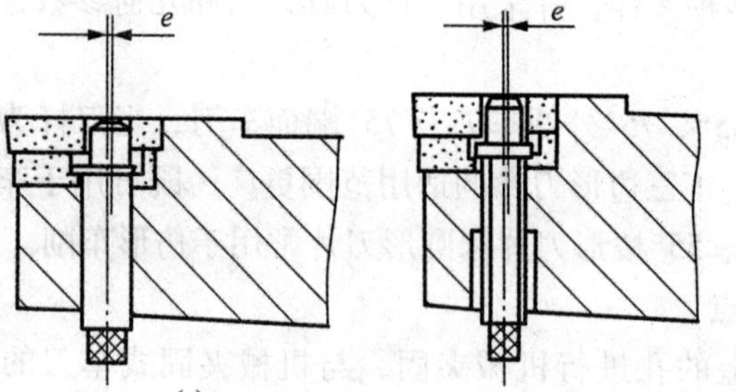 (a)	(b)	结构简单、紧凑,制造容易,一般用于中小型车刀

③ 车刀的标记法

GB/T 5343.1—2007 制定了硬质合金可转位车刀的标记法。车刀标记由 10 个代号组成,表示可转位车刀的尺寸及其他特征。表 1-2-8 给出了代号的意义。

表 1-2-8 车刀的标记法

代号	P	T	G	N	R	20	20	—	16	Q
编号	1	2	3	4	5	6	7	8	9	10

编号 1 刀片夹固形式

名称与代号	C(顶面夹紧)	M(顶面和孔夹紧)	P(孔夹紧)	S(螺钉通孔夹紧)
图形	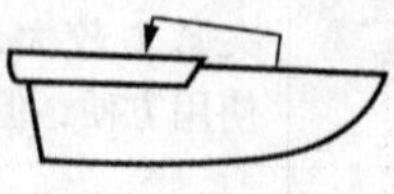	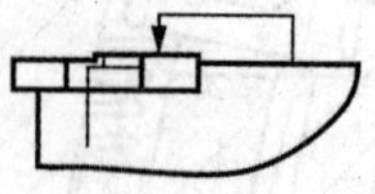	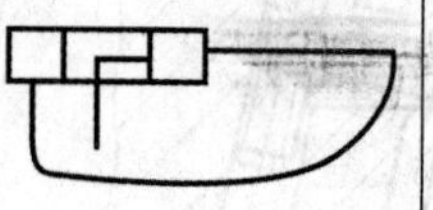	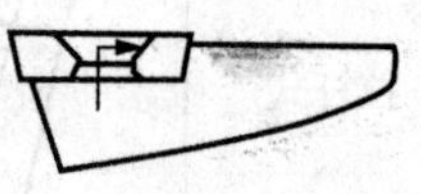

续表 1-2-8

编号 2 刀片形状

代号	图形	代号	图形	代号	图形	代号	图形	代号	图形	代号	图形
H	六边形	S	正方形	L	矩形	C	80° 菱形	M	86° 菱形	B	82° 平行四边形
O	八边形	T	三角形	F	80°	D	55° 菱形	V	35° 菱形	K	55° 平行四边形
P	五边形	W		R	圆形	E	75° 菱形	A	85° 平行四边形		

编号 3 车刀头部形式

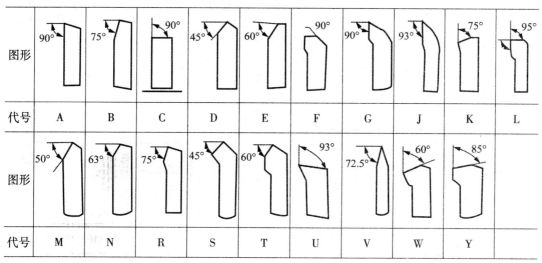

图形										
代号	A	B	C	D	E	F	G	J	K	L
代号	M	N	R	S	T	U	V	W	Y	

编号 4 刀片法后角

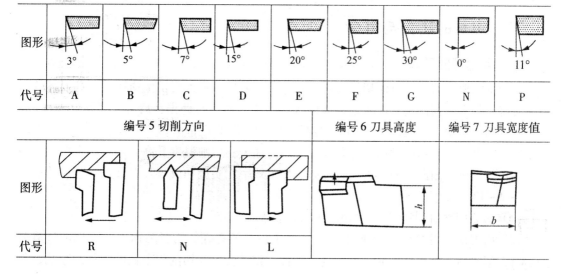

图形									
代号	A	B	C	D	E	F	G	N	P

编号 5 切削方向			编号 6 刀具高度	编号 7 刀具宽度值
图形				
代号	R	N	L	

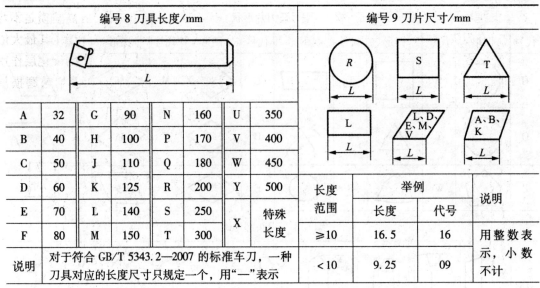

编号 8 刀具长度/mm							
A	32	G	90	N	160	U	350
B	40	H	100	P	170	V	400
C	50	J	110	Q	180	W	450
D	60	K	125	R	200	Y	500
E	70	L	140	S	250	X	特殊长度
F	80	M	150	T	300		

长度范围	举例		说明
	长度	代号	
≥10	16.5	16	用整数表示，小数不计
<10	9.25	09	

说明：对于符合 GB/T 5343.2—2007 的标准车刀，一种刀具对应的长度尺寸只规定一个，用"—"表示

编号 10　对于 $b_1 b_2$ 和 L 带有 ±0.08 公差的不同测量基准刀具

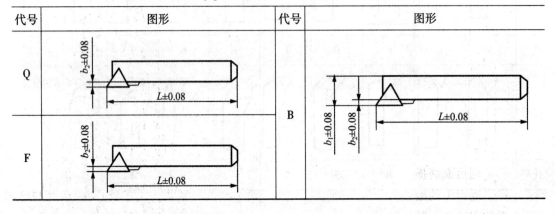

代号	图形	代号	图形
Q		B	
F			

五、刀具的磨损与寿命

1. 刀具磨损的形式

切削金属时，刀具一方面切下切屑，另一方面刀具本身也要发生损坏。刀具损坏的形式主要有磨损和破损两类。前者是连续的逐渐磨损，属正常磨损；后者包括脆性破损（如崩刃、碎断、剥落、裂纹破损等）和塑性破损两种，属非正常磨损。刀具磨损后，使工件加工精度降低，表面粗糙度增大，并导致切削力加大、切削温度升高，甚至产生振动，不能继续正常切削。因此，刀具磨损直接影响加工效率、质量和成本。刀具正常磨损的形式（图 1 - 2 - 13）有以下几种：

（1）前刀面磨损（月牙洼）：深度为 KT，宽度为 KB。

（2）后刀面磨损（VB）：从理论上讲，由于后角的存在，刀具后面不与工件的过渡表面接触，但是由于高速切削时工件材料的弹性、塑性变形和切削刃上钝圆半径的影响，刀具后面与工件过渡表面之间会形成狭小面积接触，产生强烈的摩擦，而使刀具后面磨损。典型的主后刀面磨损带如图1-2-13(a)所示。从图中可以看出，刀具的后面磨损是不均匀的。在刀尖磨损区(C区)，由于强度较低，散热条件较差，故磨损较为严重(其最大值为VC)；在边界磨损区N区，切削刃与待加工表面相接处，因高温氧化、表面硬化层作用等造成最大磨损量VN。在中间磨损区B区，在切削刃的中间位置，存在着均匀磨损量VB，局部出现最大磨损量VB_{max}。

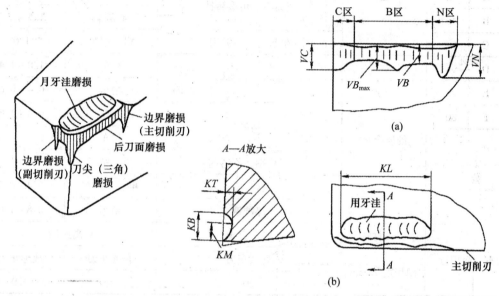

图1-2-13 刀具的正常磨损状态

（a）前面磨损；（b）后面磨损带

（3）副后面磨损

在靠近刀尖的副后面上也有磨损，如图1-2-13(b)所示。这是由于在副后面与已加工表面的交界处，其切削厚度已趋近于零，切削刃在该处打滑造成的。

2. 磨损标准

GB/T 16461—2016规定，高速钢刀具、硬质合金和陶瓷刀具的磨损标准为：

（1）当后面B区磨损带是正常磨损形式时，后面磨损带的平均宽度$VB=0.3$ mm。

（2）当后面B区磨损带不是正常磨损形式时，如划伤、崩刃等，后面磨损带的最大宽度$VB_{max}=0.6$ mm。

（3）月牙洼深度$KT=0.06+0.3f$。

实际中，也常以精加工时刀具磨损量是否影响表面粗糙度和尺寸精度作为刀具磨损的判断依据。

（4）表1-2-9所示为焊接车刀的磨钝标准和耐用度，机夹可转位车刀的耐用度可适当降低，一般选为30 min。耐用度在单刀加工及单机床管理时采用。

表1-2-9　　　　　　　　　　　焊接车刀的磨钝标准及耐用度

	刀具材料	加工材料	加工性质	后刀面最大磨损限度/mm
磨钝标准	高速钢	碳钢、合金钢、铸铁、非铁金属	粗车	1.5~2.0
			精车	1.0
		灰铸铁、可锻铸铁	粗车	2.0~3.0
			半精车	1.5~2.0
		耐热钢、不锈钢	粗、精车	1.0
	硬质合金	碳钢、合金钢	粗车	1.0~1.4
			精车	0.4~0.6
		铸铁	粗车	0.8~1.0
			精车	0.6~0.8
		耐热钢、不锈钢	粗、精车	0.8~1.0
		钛合金	粗、半精车	0.4~0.5
		淬硬钢	精车	0.8~1.0
车刀耐用度	刀具材料	硬质合金	高速钢	
	耐用度 T/min	普通车刀	普通车刀	成形车刀
		60	60	120

3. 刀具正常磨损的原因

刀具正常磨损的原因主要是机械磨损和热化学磨损。机械磨损是由工件材料中硬质点的刻划作用引起的，热化学磨损则是由黏结（刀具与工件材料接触到原子间距离时产生的结合现象）、扩散（刀具与工件两摩擦面的化学元素互相向对方扩散、腐蚀）等引起的。

（1）磨粒磨损：在切削过程中，刀具上经常被一些硬质点刻出深浅不一的沟痕。磨粒磨损对高速钢作用较明显。

（2）黏结磨损：刀具与工件材料接触到原子间距离时产生的结合现象，称黏结。黏结磨损就是由于接触面滑动在黏结处产生剪切破坏而造成的。低、中速切削时，黏结磨损是硬质合金刀具的主要磨损原因。

（3）扩散磨损：切削时，在高温作用下，接触面间分子活动能量大，造成了合金元素相互扩散置换，使刀具材料机械性能降低，若再经摩擦作用，刀具容易被磨损。扩散磨损是一种化学性质的磨损。

（4）相变磨损：当刀具上最高温度超过材料相变温度时，刀具表面金相组织发生变化。如马氏体组织转变为奥氏体，使硬度下降，磨损加剧。因此，工具钢刀具在高温时均有此类磨损。

4. 刀具磨损过程及刀具寿命

（1）刀具磨损过程

随着切削时间的延长，刀具磨损增加。根据切削实验可得如图1-2-14所示的刀具正常磨损过程的典型磨损曲线。该图分别以切削时间和后刀面磨损量VB（或前刀面月牙洼磨损深度KT）为横坐标与纵坐标。

（2）刀具寿命

① 刀具寿命的概念

刀具寿命T定义为刀具的磨损达到规定标准前的总切削时间，单位为min。例如，生产中常

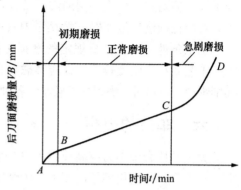

图1-2-14　典型的刀具磨损过程曲线

采用达到正常磨损$VB = 0.3$ mm时的刀具寿命；有时也采用在规定加工条件下，按质量完成额定工作量的可靠性寿命；在自动化生产中保持工件尺寸精度的尺寸寿命；刀具达到规定承受的冲击次数的疲劳寿命；等等。

② 影响刀具寿命的因素

a. 提高切削速度，则切削温度增高，磨损加剧，刀具寿命T降低。

b. 进给量和背吃刀量增大，均使刀具寿命T降低。但进给量增大，会使切削温度升高较多，故对T影响较大；而背吃刀量增大，切削温度升高较少，故对T的影响较小。

c. 合理选择刀具几何参数能提高刀具寿命。增大前角，切削温度降低，刀具寿命提高，但前角太大，刀具强度降低、散热性变差，刀具寿命反而会降低。因此，刀具前角有一个最佳值，该值可通过切削实验求得。减小主偏角、副偏角和增大刀尖圆弧半径，可提高刀具强度和降低切削温度，从而提高刀具寿命。

d. 刀具材料是影响刀具寿命的重要因素，合理选用刀具材料、采用涂层刀具材料和使用新型材料，是提高刀具寿命的有效途径。

e. 加工工件材料对刀具寿命的影响为，材料强度、硬度、塑性、韧性等指标值越高，导热性越低，加工时的切削温度越高，刀具寿命就越低。

5. 刀具磨损的检测方法

刀具磨损的检测方法可分为两大类：一类是直接测量法，它是在非切削时间内直接测量（或通过工件尺寸的变化来测量）刀具的磨耗量；另一类为间接测量法，它是在切削时测定与刀具有关的物理量（如切削力、振动与噪声、切削温度、已加工表面粗糙度）的变化来判断刀具的磨损。

在实际生产中，不允许经常卸下刀具来测量磨损量，因而总是根据切削过程中发生的一些现象来判断刀具是否已经磨钝。例如粗加工时，可以观察已加工表面是否出现亮带，切屑颜色和形状是否变化，以及是否出现振动和不正常的声音等。精加工可观察已加工表面粗糙度的变化以及测量加工零件的形状和尺寸精度等。

在用实验评定刀具材料的切削性能时，常用后刀面的磨损量作为衡量刀具磨损的标

准。国际标准 ISO 统一规定以 1/2 切削深度处后刀面上测定的磨损带宽度 *VB* 作为刀具磨钝标准。但对自动化生产用的刀具及预调刀具等，则常以沿工件径向的刀具磨损尺寸（称为刀具的径向磨损量 *NB*）作为衡量刀具的磨损标准。

加工条件不同时，所规定的磨损标准也不同，如精加工的磨损标准较小，粗加工较大；工艺系统的刚度较低时，应考虑在磨损标准内是否会振动，所以规定的磨损标准较小；切削难加工材料时，磨损标准较小，各种刀具磨损标准的具体数值可参考有关专业手册。

六、车刀的刃磨

无论硬质合金车刀或高速钢车刀，在使用之前都要根据切削条件所选择的合理切削角度进行刃磨，一把用钝了的车刀，为恢复原有的几何形状和角度，也必须重新刃磨。

车刀的刃磨有机械刃磨和手工刃磨两种。机械刃磨效率高，质量稳定，操作方便，主要用于刃磨标准刀具，应用于大型制造企业。手工刃磨比较灵活，对磨刀设备要求不高，应用于中小型制造企业。对于车工来说，手工刃磨是必须要掌握的基本技能。

1. 磨刀步骤

（1）砂轮的选择

刃磨车刀常用的砂轮有两种：一种是白刚玉（WA）砂轮，其砂粒韧性较好，比较锋利，硬度稍低，适用于刃磨高速钢车刀（一般选用 46~60 粒度）；另一种是绿碳化硅（GC）砂轮，其砂粒硬度高，切削性能好，适用于刃磨硬质合金车刀（一般选用 46~60 粒度）。

（2）刃磨步骤

① 先把车刀前刀面、主后刀面和副后刀面等处的焊渣磨去，并磨平车刀的底平面。

② 粗磨主后刀面和副后刀面的刀杆部分，其后角应比刀片的后角大 2°~3°，以便刃磨刀片的后角。

③ 粗磨刀片上的主后刀面、副后刀面和前刀面，粗磨出来的主后角、副后角应比所要求的后角大 2°左右（图 1-2-15）。

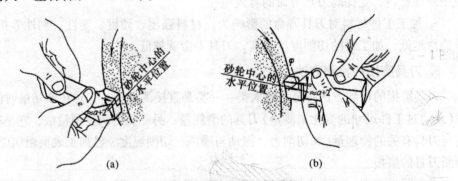

图 1-2-15 粗磨主后角、副后角

（a）粗磨主后角；（b）粗磨副后角

④ 精磨前刀面及断屑槽。断屑槽一般有两种形状，即直线形和圆弧形。刃磨圆弧形断屑槽，必须把砂轮的外圆与平面的交接处修整成相应的圆弧。刃磨直线形断屑槽，砂轮的外圆与平面的交接处应修整得尖锐。刃磨时，刀尖可向上或向下磨削（图 1-2-16），

应注意断屑槽形状、位置及前角大小。

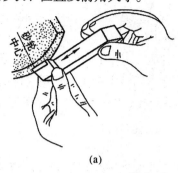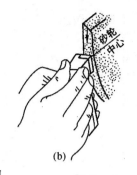

图 1-2-16 磨断屑槽

（a）在砂轮右角上刃磨；（b）在砂轮左角上刃磨

⑤ 精磨主后刀面和副后刀面。刃磨时将刀体平面靠在调整好的台板上，使切削刃轻靠住砂轮端面刃磨，刃磨后的刀口应平直。精磨时，应注意主、副后角的角度，如图 1-2-17 所示。

⑥ 磨副倒棱。刃磨时，用力要轻，车刀要沿主切削刃的后端向刀尖方向摆动。磨削时可以用直磨法和横磨法，如图 1-2-18 所示。

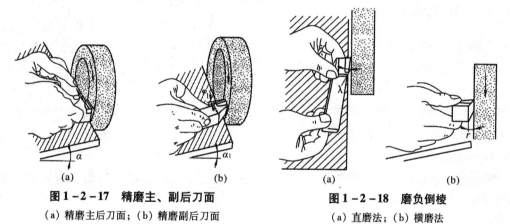

图 1-2-17 精磨主、副后刀面

（a）精磨主后刀面；（b）精磨副后刀面

图 1-2-18 磨负倒棱

（a）直磨法；（b）横磨法

⑦ 磨过渡刃。过渡刃有直线形和圆弧形两种，刃磨方法和精磨后刀面时基本相同，如图 1-2-19 所示。

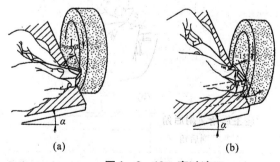

图 1-2-19 磨过渡刃

（a）磨直线形过渡刃；（b）磨修光刃

对于车削较硬材料的车刀，也可以在过渡刃上磨出负倒棱。对于大进给量车刀，可用相同方法在副切削刃上磨出修光刃，如图 1-2-20 所示。

刃磨后的切削刃一般不够平滑光洁，刀口呈锯齿形，切削时会影响工件的表面粗糙度，所以手工刃磨后的车刀应用油石进行研磨，以消除砂轮刃磨后的残留痕迹。

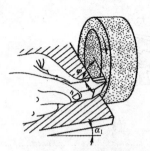

图 1 - 2 - 20　磨修光刃

2. 磨刀注意事项

（1）磨刀时，要注意安全，人应站在砂轮的侧前方，双手握稳车刀，用力均匀。

（2）刃磨时，将车刀左右移动，否则会使砂轮磨出凹槽。

（3）磨硬质合金车刀时，不可把刀头放入水中，以免刀片突然受冷收缩而碎裂。磨高速钢车刀时，要经常冷却，以免失去硬度。

七、车刀的装夹

车削前必须把选好的车刀正确安装在方刀架上，车刀安装得好坏，对加工质量和顺利操作都有直接关系。车刀安装时应注意以下几点：

（1）车刀刀尖应与工件轴线等高。如果车刀装得太高，则车刀的主后面会与工件产生强烈摩擦；如果装得太低，切削就不顺利，甚至工件会被抬起来，或把车刀折断。为了使刀尖对准工件轴心，可参照车床尾座顶尖进行调整，如图 1 - 2 - 21（a）所示。

（2）每次把车刀安装在刀架上时，不可能刚好对准工件轴线，一般会低一些，因此可用一些厚薄不同的垫片来调整车刀的高低。垫片的使用层数不宜过多，否则会造成车刀在车削时稳定性变差而影响加工质量。对垫片的要求是，必须平整，其宽度应与刀杆一样，长度应与刀杆被夹持部分相同。

（3）车刀的刀杆悬伸出刀夹的长度约等于刀杆高度 1~1.5 倍，不宜伸出过长，以免在切削时引起振动，如图 1 - 2 - 21（b）所示。

（4）车刀位置装正后，应交替拧紧刀架螺丝。

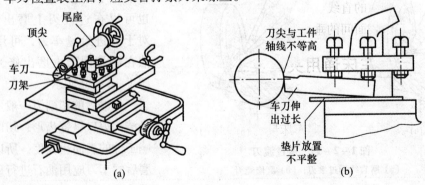

图 1 - 2 - 21　车刀的装夹

任务三　车床夹具及车削工件的装夹

一、车床夹具的特点、要求

1. 特点和要求

（1）特点

① 夹具和工件同车床主轴一同旋转，所以必须保证夹具使用安全和夹具的动平衡。

② 当加工的工件是回转体时，夹具具有定心作用。

③ 与机床的连接方式决定于主轴前端的结构形式。

④ 夹具的回转精度取决于和机床连接的精度。

（2）要求

① 夹具与机床主轴、花盘或过渡法兰连接要安全可靠。

② 结构力求简单、紧凑，重量尽可能轻一些。

③ 夹具工作时应保持平衡。夹具的重心应尽量接近回转轴线，平衡块的位置应远离回转轴线，并可沿圆周方向调整。

④ 当安装需找正中心时，应将夹具的最大外圆设计成校准回转中心的基准（或找正圆）。

⑤ 最大回转直径不允许与机床发生干涉。

⑥ 不应在圆周上有凸出部分，一般应设置防护罩，防止事故发生。

2. 车床夹具的技术要求

车床夹具常以工件的内孔或外圆作为定位基准。因此，这类夹具所采用定位元件的尺寸及形位公差，即构成夹具的主要技术要求。一般包括下列几方面：

（1）与工件配合的圆柱面（定位表面）对其轴线或相当于轴线的同轴度。

（2）工件与夹具心轴为双重配合时，双重配合部分的同轴度。

（3）定位表面与其轴向定位台肩的垂直度。

（4）夹具定位表面对夹具在机床上安装定位基准面的垂直度或平行度。

（5）定位表面的直线度和平面度或等高性。

（6）各定位表面间的垂直度或平行度。

二、卧式车床通用夹具及工件的装夹

1. 三爪夹盘

三爪卡盘（图1-3-1）是车床最常用的通用夹具，也是机床的随机附件之一。三爪卡盘上的三爪是同时动作的，可以达到自动定心兼夹紧的目的。其装夹操作方便，但定心精度不高（夹爪磨损所致），工件上同轴度要求较高的表面，应尽可能在一次装夹中车削加工。传递的扭矩也不大，故三爪卡盘适用于夹持圆柱形、六角形等中小工件。当安装直径较大的工件时，可使用"反爪"[图1-3-1(b)]。在车削圆盘类工件时，内撑里孔，车削外圆(孔径在60 mm以上)。

三爪卡盘自动定心的原理为：三爪卡盘由卡盘体、活动卡爪和卡爪驱动机构组成。三爪卡盘上三个卡爪导向部分的下面有螺纹与碟形伞齿轮背面的平面螺纹相啮合，当用扳手通过四方孔转动小伞齿轮时，碟形齿轮转动，背面的平面螺纹同时带动三个卡爪向中心靠近或退出，用以夹紧不同直径的工件。

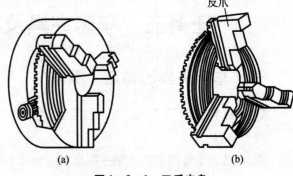

图1-3-1 三爪夹盘

(a) 正爪；(b) 反爪

2. 四爪卡盘与花盘

四爪卡盘也是车床常用的附件(图1-3-2)，分为定心卡盘与单动卡盘。四爪单动卡盘全称是机床用手动四爪单动卡盘，是由一个盘体、四个丝杆、一对卡爪组成的。工作时用四个丝杠分别带动四爪，因此常见的四爪单动卡盘没有自动定心的作用，但可以通过调整四爪位置，装夹各种矩形的、不规则的工件，每个卡爪都可单独运动。根

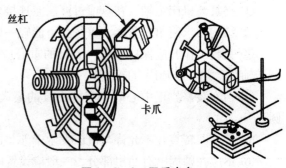

图1-3-2 四爪夹盘

据加工要求，利用划针盘校正后夹紧，安装精度比三爪卡盘高，适用于夹持较大圆柱形工件或者不规则工件。加工圆柱形工件之前，要用磁力百分表校正工件圆柱面的跳动量。

四爪卡盘比三爪卡盘多一个卡爪，故夹紧工件时与工件表面的接触面积比三爪卡盘大，卡爪与工件接触面之间的摩擦力大，夹紧力比三爪卡盘大。

花盘是安装在车床主轴上的一个大圆盘，盘面上的许多长槽用以穿放螺栓，可以用于加工形状不规则、比较复杂的大型工件，工件可用螺栓直接安装在花盘上，也可以把辅助支承角铁(弯板)用螺钉牢固夹持在花盘上，工件则安装在弯板上。为了防止转动时因重心偏向一边而产生振动，在工件的另一边要加平衡铁(配重块)。工件在花盘上的位置需经仔细找正。

3. 鸡心夹、拨盘、顶尖

较长或加工工序较多的轴类工件，为保证工件同轴度要求，常采用双顶尖的装夹方法，如图1-3-3所示。工件支承在前、后两顶尖间，由鸡心夹、拨盘带动旋转。死顶尖[图1-3-4(a)]装在主轴锥孔内，与主轴一起旋转；活顶尖[图1-3-4(b)]装在尾架锥孔内，顶锥与工件同时旋转。

当加工只有车削工序且在一次装夹中可以达到技术要求的长轴类工件时，采用一夹一顶的装夹方式，如图1-3-5所示。

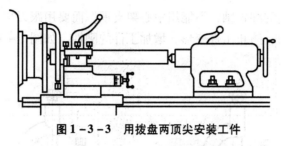

图1-3-3 用拨盘两顶尖安装工件

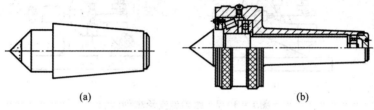

（a）   （b）

图1-3-4 顶尖

（a）死顶尖；（b）活顶尖

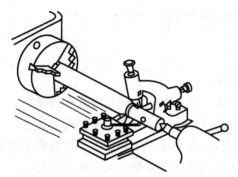

图1-3-5 用跟刀架车削工件

4. 中心架和跟刀架的使用

当车削长度为直径20倍以上的细长轴或端面带有深孔的细长工件时，由于工件本身的刚性很差，当受切削力的作用，往往容易产生弯曲变形和振动，容易把工件车成两头细、中间粗的腰鼓形。为防止上述现象发生，需要附加辅助支承，即中心架或跟刀架。

中心架主要用于加工有台阶或需要调头车削的细长轴，以及端面和内孔(钻中心孔)。中心架固定在床身导轨上的，车削前调整其三个爪与工件轻轻接触，并加上润滑油，如图1-3-6所示。当轴的长度过长时，可以同时使用多个中心架进行支承。

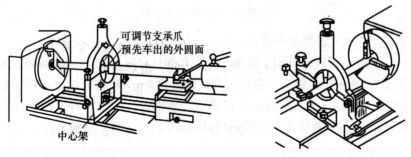

可调节支承爪
预先车出的外圆面

中心架

图1-3-6 用中心架车削外圆、内孔及端面

对不适宜调头车削的细长轴，不能用中心架支承，而要用跟刀架支承进行车削，以抵抗车削加工时的吃刀力，防止工件变形，增加工件的刚性，如图 1 - 3 - 5 所示。跟刀架支承原理如图 1 - 3 - 7 所示。

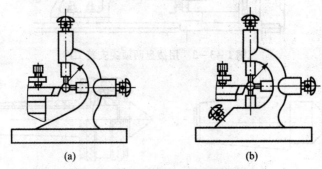

(a)   (b)

图 1 - 3 - 7　跟刀架支承车削示意图

三、专用车床夹具及工件的装夹

1. 心轴类夹具

(1) 圆柱心轴、圆锥心轴

精加工盘套类零件时，如果孔与外圆的同轴度及孔与端面垂直度要求较高，工件需要在心轴上装夹进行加工(图 1 - 3 - 8)。这时应先加工孔，然后以孔定位安装在心轴上，在圆柱心轴两端带有中心孔结构，在车床上用双顶尖定位实现车削加工运动；圆锥心轴式夹具通过圆锥心轴的锥度与工件内孔的过盈配合关系将工件装夹在一起。在圆锥心轴两端带有中心孔结构，在车床上用双顶尖定位实现车削加工运动。

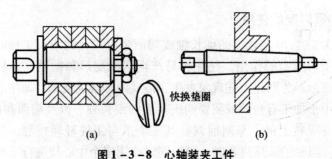

快换垫圈

(a)   (b)

图 1 - 3 - 8　心轴装夹工件

(a) 圆柱心轴；(b) 圆锥心轴

(2) 活塞外圆斜楔式外胀车削夹具

如图 1 - 3 - 9 所示，该夹具用于普通车床上车削气缸活塞的外圆及端面。工件以内孔和内端面在胀销 8、9 和定位销 7 上定位。旋转锥齿轮 1、2 转动通过键 3 带动左、右旋螺纹的螺杆 5 旋转，螺套 4、6 分别向左、右移动，使胀销 9 和 8 外伸，将工件夹紧。反转锥齿轮 1，胀销 8、9 在弹簧作用下收缩而松开工件。

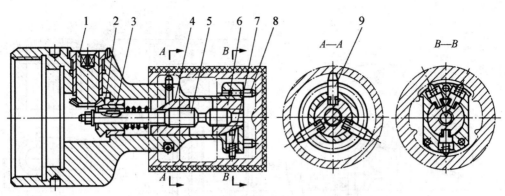

图 1 - 3 - 9　活塞外圆斜楔式外胀车夹具

1，2——锥齿轮；3——键；4，6——螺套；5——左、右旋螺杆；7——定位销；8，9——胀销

2. 夹盘类夹具

（1）法兰式车床偏心卡盘

如图 1 - 3 - 10 所示，花盘 1 有 0 ~ 10 的刻度线，表示偏心距范围为 0 ~ 10 mm。法兰盘 2 有"0"刻度线，松开螺母 3，根据工件偏心距尺寸，将法兰盘 2 的"0"刻度线对准花盘 1 上所需的刻度线，然后拧紧螺母 3，调整好配重块 4。工件以标准三爪夹盘定心、夹紧。

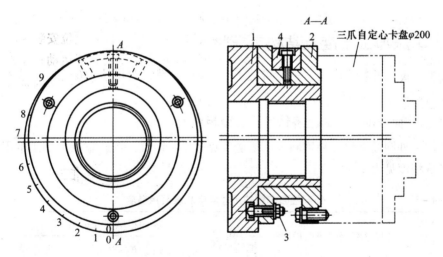

图 1 - 3 - 10　法兰式车床偏心卡盘

1——花盘；2——法兰盘；3——螺母；4——配重块

（2）回转式车床夹具

如图 1 - 3 - 11 所示，工件由夹具上两个支承板 3、两导向支承钉和一止推支承钉 2 定位。通过两螺钉和钩形压板 1 夹紧。车削完一孔后，松开三个螺母 4，拔出对定销 5，使分度盘 6 回转 180°，当对定销 5 进入另一对定孔后，拧紧螺母 4，使分度盘锁紧，即可加工另一孔。7 为配重装置。

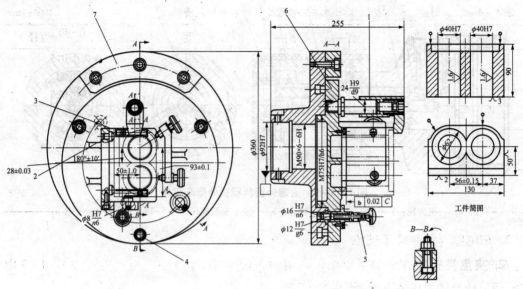

图 1 - 3 - 11　回转式车床夹具

1——钩形压板；2——支承钉；3——支承板；4——螺母；5——对定销；6——分度盘；7——配重装置

任务四　车 削 加 工

一、车床加工精度及结构工艺性

车削加工的尺寸精度较宽，一般可达 IT12 ~ IT7，精车时可达 IT6 ~ IT4，表面粗糙度 Ra（轮廓算术平均高度数值）的范围一般是 0.8 ~ 6.3 μm。

1. 外圆柱面车削加工的经济精度及表面粗糙度

车削加工外圆柱面尺寸精度和表面粗糙度见表 1 - 4 - 1，普通车床上加工的形状与位置平均经济精度见表 1 - 4 - 2。

表 1 - 4 - 1　　　　　　　　外圆柱面车削的尺寸精度和表面粗糙度

加工方法	尺寸精度等级（IT）	表面粗糙度/μm		
		工件材料	Ra	Rz
粗车	11 ~ 12	—	5 ~ 20	20 ~ 80
半精车	8 ~ 10	金属	2.5 ~ 10	10 ~ 40
		非金属	1.25 ~ 5	6.3 ~ 20
精车	6 ~ 7	金属	0.63 ~ 5	3.2 ~ 20
		非金属	0.32 ~ 2.5	1.6 ~ 10
精密车 （或金刚石车）	5 ~ 6	金属	0.16 ~ 1.25	0.8 ~ 6.3
		非金属	0.08 ~ 0.63	0.4 ~ 3.2

表 1 - 4 - 2　　　　普通车床上加工的形状与位置平均经济精度　　　　单位：mm

最大加工直径	圆度	圆柱度/长度	平面度(凹入)/直径
≤400	0.01	100/0.007 5	200/0.015 300/0.02
400~800	0.015	300/0.025	400/0.025 500/0.03
800~1 600	0.02	300/0.03	600/0.04 700/0.05 800/0.06
1 600~3 200	0.025	300/0.04	900/0.07 1 000/0.08

2. 车削零件的结构工艺性

车削加工的零件结构，要尽量考虑加工中降低难度和后序加工的工艺方便。表 1 - 4 - 3 中列举了部分车削零件的结构不合理及改正方法。

表 1 - 4 - 3　　　　车削加工零件的结构工艺性

序号	结构不合理		合理结构	
1		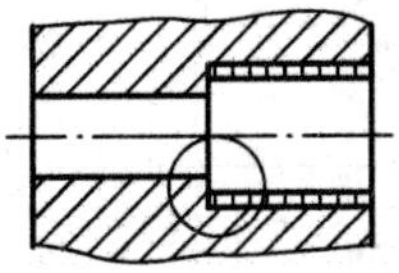 车螺纹时，螺纹根部不易清根，且操作时紧张，易打刀		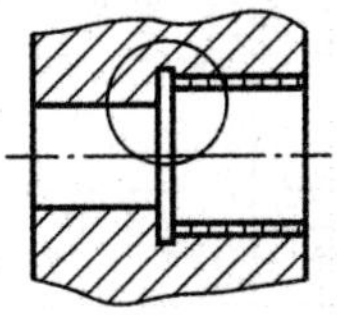 留有退刀槽，可使螺纹清根，操作相对容易
2		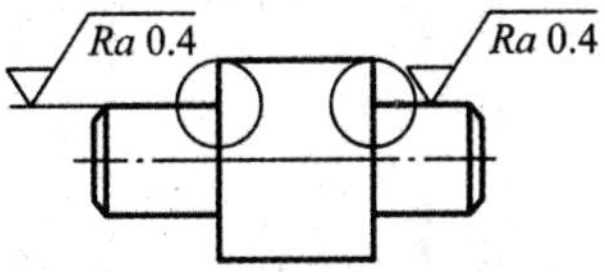 两端直径必须磨削，砂轮圆角不能清根		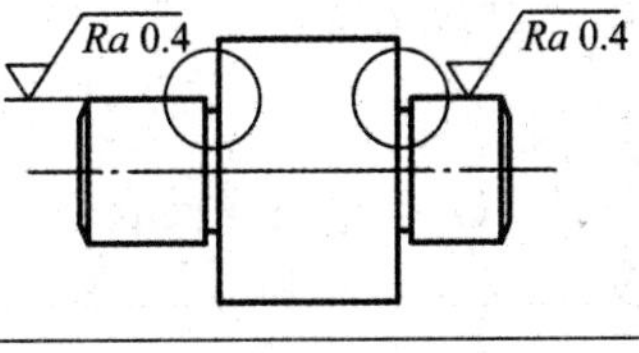 留退刀槽，磨削时可清根
3		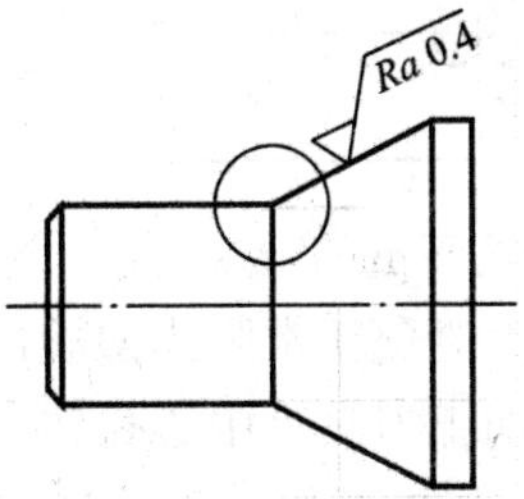 锥面磨削时易碰伤圆柱面		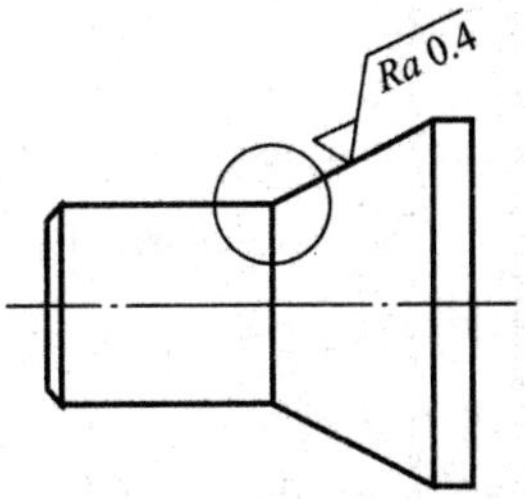 留出砂轮越程空间，可方便对锥面磨削加工
4		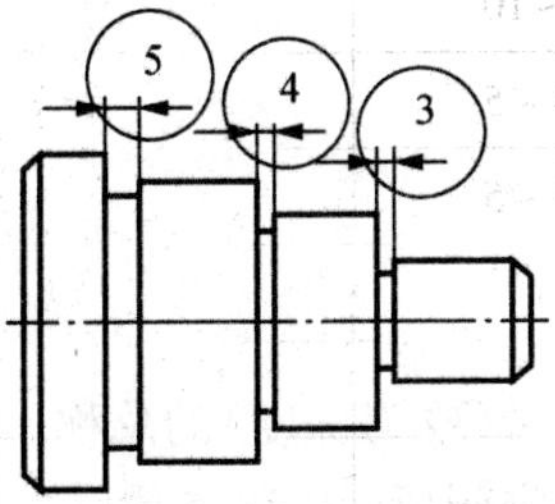 空刀槽宽度尺寸不一致，需使用三把不同的切槽刀		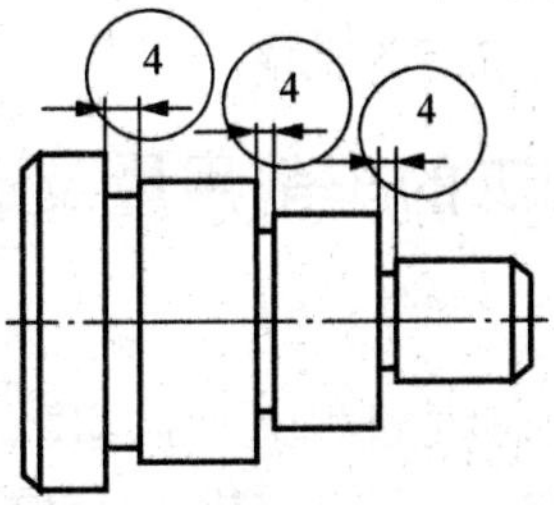 空刀槽尺寸相同，用一把切槽刀即可完成加工

注意：车削螺纹加工无论内螺纹还是外螺纹，一般而言必须留有退刀槽，否则无法清根且退刀困难。退刀槽数值是标准值，可以查阅《机械设计手册》。对于磨削而言，称为砂轮越程槽，道理是一样的，也是为了便于清根。无论车削还是磨削，若加工区域的直径是整个工艺尺寸中最大的部分，则不必留有退刀槽，因为在退刀与清根过程中没有阻挡。

3. 中心孔

中心孔是加工轴类零件常用的定位基准孔，是工艺需要所加工的工艺孔，具体的结构按国家标准 GB/T 145—2001 执行，主要形式及应用范围参照表 1 - 4 - 4。

表 1 - 4 - 4　　　　　　　　　中心孔形式及应用范围

中心孔形式	应用范围	中心孔形式	应用范围
	A 型 $\alpha = 60°$，适用于中小型和不需磨削工件的粗加工； $\alpha = 75°$、$90°$ 适用于重型工件的粗加工		C 型 设计或工艺上的特殊需要，如吊挂、连接其他零件等
	B 型 用于需保留中心孔及重修中心孔继续加工的工件		D 型 需要车端面的工件

注意：中心孔是加工轴类零件常用的定位基准，主要是为工艺需要而加工的工艺孔，为后续车削、磨削提供定位基准；而某些大型重型轴类零件为避免正常卧式摆放自重形成弯曲挠度，需要加工带有螺纹的中心孔吊挂摆放。中心孔的加工刀具是中心孔钻头或者中心孔铣刀，如果定位后中心孔需要填充，则可以进行镶堵头操作，堵头与孔使用螺纹连接，且涂抹螺纹胶，黏结为整体。

二、车削加工的车削用量及选择

1. 车削用量

车削用量是切削加工过程中切削速度、进给量和背吃刀量(吃刀深度)的总称。它表示主运动、进给运动的量，是调整机床、计算切削能力和时间定额所必需的参量。

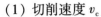

（1）切削速度 v_c

切削速度是主运动的线速度，单位为 m/s 或 m/min。车削时的切削速度为：

$$v_c = \pi dn / 1\,000 \qquad (1-4-1)$$

式中　d——工件或刀具的直径，mm；

　　　n——工件或刀具转数，r/s 或 r/min。

（2）进给量 f

进给量是进给运动的单位量。车削时进给量 f 是取工件每旋转一周的时间内，工件与的刀具沿轴线（或径向）方向相对位移量，单位为 mm/r。所以车削时进给运动速度 v_f 为：$v_f = n_f$，单位为 mm/s、mm/min 或 m/min。

（3）背吃刀量（吃刀深度）a_p

背吃刀量（吃刀深度）是垂直于进给运动方向测量的切削层横截面最大尺寸，车外圆时：

$$a_p = (d_w - d_m)/2 \qquad (1-4-2)$$

式中　d_w——待加工表面的直径，mm；

　　　d_m——已加工表面的直径，mm。

（4）切削时间 t_m

切削时间是切削时直接改变工件尺寸、形状等工艺过程所需要的时间，它是反映切削效率高低的一个指标。车削外圆时 t_m 的计算公式为：

$$t_m = \frac{t}{v_f} \times \frac{A}{a_p} \qquad (1-4-3)$$

式中　t_m——车削时间，min；

　　　l——刀具行程长度，mm；

　　　$\dfrac{A}{a_p}$——走刀次数。

由于 $v_f = n_f$，再根据式（1-4-1），$n = \dfrac{1\,000 v_c}{\pi d}$，代入式（1-4-3）得：

$$t_m = \frac{\pi d l A}{1\,000 a_p v_c f} \qquad (1-4-4)$$

由式（1-4-4）可知，提高切削用量中任何一要素均可提高生产率。

2. 切削用量的选择原则

确定切削用量，就是要在已经选择好刀具材料和几何角度的基础上，合理地确定切削深度 a_p、进给量 f 和切削速度 v_c。

所谓合理的切削用量，是指充分利用刀具的切削性能和机床性能，在保证加工质量的前提下，获得高的生产率和低的加工成本的切削用量。

不同的加工性质，对切削加工的要求是不一样的。因此，在选择切削用量时，考虑的侧重点也应有所区别。粗加工时，应尽量保证较高的金属切除率和必要的刀具耐用度，故一般优先选择尽可能大的切削深度 a_p，其次选择较大的进给量 f，最后根据刀具耐用度要求，确定合适的切削速度 v_c。精加工时，首先应保证工件的加工精度和表面质量要求，故一般选用较小的进给量和切削深度 a_p，而尽可能选用较高的切削速度 v_c。

（1）切削深度 a_p 的选择

切削深度应根据工件的加工余量来确定。

粗加工时，除留下半精加工、精加工余量外，一次走刀应尽可能切除全部余量。当加工余量过大，工艺系统刚度较低，机床功率不足，刀具强度不够，或断续切削的冲击振动较大时，可分多次走刀。切削表面层有硬皮的铸锻件时，应尽量使 a_p 大于硬皮层的厚度，以保护刀尖。

半精加工和精加工的加工余量一般较小，可一次切除。但有时为了保证工件的加工精度和表面质量，也可采用二次走刀。多次走刀时，应尽量将第一次走刀的切削深度取大些，一般为总加工余量的 2/3 ~ 3/4。

在中等功率的机床上，粗加工时的切削深度可达 8 ~ 10 mm（不建议如此大的切削深度）；半精加工（表面粗糙度为 $Ra = 6.3 ~ 3.2\ \mu m$）时，切削深度取为 0.5 ~ 2 mm，精加工（表面粗糙度为 $Ra = 1.6 ~ 0.8\ \mu m$）时，切削深度取为 0.1 ~ 0.4 mm。

注意：一定不能用精加工专用机床进行粗加工，这样会使主轴受到严重冲击，导致主轴变形，进而主轴跳动量超差，加工时零件达不到预期精度，严重的甚至导致机床完全丧失精度，最终损坏报废。

（2）进给量 f 的选择

切削深度选定以后，接着就应尽可能选用较大的进给量 f。

粗加工时，由于作用在工艺系统上的切削力较大，进给量的选取受到机床、刀具、工件等系统的刚度，机床进给机构的强度，机床有效功率与转矩，以及断续切削时刀片的强度等因素的限制。

半精加工和精加工时，最大进给量主要受工件加工表面粗糙度的限制。

进给量一般多根据经验按一定表格选取，在有条件的情况下，可通过对切削数据库进行检索和优化。

（3）切削速度 v_c 的选择

在 a_p 和 f 选定以后，可在保证刀具合理耐用度的条件下，用计算的方法或用查表法确定切削速度 v_c 的值。在具体确定 v_c 值时，一般应遵循下述原则：

① 粗车时，切削深度和进给量均较大，故选择较低的切削速度；精车时，则选择较高的切削速度。

② 工件材料的加工性较差时，应选较低的切削速度。故加工灰铸铁的切削速度应较加工中碳钢低，而加工铝合金和铜合金的切削速度则较加工钢高得多。

③ 刀具材料的切削性能越好时，切削速度也可选得越高。因此，硬质合金刀具的切削速度可选得比高速钢高好几倍，而涂层硬质合金、陶瓷、金刚石和立方氮化硼刀具的切削速度又可选得比硬质合金刀具高许多。

此外，在确定精加工、半精加工的切削速度时，应注意避开积屑瘤和鳞刺产生的区域；在易发生振动的情况下，切削速度应避开自激振动的临界速度；在加工带硬皮的铸锻件、大件、细长件和薄壁件以及断续切削时，应选用较低的切削速度。

三、金属切削过程的现象

金属切削过程是指从工件表面切除多余金属形成已加工表面的过程。在切削过程中，工件受到刀具的推挤，切削层在前刀面的推挤产生弹性和塑性变形，最终形成切屑。伴随着切屑的形成，将产生切削力、切削热、刀具的磨损、积屑瘤和加工硬化现象。这些现象将影响工件的加工质量和生产效率。

1. 切削变形

（1）切屑的形成过程

金属切削过程的实质是工件材料产生剪切滑移的塑性变形过程。

图1-4-1所示为切屑形成过程模型，图中未变形的切削层 $AGHD$ 可以看成是由多个平行四边形组成的，如 $ABCD$、$BEFC$、$EGHF$ 等。当这些平行四边形扁块受到前刀面的推挤时，便沿着 BC 方向向斜上方滑移，形成另一些扁块，即 $ABCD \rightarrow AB'$ $C'D$、$BEFC \rightarrow B'E'F'C'$、$EGHF \rightarrow E'G'H'F'$。由此可以看出，切削层不是由刀具切削刃削下来的或劈开来的，而是靠前刀面的推挤、滑移而形成的。

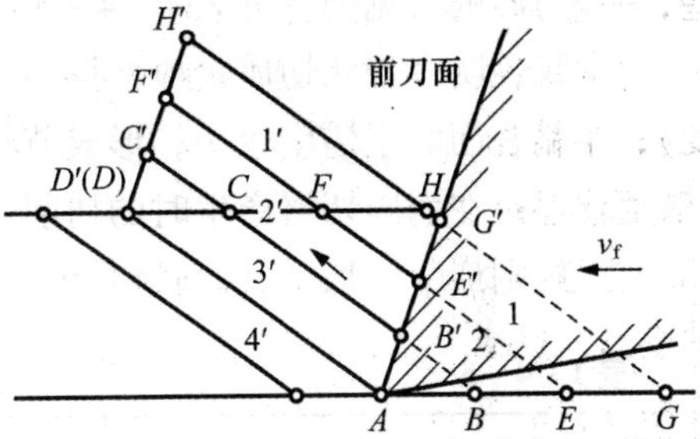

简单来说，金属被刀具切削成切屑分为三个过程：划擦→根离→形成切屑。

图1-4-1 切屑的形成过程

（2）切削过程变形区的划分

切削过程的实际情况非常复杂，这是因为切削层金属受到刀具前刀面的推挤产生剪切滑移变形后，还要继续沿着前刀面流出变成切屑。在这个过程中，切削层金属要产生一系列变形。实际切削情况还要复杂些，这是因为切削层在受到刀具前刀面挤压而产生剪切（称第一变形区）后的切屑，沿着前刀面流出，其底面将受到前刀面的挤压和摩擦，继续变形（称第二变形区），又因刀具的刀尖带有圆角或倒棱结构，在整个切削层的厚度中，将有很小一部分被圆角或倒棱挤压下去，经变形形成已加工表面（称第三变形区）。如图1-4-2所示。

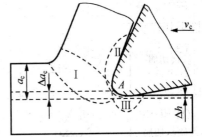

图1-4-2 切削过程变形区的划分

图中 Ⅰ 区域表示第一变形区，在这个区域内，当刀具和工件开始接触时，材料内部产生应力和弹性变形，随着切削刃和前刀面对工件材料的挤压作用加强，工件材料内部的应力和变形逐渐增大，当剪切应力达到材料的屈服强度时，材料将沿着与走刀方向成45°的剪切面滑移，即产生塑性变形。切应力随着滑移量的增大而增大，当切应力超过材料的强度极限时，切削层金属便与材料基本分离，从而形成沿前刀面流出的切屑。由此可以看出，第一变形区的主要特征是沿滑移面的剪切变形，以及随之产生的加工硬化。

经实验证明，在一般切削速度下，第一变形区的宽度在 $0.02 \sim 0.2$ mm 之间，切削速度越高，其宽度越小，故可以看成一个平面，称为剪切面。剪切面和切削速度之间的夹角称为剪切角。

图中Ⅱ区域表示第二变形区。切屑底层（与前刀面接触层）在沿前刀面流动过程中受到前刀面的进一步挤压与摩擦，使靠近前刀面处金属纤维化，即产生了第二次变形，变形方向基本与前刀面平行。

图中Ⅲ区域表示第三变形区。此变形区位于后刀面与已加工表面之间，切削刃钝圆或倒棱部分及后刀面对已加工表面进行挤压，使已加工表面产生变形，造成纤维化和加工硬化。

（3）切屑类型及控制

金属切削过程中切下的切屑形状，它的形状直接影响到工件的加工质量，因此要适当控制。切屑的常见类型见表1-4-5。

实践表明，带状切屑是最常见的一种类型，形成带状切屑时产生的切削力较小、较稳定，加工表面的粗糙度较小；形成节状切屑、粒状切屑的切削力变化较大，加工表面的粗糙度较大；在崩碎切屑产生时的切削力虽然较小，但具有较大的冲击振动，切屑在加工表面上不规则崩落，加工表面较粗糙。

表1-4-5　　　　　　　　　　　　　切屑的类型及控制

切屑的类型	示意图	被加工材料	形成条件	说明
带状切屑		塑性材料	切削厚度较小；切削速度较高；刀具前角较大	切屑底层表面光滑；上层表面毛茸，加工过程平稳；表面粗糙度值小
节状切屑		塑性材料	切削厚度较大；切削速度较低；刀具前角较小	切屑底层表面有裂纹；上层表面呈锯齿形
粒状切屑		塑性材料	进给量较大；切削速度较高；刀具前角较小或负前角	剪应力超过材料疲劳强度
崩碎状切屑		脆性材料	材料脆性越大，切削厚度越大	铸铁脆性材料碎块不规则

2. 积屑瘤现象

（1）积屑瘤的形成

如图1-4-3所示，在切削加工过程中，切屑从工件上分离流出时与前刀面接触产生摩擦，摩擦产生在前刀面近切削刃处。摩擦与挤压的作用产生高温和高压，使切屑底面与前刀面的接触面之间形成黏接，亦称冷焊现象，该区内的摩擦属于内摩擦，是前面摩擦的主要区域。在内摩擦以外区域的摩擦称为外摩擦。

内摩擦力使黏结材料较软的一方产生剪切滑移，使得切屑底层很薄的一层金属晶粒出现拉长现象。由于摩擦对切削变形、刀具寿命和加工表面质量都有很大影响，因此，常用减小切削力、缩短刀屑接触长度、降低加工材料屈服强度、选用摩擦系数小的刀具材料来提高刀具刃磨质量和浇注切削液的方法来减小摩擦。

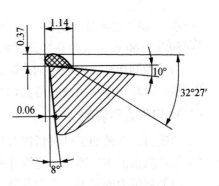

图1-4-3 积屑瘤外形及尺寸

由于摩擦的存在，在用中速或较低速切削塑性金属材料时，切屑很容易在前刀面近切削刃处形成一个硬度很高的楔块，这个楔块被称为积屑瘤。实验证明，积屑瘤的硬度很高，可达到工件材料硬度的2～2.5倍，可以代替刀具进行切削。

通常积屑瘤是由于切屑底层金属在高温、高压作用下在刀具前面上黏结并不断层积的结果。当积屑瘤层积到足够大时，受到摩擦力的作用会产生脱落，因此，积屑瘤的产生与大小是周期性变化的。积屑瘤周期性的变化对工件的尺寸精度和表面质量影响较大，所以在精加工时应该避免积屑瘤的产生。

（2）积屑瘤对切削过程的影响

① 增大了刀具的前角

如图1-4-3所示，积屑瘤使刀具的前角变大，使刀具变得锋利，因而减小了切削变形，降低切削力，提高切削效率。

② 增大了切削厚度

如图1-4-3所示，由于积屑瘤的前端伸出切削刃之外，因而切削厚度增大，影响了工件的尺寸精度。

③ 增大了已加工表面粗糙度值

积屑瘤的形状尺寸不规则，它代替刀具进行切削时，会使切出的工件表面不平整。由于积屑瘤总是生长脱落、再生长、再脱落，也就是很不稳定，这就会导致切削力大小发生变化和产生振动，这都将使工件的表面粗糙度值增大。

④ 影响刀具的耐用度

积屑瘤的存在一方面保护了刀具，代替刀具进行切削；另一方面积屑瘤的脱落将会使刀具材料剥落，加剧刀具的磨损。

由于积屑瘤硬度高，可以代替刀具进行切削，增大了切削厚度，提高了切削效率，而粗加工阶段主要目的是去除工件的加工余量，对于尺寸精度要求不高，因此粗加工阶段不必抑制积屑瘤的产生。而精加工时，积屑瘤的存在会影响工件的尺寸精度和表面粗糙度值，因此精加工时必须避免和抑制积屑瘤的产生。

（3）消除积屑瘤的措施

① 控制温度：实验和生产实践证明，切削中碳钢，温度在300～380 ℃时积屑瘤的高度最大，温度超过500～600 ℃时积屑瘤消失。因此在生产过程中，要根据工件材料和加工要求控制积屑瘤的产生。

② 控制切削速度：实验和生产实践证明，切削 45 号钢时，切削速度小于 3 m/min 的低速和大于 60 m/min 的高速范围内，摩擦系数小，不易生成积屑瘤。

为了控制切削温度和切削速度，还可以通过减小进给量、增大刀具前角、提高刀具刃磨质量、合理使用切削液、适当调节切削用量各参数之间的关系来防止积屑瘤的产生。

3. 切削力和切削功率

切削力是指被加工材料抵抗刀具切入所产生的阻力。它是影响工艺系统强度、刚度和加工工件质量的重要因素，是设计机床、刀具和夹具等的主要依据。

（1）切削力的来源、合力及分解

切削力来源于两个方面：一是三个变形区产生的弹性变形和塑性变形抗力；二是切屑、工件与刀具之间的摩擦力。这些力的总合成力作用在刀具上，如图 1-4-4 所示，切削合力 F 作用在接近切削刃上任意一点，在空间的某一个方向上，由于大小与方向都不易确定，因此，为便于测量、计算和反映实际作用的需要，常常将合力 F 分解为三个互相垂直的分力：

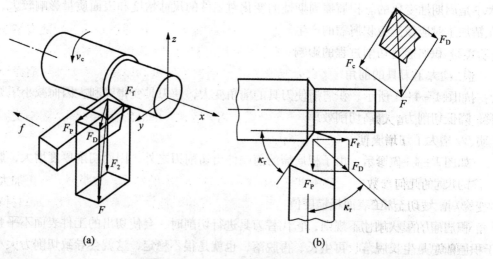

图 1-4-4 切削力合成及分解

① 切削力（主切削力）F_c：在主运动方向上的分力，用于计算刀具强度、设计机床零件、确定机床功率。

② 背向力（切深抗力）F_p：垂直于工作平面上的分力，用于确定与加工有关的工件变形及设计机床零件、刀具强度和刚度。该力使工件在切削过程中产生振动。

③ 进给力（进给抗力）F_f：进给运动方向上的分力，用于设计进给机构、计算刀具进给功率。

实验证明，当 $k_r = 45°$、$\lambda_s = 0°$、$\gamma_o = 15°$ 时，三个垂直分力之间有如下近似的比例关系：

$$\begin{cases} F_p = (0.4 \sim 0.5)F \\ F_f = (0.3 \sim 0.4)F \\ F_c = (1.12 \sim 1.18)F \end{cases}$$

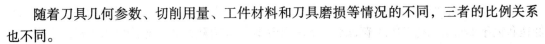

随着刀具几何参数、切削用量、工件材料和刀具磨损等情况的不同,三者的比例关系也不同。

（2）影响切削力的因素

① 工件材料

工件材料是通过材料的剪切屈服强度、塑性变形,切屑与前刀面之间的摩擦系数等条件影响切削力的。

工件材料强度、硬度越高,材料的剪切屈服强度越高,切削力越大。材料的制造和热处理状态不同,得到的硬度也不同,切削力随着硬度的提高而增大。

工件材料的塑性或韧性越高,切屑不易折断,使切屑与前刀面之间的摩擦增大,故切削力增大。在切削脆性材料时,由于塑性变形很小,崩碎切屑与前刀面摩擦小,故切削力小。

② 切削用量

切削速度 v_c:切削塑性金属时,v_c 的大小会引起切削力的变化。如切削 45 号钢时,$v_c < 30$ m/min 时会生成积屑瘤。由于有积屑瘤的生成和消失,刀具的实际前角增大或减小,从而导致切削力的变化;$v_c > 30$ m/min 时,v_c 越大,切削温度越高,切削力越小。切削脆性金属材料时,因变形和摩擦均较小,所以 v_c 对切削力影响面积不大。

进给量 f 和背吃刀量 a_p:f 和 a_p 增大,使切削层的宽度和厚度均增大,切削面积就增大,抗力和摩擦力增大,则切削力增大。而由于刀尖的结构存在刀尖圆弧半径,所以刃口处的变形大,a_p 增大则该处的变形比例增大,而 f 增大,该处的变形比例基本不变。实验证明,a_p 增大比 f 增大使得切削力变化大。

③ 刀具的几何参数

在刀具的几何参数中,刀具的前角和主偏角对切削力的影响较为明显。前角加大,刀具变锋利,被切金属等变形减小,切削力明显下降。一般情况下,加工塑性大的材料时,前角对切削力的影响比加工塑性较小的金属材料更显著。

主偏角从 30° 增大到 60° 时,切削厚度增加,切削变形减小,使主切削力减小;但随着主偏角增大,在 60° ~ 90° 时,刀尖圆弧半径也增大,挤压摩擦加剧,使主切削力又增大。一般主偏角在 60° ~ 75° 范围时,主切削力最小。但对于车削细长轴类零件时,往往采用大于 60° 的主偏角以减小吃刀抗力。对于切断刀或切槽刀来说,主偏角要大于 90°,以减小切屑的挤压以及后刀面与工件的摩擦,减小切削力。

刃倾角的绝对值增大,使主切削刃参加工作的长度增加,摩擦加剧,但在法剖面中刃口圆弧半径减小,刀刃锋利,切削变形小。综合以上因素,主切削力的变化较小,但刀尖圆弧半径增大对 F_p 和 F_f 的影响均较大。

（3）切削功率计算

切削功率:消耗在切削过程中的功率称为切削功率 P_c,单位为 kW,它是 F_c、F_p、F_f 在切削过程中单位时间内所消耗功率的总和。而一般情况下,F_p、F_f 所消耗功率很小,可以省略不计,所以

$$P_c = F_c v_c \times 10^{-3}$$

式中，v_c是主运动速度，m/s；F_c是切削力，N。

计算切削功率P_c是为了核算加工成本和计算能量消耗，并在设计机床时根据它来选择机床电动机功率。机床电动机功率P_E（kW）可以按下式计算：

$$P_E \geq P_c / \eta_c$$

式中，η_c是机床传动效率，一般取$\eta_c = 0.75 \sim 0.85$。

4. 切削热与切削温度

切削热与切削温度是切削过程中产生的另一个物理现象，它对刀具的寿命、工件的加工精度和表面质量影响较大。

（1）切削热的产生与传散

在切削加工中，切削变形与摩擦所消耗的能量几乎全部转化为热能，即切削热。切削热通过切屑、刀具、工件和周围介质（空气、切削液）向外传散，同时使切削区域的温度升高，切削区的平均温度称为切削温度。

（2）影响热量传散的因素

影响热量传散的因素有工件、刀具材料的导热系数，加工方式和周围介质的状况。

（3）影响切削温度的主要因素

① 工件材料

工件材料的硬度、强度和导热系数会影响切削温度。低碳钢材料硬度和强度低，导热系数大，故产生的热量少，切削温度低。高碳钢材料硬度和强度高，导热系数小，故产生的热量多，切削温度高。实验证明，合金钢的硬度、强度比45号钢高，故切削时产生的切削温度比加工45号钢高30%；不锈钢导热系数比45号钢小3倍，故切削时产生的切削温度比加工45号钢高40%；加工脆性金属材料产生的变形和摩擦均较小，故比加工45号钢低25%。

② 切削用量

当切削用量三要素都增加时，由于切削变形和摩擦消耗的功增加，故切削温度升高。其中，切削速度影响最大，其次是进给量，影响最小的是背吃刀量。实践证明，切削速度增加1倍，切削温度大约增加30%；进给量增加1倍，切削温度大约增加18%；背吃刀量增加1倍，切削温度大约增加7%。分析以上原因：切削速度增加，则摩擦生热增多；进给量增加，切削变形增加小，故切削热增加不多；刀具和切屑的接触面积增大，改善了散热条件；增加背吃刀量使切削宽度增加，显著增大了热量的传散面积。

切削用量三要素对切削温度的影响规律在切削加工中具有很重要的实际意义。例如，增加切削用量可以提高切削效率，但为了减少刀具的磨损、提高刀具的寿命、保证工件的加工质量，可以优先增加背吃刀量，其次考虑增加进给量，但是在刀具材料和机床性能允许的情况下，应尽量提高切削速度，以进行高效、优质切削。

③ 刀具几何参数

在刀具的几何参数当中，影响切削温度最明显的因素是前角和主偏角，其次是刀具圆弧半径。前角增大，切削变形和摩擦产生的热量均减小，故切削温度下降。但前角过大，散热变差，使切削温度升高。因此，在一定条件下，均有一个产生最低切削温度的最佳前角值。

主偏角减小，使切削变形和摩擦增加，切削热增加，但主偏角减小后，因刀头体积增大，切削宽度增大，故散热条件变差，使切削温度升高。

④ 切削液

使用切削液对降低切削温度有明显效果。切削液有两个作用：一是减小切屑与刀具前刀面、工件与后刀面的摩擦，二是可以吸收切削热，二者均可以使切削区温度降低。但是切削液对切削温度的影响，与其导热性能、比热、流量、浇注方式以及本身的温度有关。当一段时间没有使用切削液或者切削液不处于循环状态时，因为氧化作用会发生变质产生臭味，因此，可在不使用切削液的状态下持续通入臭氧，以解决变质氧化问题。

四、车削余量和工序尺寸的计算

1. 基本术语

（1）加工总余量和工序余量

加工总余量 Z_0（毛坯余量）：毛坯尺寸与零件图的设计尺寸之差。

工序余量 Z_i：该表面加工相邻两工序（工步）尺寸之差。

加工总余量 Z_0 与工序余量 Z_i 的关系：

$$Z_0 = \sum_{i=1}^{n} Z_i$$

式中　n——工序或工步数目。

（2）基本余量

毛坯基本尺寸与零件图上的基本尺寸之差为 Z_{0j}，相邻两工序（工步）的基本尺寸之差 Z_{ij}，称为基本余量。

（3）单边余量 Z_b 和双边余量 $2Z_b$

对于内孔、外圆等回转体表面，单边余量是指相邻两工序（工步）的半径差，双边余量是指相邻两工序（工步）的直径差。对于平面加工，单边余量是指一个表面以一个表面为基准加工另一个表面时相邻两工序（工步）的尺寸差；双边余量是指以加工表面的对称平面为基准同时加工两面时相邻两工序（工步）的尺寸差。对于回转表面一般采用双边（直径）余量，对于平面采用单边余量。

图 1-4-5(a) 所示为单面外表面加工，是单边余量，用 Z_b 表示：$Z_b = l_a - l_b$；图 1-4-5(b) 所示为回转体外表面加工，为双边余量，用 $2Z_b$ 表示：$2Z_b = d_a - d_b$；图 1-4-5(c) 所示为回转体内表面加工，为双边余量，用 $2Z_b$ 表示：$2Z_b = D_b - D_a$。

（4）最大余量 Z_{max} 和最小余量 Z_{min}

由于毛坯制造和各个工序尺寸都存在着误差，因此，加工余量也是个变动值。当工序尺寸用基本尺寸计算时，所得的加工余量称为基本余量或公称余量。

最小余量是保证该工序加工表面的精度和质量所需切除的金属层最小厚度。最大余量是该工序余量的最大值。图 1-4-6 所示为被包容面加工余量与公差的关系。

本工序加工的公称余量为：

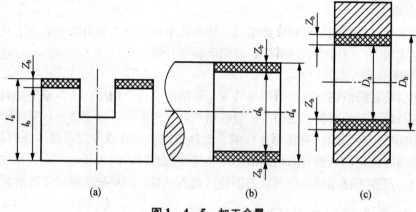

图 1-4-5 加工余量

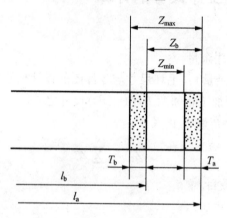

图 1-4-6 加工余量与公差

$$Z_b = l_a - l_b$$

公称余量的变动范围为：

$$T_Z = Z_{max} - Z_{min} = T_b + T_a$$

式中 T_b——本工序的工序尺寸公差；

T_a——上工序的工序尺寸公差。

工序尺寸公差一般按"入体原则"标注。对被包容尺寸（轴径），上偏差为0，其最大尺寸就是基本尺寸；对包容尺寸（孔径、键槽），下偏差为0，其最小尺寸就是基本尺寸。

2. 影响加工余量的因素

加工余量的大小，应按加工要求来定。加工余量过大，不仅浪费材料，降低生产率，而且增加工具、电力等消耗，提高了加工成本；加工余量过小，则不能修正误差，消除表面缺陷。因此，应合理确定加工余量。

要正确确定加工余量的大小，必须研究影响最小加工余量大小的因素。影响最小加工余量大小的因素很多，主要有以下几种：

（1）上道工序的表面粗糙度值 Ra 和表面缺陷层深度 H_a

加工余量应能保证将它们切除或控制在允许范围内，如图 1-4-7 所示。

（2）上道工序的尺寸公差 T_i

上道工序的尺寸公差主要是几何形状误差，如锥度、椭圆度、平面度等。其大小可根据选用的加工方法所能达到的经济精度查阅工艺手册确定。

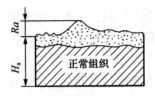

图 1-4-7　表面粗糙度和缺陷层

（3）上道工序各表面相互位置空间偏差 ρ_a

它包括轴线的直线度、位移和平行度，轴线与表面的垂直度，阶梯轴内、外圆的同轴度，平面的平面度等。ρ_a 的数值与上道工序的加工方法和零件的结构有关，可用近似计算法或查有关资料确定。

（4）本工序的装夹误差 ε_b

它除包括定位和夹紧误差外，还包括夹具本身的制造误差，其大小为三者之和。

对于平面加工的单边余量：

$$Z \geqslant T_a + Ra + H_a + \mid \varepsilon_b + \rho_a \mid$$

对于外圆和内孔加工的双边余量：

$$Z \geqslant T_a + 2(Ra + H_a) + 2 \mid \varepsilon_b + \rho_a \mid$$

式中，ε_b、ρ_a 均是空间误差，方向未必相同，所以用绝对值。

3. 确定加工余量的方法

（1）经验估算法：靠经验估算确定。从实际使用情况看，余量选择都偏大。一般用于单件小批量生产。

（2）查表法（各工厂广泛采用查表法）：根据手册中表格的数据确定，应用较多。

（3）分析计算法（较少使用）：根据实验资料和计算公式综合确定。此方法比较科学，数据较准确，一般用于大批量生产。

注意：如果工件在加工过程中有热处理要求，加工余量必须比正常情况大一些，原因是热处理过程加热工件发生变形，加工余量较大，可以抵消因热变形产生的误差，降低废品率。

五、基本车削工作

1. 零件的毛坯

（1）圆棒料：主要用于加工轴类零件毛坯，适用于单件小批量生产。

（2）铸件：铸钢或铸铁，主要用于箱体类零件，但在车削加工中常用于圆盘类零件，如带轮、联轴器等。

（3）锻件：分模锻件或自由锻件。自由锻主要用于加工重要传动轴的毛坯，如机床主轴等；模锻主要用于大批量生产零件的毛坯。

（4）板材切割件：采用气割或等离子切割，主要用于加工法兰盘类工件。

（5）其他：冲压件、焊接件。

2. 精车和粗车

在车床上加工一个零件，往往要经过许多车削步骤才能完成。为了提高生产效率，保证加工质量，生产中把车削加工分为粗车和精车。如果零件精度要求高还需要磨削时，则车削可分为粗车和半精车。

粗车的目的是尽快地从工件上切去大部分加工余量，使工件接近最后的形状和尺寸。粗车要给精车留有合适的加工余量，其精度和表面粗糙度等技术要求都较低。实践证明，加大切深不仅使生产率提高，而且对车刀的耐用度影响又不大。因此，粗车时要优先选用较大的切深，其次根据可能适当加大进给量，最后选用中等的切削速度。

精车的目的是要保证零件的尺寸精度和表面粗糙度等技术要求，精加工的尺寸精度可达 IT9 ~ IT7，表面粗糙度数值 Ra 达 $0.8 ~ 1.6 \mu m$。精车的车削用量见表 1 – 4 – 6，其尺寸精度主要是依靠精确的测量和准确的吃刀深度加以试切保证的。

表 1 – 4 – 6 精车切削用量

		a_p/mm	f/(mm/r)	v/(mm/min)
车削铸铁		0.1 ~ 0.15		60 ~ 70
车削钢件	高速	0.3 ~ 0.50	0.05 ~ 0.2	100 ~ 120
	低速	0.05 ~ 0.10		3 ~ 5

精车时，保证表面粗糙度要求的主要措施是：采用较小的主偏角、副偏角或刀尖磨有小圆弧，这些措施都会减少残留面积，可使 Ra 数值减小；选用较大的前角，并用油石把车刀的前刀面和后刀面打磨得光一些，亦可使 Ra 数值减小；合理选择切削用量，选用高的切削速度、较小的切深以及较小的进给量，都有利于残留面积的减小，从而提高表面质量。

3. 车外圆

在车削加工中，外圆车削是基础，大部分的工件都少不了外圆车削这道工序。如图 1 – 4 – 8 所示，车外圆常见的方法有下列几种。

图 1 – 4 – 8(a) 所示为用直头车刀车外圆，这种车刀强度较好，常用于粗车外圆。图 1 – 4 – 8(b) 所示用45°弯头车刀车外圆，这种车刀适于车削不带台阶的外圆柱面。图 1 – 4 – 8(c) 所示为用主偏角为 90°的偏刀车外圆，这种车刀适于加工细长轴和阶梯轴的外圆。

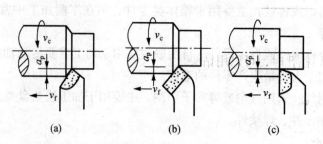

(a)   (b)   (c)

图 1 – 4 – 8 车削外圆

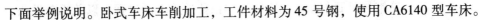

下面举例说明。卧式车床车削加工，工件材料为 45 号钢，使用 CA6140 型车床。

（1）工件的装夹方式：双顶尖加拨盘。

（2）加工工序要求、切削用量的选用和刀具选择见表 1 - 4 - 7。

表 1 - 4 - 7　　　　　　加工工序要求、切削用量与选用和刀具选择

工序	加工内容	工序图	切削用量			选用刀具
			v /(m/min)	f /(mm/r)	a_{p} /(mm)	
1	粗车小头外圆		100	0.5	2	装 D 型刀片的 93° 偏头外圆车刀
2	粗车大头外圆		90	0.5	2	
	精车大头外圆		120	0.25	1	
3	精车小头外圆		97	0.4	0.5	装 D 型刀片的 93° 偏头外圆车刀（槽加工刀具选择略）

4. 钻孔和镗孔

在车床上加工圆柱孔时，可以用钻头、扩孔钻、铰刀和镗刀进行钻孔、扩孔、铰孔和镗孔工作。

（1）钻孔、扩孔和铰孔

在实体材料上加工出孔的工作叫作钻孔，在车床上钻孔（图 1 - 4 - 9），是把工件夹在卡盘上，钻头安装在尾架套筒锥孔内，钻孔前先车平端面，并定出一个中心凹坑，调整好尾架位置并紧固于床身上，然后开动车床，摇动尾架手柄使钻头慢慢进给。注意经常退出

钻头，排出切屑。钻钢料时要不断注入冷却液。钻孔进给不能过猛，以免折断钻头，一般钻头越小，进给量也越小，但主轴转速可加大。钻大孔时，进给量可大些，但主轴转速应放慢。当孔将钻穿时，因横刃不参加切削，应减小进给量，否则容易损坏钻头。孔钻通后，应把钻头退出后再停车。钻孔的精度较低、表面粗糙，多用于对孔的粗加工。

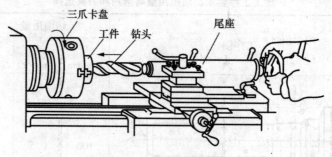

图 1-4-9　在车床上钻孔

　　扩孔常用于铰孔前或磨孔前的预加工，常使用扩孔钻作为钻孔后的预精加工。为了提高孔的精度和降低表面粗糙度，常用铰刀对钻孔或扩孔后的工件再进行精加工。

　　在车床上加工直径较小而精度要求较高和表面粗糙度要求较小的孔，通常采用钻、扩、铰的加工工艺来进行。

　　（2）镗孔

　　镗孔是对钻出孔、铸出孔或锻出孔的进一步加工（图 1-4-10），以达到图纸上的技术要求。在车床上镗孔要比车外圆困难，因镗杆直径比外圆车刀细得多，而且伸出很长，因此往往因刀杆刚性不足而引起振动，所以切深和进给量都要比车外圆时小些，切削速度也要小 10%～20%。镗不通孔时，由于排屑困难，所以进给量应更小些。

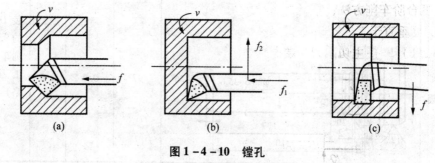

图 1-4-10　镗孔
(a) 镗通孔；(b) 镗盲孔；(c) 切内孔槽

　　镗孔刀尽可能选择较粗的刀杆，刀杆装在刀架上时伸出的长度只要略大于孔的深度即可，这样可减少因刀杆太细而引起的振动。装刀时，刀杆中心线必须与进给方向平行，刀尖应对准中心，精镗或镗小孔时可略高一些。粗镗和精镗时，应采用试切法调整背吃刀量。为了防止因刀杆细长而让刀所造成的锥度，当孔径接近最后尺寸时，应用很小的切深重复撞削几次，以消除锥度。另外，在镗孔时一定要注意，手柄进给或退刀转动方向与车外圆时相反。

5. 车端面和台阶

圆柱体两端的平面叫作端面。由直径不同的两个圆柱体相连接的部分叫作台阶。

（1）车端面

车端面常用的刀具有偏刀和弯头车刀两种。

① 用偏刀车端面：如图1-4-11（a）所示，用左偏刀车端面时，如果是由外向里进刀，则是利用副刀刃在进行切削，刀尖嵌在工件中间，故切削不顺利，会使切削力向里，车刀容易扎入工件而形成凹面；如图1-4-11（b）所示，用右偏刀由外向中心车主切削刃切削时，切削条件较好；如图1-4-11（c）所示，用左偏刀由中心向外车削端面时，由于是利用主切削刃在进行切削，所以切削较顺利。

② 利用弯头刀车端面：如图1-4-11（d）所示，以主切削刃进行切削则很顺利，如果再提高转速可车出粗糙度值较低的表面。弯头车刀的刀尖角等于90°，刀尖强度要比偏刀大，不仅用于车端面，还可车外圆和倒角等加工。

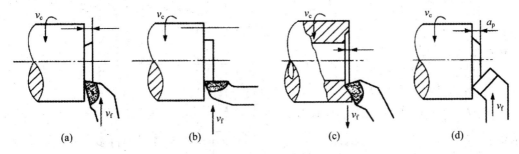

图1-4-11　车削端面

（2）车台阶

① 低台阶车削方法：较低的台阶面可用偏刀在车外圆时一次走刀同时车成，车刀的主切削刃要垂直于工件的轴线[图1-4-12（a）]，可用角尺对刀或以车好的端面对刀[图1-4-12（b）]，使主切削刃和端面贴平。

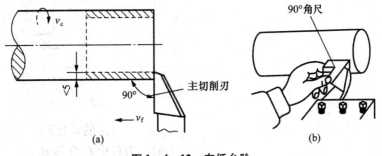

图1-4-12　车低台阶

② 高台阶车削方法：车削高于5 mm台阶的工件，因肩部过宽，车削时会引起振动。因此高台阶工件可先用外圆车刀把台阶车成基本形状，然后将偏刀的主切削刃装得与工件端面有5 mm左右间隙，分层切削，如图1-4-13所示，但最后一刀必须用横向走刀完成，否则车出的台阶会偏斜。为使台阶长度符合要求，可用刀尖先刻出线痕，以此作为

参考。

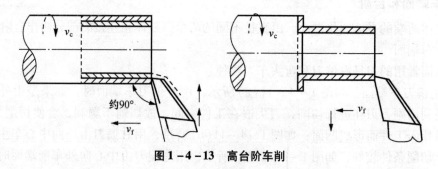

图 1 – 4 –13 高台阶车削

【例 1 – 4 –1】 如图 1 – 4 – 14 所示，轴套的车削加工(单件、小批量生产)，工件材料为 40Cr，毛坯采用自由锻。试选择机床、刀具和车削用量。

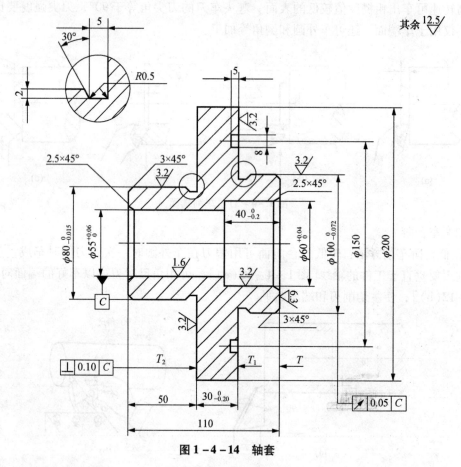

图 1 – 4 – 14 轴套

解：(1) 机床选型

根据生产类型，选用 CA6140 型普通车床。

(2) 加工刀具的选择

根据工件加工精度要求，外圆和端面的粗加工和精加工可选择同一把刀具。刀具选择如下：

① 外圆及端面车刀：粗加工及精加工 $\phi 100_{-0.072}^{\quad 0}$ 右端面和外圆，以及 $\phi 200$ 右端面和外圆。

刀具材料：查表选用 YT15 硬质合金。

几何角度：查表选取，前角 $\gamma_0 = 10° \sim 15°$，后角 $\alpha_0 = 5° \sim 8°$，副偏角 $\kappa'_\gamma = 10° \sim 15°$，刃倾角 $\lambda_s = -5° \sim -10°$。

刀杆尺寸：根据切削直径、背吃刀量 $a_p > 3 \sim 5$、进给量 $f = 0.8 \sim 1.0$ 及工件材料和工件的形状、加工要求等，选用刀杆尺寸 25×25，主偏角 $\kappa_r = 90°$。

刀具型号：刀具选用焊接硬质合金 95° 外圆车刀，型号为 02R2525 或装 C 型刀片的 93° 偏头外圆车刀 CJ. R2525-16。

② 端面左车刀：粗加工 $\phi 200$ 左端面。

刀具材料：YT15 硬质合金。

几何角度：查表选取，前角 $\gamma_0 = 10° \sim 15°$，后角 $\alpha_0 = 5° \sim 8°$，副偏角 $\kappa = 10° \sim 15°$，刃倾角 $\lambda_s = 0° \sim 5°$。

刀杆尺寸：根据背吃刀量 $a_p > 3 \sim 5$、进给量 $f = 0.7 \sim 1.0$，刀具主偏角 $\kappa_r = 90°$，选用刀杆尺寸 25×25。

刀具型号：选择硬质合金 90° 端面车刀，型号为 05L2525 或装 C 型刀片的 95° 偏头外圆及端面车刀 CL. L2525-19。

③ 麻花钻头：钻削 $\phi 55_{0}^{+0.06}$ 底孔，钻头 51.5 钻底孔。

④ 车床用镗孔刀：镗削 $\phi 55_{0}^{+0.06}$ 孔。

刀具材料：硬质合金。

几何角度：查表选取，前角 $\gamma_0 = -5° \sim -10°$，后角 $\alpha_0 = 6° \sim 12°$，主偏角 $\kappa_r = 60° \sim 90°$，副偏角 $\kappa'_\gamma = 10° \sim 20°$，刃倾角 $\lambda_s = 0°$，副后角 $\alpha'_0 = 10° \sim 15°$，刀尖圆弧半径 $r = 0.1 \sim 0.3$。

刀具型号：可选用焊接硬质合金 75° 内孔车刀，型号为 08R2525；或矩形截面刀杆装 S 形刀片的 75° 车刀，型号为 75R2520S12。

⑤ 切槽刀：切削 $\phi 150$ 宽 8 mm 的端面槽。

刀具材料：硬质合金。

几何角度：查表选取，前角 $\gamma_0 = 12° \sim 20°$，后角 $\alpha_0 = 10° \sim 12°$，副后角 $\alpha'_{0L} = 12° \sim 25°$，副后角 $\alpha'_{0R} = 1° \sim 3°$，副偏角 $\kappa'_\gamma = 1° \sim 3°$，刃倾角 $\lambda_s = 5° \sim 10°$。

刀具型号：选用焊接硬质合金切槽车刀，型号为 04R2516，切槽刀刃磨成需要的角度和尺寸。

（3）车削用量选择

① 首先选择车削深度 a_p：a_p 的选择根据毛坯总余量来确定，也可以采用倒推法来确定工件毛坯的尺寸。

粗车：本例中，由于是自由锻毛坯，考虑车削外圆时 a_p 的不均匀性，粗车选择两刀完成，第一刀以去毛坯硬皮和外圆车圆为主；第二刀是去除毛坯余量，留精车余量单边 0.5 mm，也就是粗车余量根据毛坯总余量来确定。

精车：a_p 选择 0.5 mm，精车余量是根据工件的加工精度确定的。

② 进给量 f 的选择：

粗车：第一刀，f 选择 0.3 mm，要考虑车削层的不均匀性，f 要小些；第二刀，f 选择 0.5 mm，考虑车削效率。

精车：考虑工件表面粗糙度，f 选择 0.10 mm。

③ 车削速度 v_c 的选择：

粗车：第一刀，车削层不均匀，车削力是变化的，考虑到车削时的冲击力，v_c 选择 2.0 m/min，计算主轴转速；第二刀，考虑刀具不产生积屑瘤现象的车削速度，v_c 选择 2.8 m/min，计算主轴转速。

精车：考虑刀具不产生积屑瘤现象的车削速度，v_c 选择 60 m/min，计算主轴转速。

6. 切断和车外沟槽

在车削加工中，经常采用较长的棒料作为毛坯。工件加工完成后，在毛坯棒料上将工件切下，这种加工方法叫切断。有时工件为了车螺纹或磨削时退刀的需要，需在靠近台阶处车出各种不同的退刀槽。

（1）切断刀的安装

① 刀尖必须略高于工件轴线，这是考虑到刀具受到切削力时刀杆的变形，否则工件不易切下，而且很容易使切断刀折断，如图 1-4-15(a)、(b)所示。

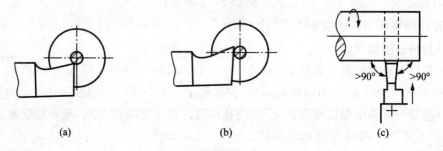

(a)　　　　　　　　　(b)　　　　　　　　　(c)

图 1-4-15　切槽刀的位置

（a）刀尖过低；（b）刀尖过高；（c）切槽刀的正确位置

② 切断刀和切槽刀必须与工件轴线垂直，否则车刀的副切削刃与工件两侧面产生摩擦，如图 1-4-15(c)所示。

③ 切断刀的底平面必须平直，否则会引起副后角的变化，在切断时切刀某一副后刀面会与工件强烈摩擦。

（2）切断的方法

① 切断直径小于主轴孔的棒料时，可把棒料插在主轴孔中，并用卡盘夹住，如图 1-4-16 所示。切断刀与卡盘的距离应小于工件的直径，否则容易引起振动或因切削力的作用将工件抬起来而损坏车刀。

② 切断用两顶尖或一夹一顶方式装夹的工件时，不可将工件完全切断。

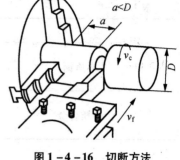

（3）切断时应注意的事项

① 切断刀本身的强度很差，很容易折断，所以操作时要特别小心。

② 应采用较低的切削速度，较小的进给量。

③ 调整好车床主轴和刀架滑动部分的间隙。

④ 切断时还应充分使用冷却液，以使排屑顺利。

图1-4-16 切断方法

⑤ 快切断时还必须放慢进给速度。

（4）车外沟槽的方法

① 车削宽度不大的沟槽，可用刀头宽度等于槽宽的切槽刀。

② 在车削较宽的沟槽时，应先用外圆车刀的刀尖在工件上刻两条线，把沟的宽度和位置确定下来，然后用切槽刀在两条线之间进行粗车，但这时必须在槽两侧面和槽的底部留下精车余量，最后根据槽宽和槽底进行精车。

（5）切削用量及刀具的选择

切槽或切断加工的切削用量与车削外圆、端面和镗孔有所不同，背吃刀量是切槽刀的刃口宽度，车削速度也是随着切削深度在逐渐减小。具体选择可参考表1-4-8。切槽刀的磨钝标准参考表1-4-9。

表1-4-8　　　　　　　　　　　切削速度的选择　　　　　　　　　　　单位：m/min

进给量 f /(mm/r)	刀具材料				
	高速钢刀 W18Cr4V			硬质合金刀 YT15	硬质合金刀 YG6
	工件材料				
	碳钢 ($\sigma_b = 650$ MPa)	可锻铸铁 (150HBS)	灰铸铁 (190HBS)	碳钢、铬钢、镍铬钢 ($\sigma_b = 750$ MPa)	灰铸铁 (190HBS)
	加切削液			不加切削液	
0.08	32	47	27	125	66
0.10	27	42	24	105	61
0.15	21	35	21	75	52
0.20	17	30	18	61	46
0.25	15	27	17	51	42
0.30	13	24	16	43	39
0.40	11	21	14	35	35
0.50	10	19	13	29	32
0.60	—	—	12	—	30

表 1 - 4 - 9　　　　　　　　　　　切槽刀的磨钝标准

刀具材料	加工材料	后刀面最大磨损限度/mm
高速钢	钢及铸铁	0.8 ~ 0.1
	灰铸铁	1.5 ~ 2.0
硬质合金	钢及铸铁	0.4 ~ 0.6
	灰铸铁	0.6 ~ 0.8

（6）加工举例

图 1 - 4 - 17 所示为带轮带槽的加工刀具的选择，带轮材料为 HT200，加工机床采用 CA6140 型卧式车床。

① 刀具材料选择高速钢或硬质合金。

② 选择硬质合金车刀：刀具型号选用 17R2516 刀具；高速钢刀条选用矩形截面车刀条，刀条尺寸 $h = 25$、$b = 16$、$L = 200$。

③ 刀具头部几何尺寸需根据带轮槽的尺寸形状刃磨。

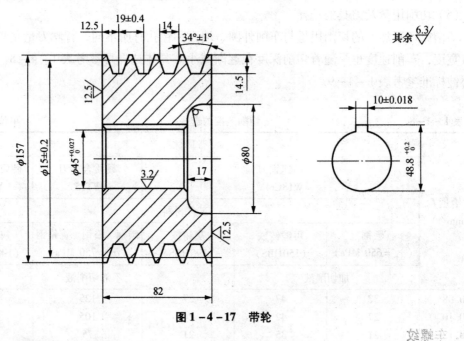

图 1 - 4 - 17　带轮

7. 车圆锥面

圆锥面具有配合紧密、定位准确、装卸方便等优点，并且即使发生磨损，仍能保持精密的定心和配合作用，因此圆锥面应用广泛。其各参数如图 1 - 4 - 18 所示。

圆锥体大端直径：

$$D = d + 2l\tan\alpha$$

圆锥体小端直径：

$$d = D - 2l\tan\alpha$$

式中　D——圆锥体大端直径；

　　　d——圆锥体小端直径；

　　　l——锥体部分长度；

　　　α——斜角；

　　　2α——锥角。

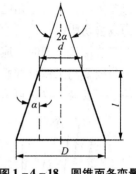

图1-4-18　圆锥面各变量

锥度C：

$$C = \frac{D-d}{l} = 2\tan\alpha$$

斜度M：

$$M = \frac{D-d}{2l} = \tan\frac{C}{2}$$

车圆锥面的车削方法有很多种，如转动小刀架法［图1-4-19（a）］、偏移尾座法［图1-4-19（b）］、利用靠模法和样板刀法等，现仅介绍转动小刀架车圆锥。

车削长度较短和锥度较大的圆锥体和圆锥孔时常采用转动小刀架法，这种方法操作简单，能保证一定的加工精度，应用广泛。车床上小刀架转动的角度就是斜角。将小拖板转盘上的螺母松开，与基准零线对齐，然后固定转盘上的螺母，摇动小刀架手柄开始车削，使车刀沿着锥面母线移动，即可车出所需要的圆锥面。这种方法的优点是：能车出整锥体和圆锥孔，能车角度很大的工件；缺点：只能用手动进给，劳动强度较大，表面粗糙度也难以控制，且由于受小刀架行程限制，因此只能加工锥面不长的工件。

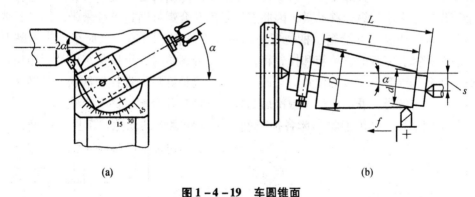

|(a)|(b)|

图1-4-19　车圆锥面

（a）转动小刀架法；（b）偏移尾座法

8. 车螺纹

螺纹的加工方法很多种，在专业生产中，广泛采用滚丝、轧丝及搓丝等系列专业工艺，但在一般机械厂，尤其在机修工作中，通常采用车削方法加工。现介绍三角形螺纹的车削。

（1）螺纹车刀的角度和安装

螺纹车刀的刀尖角直接决定螺纹的牙型角（螺纹一个牙两侧之间的夹角），对公制螺纹其牙型角为60°，它对保证螺纹精度有很大的关系。螺纹车刀的前角对牙型角影响较大［图1-4-20（a）］，如果车刀的前角大于或小于零度，所车出螺纹牙型角会大于车刀的刀尖角，前角越大，牙型角的误差也就越大。精度要求较高的螺纹，常取前角为0°。粗车螺纹时为改善切削条件，可取正前角的螺纹车刀。

安装螺纹车刀时，应使刀尖与工件轴线等高，否则会影响螺纹的截面形状，并且刀尖的平分线要与工件轴线垂直。如果车刀装得左右歪斜，车出来的牙型就会偏左或偏右。为了使车刀安装正确，可采用样板对刀［图1-4-20(b)］。

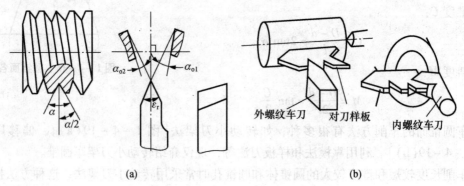

图1-4-20　三角螺纹车刀安装

（2）螺纹的车削方法

车螺纹前要做好准备工作。首先把工件的螺纹外圆直径按要求车好（比规定要求应小0.1~0.2 mm），然后在螺纹的长度上车一条标记作为退刀标记，最后将端面处倒角，装夹好螺纹车刀。其次调整好车床，为了在车床上车出螺纹，必须使车刀在主轴每转一周得到一个等于螺距大小的纵向移动量，因此刀架是用开合螺母通过丝杆来带动的，只要选用不同的配换齿轮或改变进给箱手柄位置，即可改变丝杆的转速，从而车出不同螺距的螺纹。一般车床都有完备的进给箱和挂轮箱，车削标准螺纹时，可以从车床的螺距指示牌中找出进给箱各操纵手柄应放的位置进行调整。车床调整好后，选择较低的主轴转速，开动车床，合上开合螺母，开动正反车数次后，检查丝杆与开合螺母的工作状态是否正常。为使刀具移动较平稳，必须消除车床各拖板间隙及丝杆螺母的间隙。车外螺纹操作步骤如图1-4-21所示。

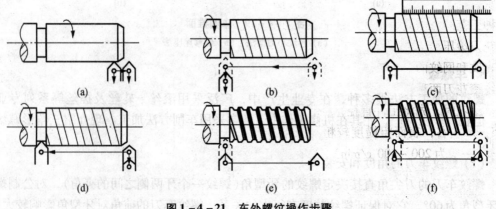

图1-4-21　车外螺纹操作步骤

① 开车，使车刀与工件轻微接触，记下刻度盘读数，向右退出车刀[图1-4-21(a)]，合上开合螺母，在工件表面车出一条螺旋线，退出车刀，停车[图1-4-21(b)]。

② 开反车，使车刀退到工件右端，停车，用钢直尺检查螺距是否正确[图1-4-21(c)]。

③ 利用刻度盘调整切削深度，开车切削[图1-4-21(d)]。

④ 车刀将至行程终了时，应做好退刀停车准备，先快速退出车刀，开反车退回刀架[图1-4-21(e)]。

⑤ 再次横向切入，继续切削，其切削过程的路线如图1-4-21(f)所示。

在车削时，有时出现乱扣。所谓乱扣就是在第二刀时不是在第一刀的螺纹槽内。为了避免乱扣，可用丝杆螺距除以工件螺距即 P/T，若比值 N 为整数倍，就不会乱扣；若不为整数，就会乱。因此在加工前应首先确定是否乱扣，如果不乱扣就可以采用提闸（提开合螺母）的加工方法，即在第一条螺纹槽车好以后，退刀提闸，然后用手将大拖板摇回螺纹头部，再合上开合螺母车第二刀，直至螺纹车好为止。若经计算会产生乱扣，为避免乱扣，在车削过程和退刀时，应始终保持主轴至刀架的传动系统不变，如中途需拆下刀具刃磨，磨好后应重新对刀。对刀必须在合上开合螺母使刀架移到工件的中间并停车进行。此时移动小刀架使车刀切削刃与螺纹槽相吻合且工件与主轴的相对位置不能改变。

螺纹车削的特点是刀架纵向移动比较快，因此操作时既要胆大心细，又要思想集中，动作迅速协调。车削螺纹的方法有直进切削法和左右切削法两种。现简单介绍直进切削法。

直进切削法，是在车削螺纹时车刀的左右两侧都参加切削，每次加深吃刀时，只由刀架做横向进给，直至把螺纹工件车好为止。这种方法操作简单，能保证牙型清晰，且车刀两侧刃所受的轴向切削分力有所抵消。但用这种方法车削时，排出的切屑会绕在一起，造成排屑困难。如果进给量过大，还会产生轧刀现象，车刀易损坏，把牙型表面去掉一块。由于车刀的工作环境恶劣和受力情况严重，刀尖容易磨损，螺纹表面粗糙度不易保证。直进切削法一般用在车削螺距较小和脆性材料的工件。

9. 滚花

有些机器零件或工具，为了便于握持和外形美观，往往在工件表面上滚出各种不同的花纹，这种工艺叫作滚花。这些花纹一般是在车床上用滚花刀滚压而成的，如图1-4-22所示。花纹有直纹和网纹两种，滚花刀相应有直纹滚花刀和网纹滚花刀两种。

滚花时，先将工件直径车到比需要的尺寸小0.5 mm左右，表面粗糙度较粗。车床转速要低一些（一般为200~300 r/min）。然后将滚花刀装在刀架上，使滚花刀轮的表面与工件表面平行接触，滚花刀对着工件轴线开动车床，使工件转动。当滚花刀刚接触工件时，要用较大的压力，使工件表面刻出较深的花纹，否则会把花

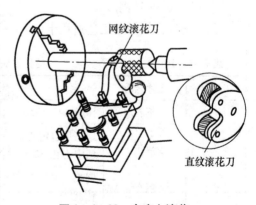

网纹滚花刀

直纹滚花刀

图1-4-22 车床上滚花

纹滚乱。这样来回滚压几次，直到花纹滚凸出为止。在滚花过程中，应经常清除滚花刀上的铁屑，以保证滚花质量。此外由于滚花时压力大，所以工件和滚花刀必须装夹牢固，工件不可以伸出太长，如果工件太长，就要用后顶尖顶紧。

10. 典型零件的加工

以下以丝杠的车削加工为例介绍零件的加工。图 1 - 4 - 23 所示为丝杠的结构、尺寸和技术要求。工件材料：45 钢。

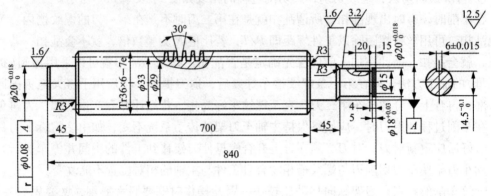

技术要求

1. 热处理：调质处理 28 ~ 32HRC；

2. 未注倒角 1 × 45°。

图 1 - 4 - 23 丝杠

（1）零件图样分析

① 丝杆为梯形螺纹：Tr36 × 6-7e。

② 两端 $\phi20^{+0.018}_{0}$ mm 轴心线同轴度公差：$\phi0.08$ mm。

③ 热处理：调质处理 28 ~ 32HRC。

④ 未注倒角：1 × 45°。

⑤ 材料：45 号钢。

（2）丝杆机械加工工艺过程卡（表 1 - 4 - 10）

表 1 - 4 - 10 丝杆机械加工工艺过程卡

工序号	工序名称	工序内容	工艺装备
1	下料	棒料 $\phi45 \times 850$	锯床
2	粗车	用三爪自定心夹盘装夹工件一端，车另一端面见平即可，钻中心孔 B2.5	CA6140
3	粗车	倒头，夹工件另一端，车端面，保证总长 840，钻中心孔 B2.5	CA6140
4	粗车	夹工件左端，顶尖顶右端，采用一夹一顶装夹方式；车外圆至尺寸 $\phi42 \pm 0.5$，车右端至尺寸（$\phi30 \pm 0.5$）× 85	CA6140

工序号	工序名称	工序内容	工艺装备
5	粗车	倒头,夹工件右端,顶尖顶左端,采用一夹一顶装夹方式; 车左端外圆至尺寸($\phi30 \pm 0.5$)×40	CA6140
6	热处理	调质处理 28~32HRC	
7	车	夹工件左端,修研右端中心孔	CA6140
8	车	倒头,夹工件右端,修研左端中心孔	CA6140
9	半精车	一夹一顶装夹工件,辅以跟刀架,半精车外圆至尺寸 $\phi36.8$。车右端外圆 $\phi18^{+0.018}_{0}$ 至尺寸,长 50。车 $\phi20^{+0.018}_{0}$ 至尺寸 $\phi20.8$,长 45。车距右端 5 处的 $4 \times \phi15$ 槽	CA6140
10	半精车	倒头,一夹一顶装夹工件,车右端 $\phi20^{+0.018}_{0}$ 至尺寸 $\phi20.8$,长 45	CA6140
11	划线	划(6 ± 0.015)×20 键槽线	
12	铣	以两个 $\phi20.8$(工艺尺寸)定位装夹工件,铣(6 ± 0.015)× 20 键槽	X5032 组合夹具
13	磨	以两中心孔定位装夹工件,磨外圆尺寸 $\phi35 \pm 0.05$ 至尺寸要求,磨两端 $\phi20^{+0.018}_{0}$ 至尺寸要求	M1432
14	精车	以两中心孔定位装夹工件,辅以跟刀架,粗、精车 Tr36 × 6-7e 梯形螺纹	CA6140
15	钳制	修毛刺	
16	检验	按图样要求检查工件各个尺寸精度要求	
17	入库	涂油入库	

(3) 工艺分析

① 该丝杆属于中等精度长丝杆,尺寸精度、形状位置精度和表面粗糙度均要求不高,因此丝杆各部尺寸及梯形螺纹均可在普通设备上加工完成。当批量较小时,可用精车代替磨削工序完成,但应保证车削外径及螺纹的同轴度。

② 调质处理安排在粗加工之后、半精加工之前进行,这样可以更好地保证加工质量。

③ 两端 $\phi20^{+0.018}_{0}$ 轴心线的同轴度公差可以两中心孔定位,将工件装夹在偏摆仪上,用百分表进行检查。

④ 精车外径和螺纹时要采用跟刀架,防止工件在吃刀力的作用下变形。

⑤ 梯形螺纹的检查可用梯形螺纹环规检验。

课后思考与练习

一、填空题

1. 车刀由刀头和刀杆两部分组成。刀头的结构可以概括为：_____、_____、_____。

2. 主、副切削刃汇交的一小段切削刃称为_____。

3. 车刀的几何参数主要是 _____、_____、_____、_____、_____、_____、_____等 7 个。

4. 车削用量是车削加工过程中_____、_____和_____的总称。

二、简答题

1. 简要叙述车刀前角的作用及选择时应考虑的主要因素有哪些。

2. 车床的表面成形运动有哪些？主运动与进给运动分别是什么？

3. 车床的工艺范围有哪些？

4. CA6140 型车床由哪些部分组成？各部分的功能是什么？

5. 简要叙述车刀主偏角的作用及选择时应考虑的主要因素有哪些。

6. 简要叙述常见的刀具材料。

7. 车床夹具的技术要求有哪些？

8. 简要叙述刀具寿命的概念和影响其寿命的因素。

三、实训题

圆盘类零件车削加工，车削加工齿轮毛坯如题图 1-1 所示，工件材料为 45 号钢，实训练习主要由以下面四方面着手完成：

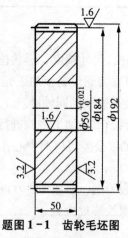

题图 1-1　齿轮毛坯图

（1）选择车削机床，调整机床，确定车削速度、进给量（粗车和精车）。

（2）选择车削刀具（粗车、精车）及几何参数。

（3）工件的装夹方式。

（4）车削工艺过程。

项目 机床夹具的设计

在金属切削机床上使用的夹具统称为机床夹具。在现代生产中，机床夹具是一种不可缺少的工艺装备，它直接影响着加工的精度、劳动生产率和产品的制造成本等，故机床夹具设计在企业的产品设计和制造以及生产技术准备中占有极其重要的地位。机床夹具设计是一项重要的技术工作。

机床夹具是由夹具体、定位元件、夹紧元件、对刀元件和导向定位元件等组成。

本项目学习要点：
1. 掌握常用定位元件的结构。
2. 掌握夹紧装置的基本结构及原理。
3. 了解定位误差的计算方法。
4. 掌握部分典型夹具的机械结构。

任务一　机床夹具概述

一、机床夹具的分类及作用

1. 夹具的分类

（1）按夹具的通用特性分类

这是一种基本的分类方法，主要反映夹具在不同生产类型中的通用特性，故也是选择夹具的主要依据。目前，我国常用的分类有通用夹具、专用夹具、可调夹具、组合夹具和自动化生产用夹具等五大类。

（2）按夹具使用的机床分类

这是专用夹具设计所用的分类方法。如车床、铣床、刨床、钻床、镗床、磨床、齿轮加工机床、拉床等夹具。选用专用夹具时，机床的类别、组别、型别和主要参数均已确定。它们的不同点是机床的切削成形运动不同，故夹具与机床的连接方式不同。它们的加工精度要求也各不相同。

2. 机床夹具的主要功能

机床夹具的主要功能是装夹工件，使工件在夹具中定位和夹紧。

（1）定位

定位是确定工件在夹具中占有正确位置的过程。定位是通过工件定位基准面与夹具定位元件的定位面接触或配合实现的。正确的定位可以保证工件加工面的尺寸和位置精度要求。

（2）夹紧

夹紧是工件定位后将其固定，使其在加工过程中保持定位位置不变的操作。由于工件在加工时受到各种力的作用，若不将工件固定，则工件会松动、脱落。因此，夹紧为工件提供了安全、可靠的加工条件。

3. 机床夹具在机械加工中的作用

在机械加工中，使用机床夹具的目的主要有以下六个方面。在不同的生产条件下，应该有不同的侧重点。夹具设计时应该综合考虑加工的技术要求、生产成本和工人操作等方面的要求，以达到预期的效果。

（1）保证加工精度

用夹具装夹工件时，能稳定地保证生产条件的依赖性，故在精密加工中广泛地使用夹具，并且还是全面质量管理的一个重要环节。

（2）提高劳动生产率

使用夹具后，能使工件迅速地定位和夹紧，并能够显著地缩短辅助时间和基本时间，提高劳动生产率。

（3）改善工人的劳动条件

用夹具装夹工件方便、省力、安全。当采用气压、液压等夹紧装置时，可减轻工人的劳动强度，保证安全生产。

（4）降低生产成本

在批量生产中使用夹具时，由于劳动生产率的提高和允许使用技术等级较低的工人操作，故可明显地降低生产成本。

（5）保证工艺秩序

在生产过程中使用夹具，可确保生产周期、生产调度等工艺秩序。例如，夹具设计往往也是工程技术人员解决高难度零件加工的主要工艺手段之一。

（6）增加机床工艺范围

这是在生产条件有限的企业中常用的一种技术改造措施。如在车床上拉削、深孔加工等，也可用夹具装夹以加工较复杂的成形面。

二、机床夹具的组成

（1）定位元件

定位元件是夹具的主要功能元件之一。通常，当工件定位基准面的形状确定后，定位元件的结构也就基本确定了。

（2）夹紧装置

夹紧装置也是夹具的主要功能元件之一，如图 2-1-1 中的铰链压板、螺钉就是夹紧装置。通常，夹紧装置的结构会影响夹具的复杂程度和性能。它的结构类型很多，应用时应注意选择。

（3）夹具体

夹具体是夹的基体骨架，通过它将夹具所有元件构成一个整体，如图2-1-1中的件3就是夹具体。常用的夹具体有铸件结构、锻造结构、焊接结构，形状有回转体形和底座形等多种。定位元件、夹紧装置等分布在夹具体不同的位置上。

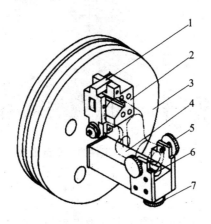

图2-1-1　车床夹具

1——铰链压板；2——V形块；3——夹具体；4——支架；5——螺钉；6——可调V形块；7——螺杆

（4）连接元件

根据机床的工作特点，夹具在机床上的安装连接有两种形式。一种是安装在机床工作台上，另一种是安装在机床主轴上。连接元件用以确定夹具本身在机床上的位置。如车床夹具所使用的过渡盘，铣床夹具所使用的定位键等，都是连接元件。

（5）对刀与导向装置

对刀与导向装置的功能是确定刀的位置。

（6）其他元件或装置

根据加工需要，有些夹具分别采用分度装置、靠模装置、上下料装置、工业机器人、顶出器和平衡块等。

三、工件的定位原理

1. 六点定位原理

一个尚未定位的工件，其空间位置是不确定的。如图2-1-2所示，将未定位工件（双点画线所示长方体）放在空间直角坐标系中，工件可以沿 X、Y、Z 轴有不同的位置，称作工件沿 X、Y、Z 轴的位置自由度；也可以绕 X、Y、Z 轴有不同的位置，称作工件绕 X、Y、Z 轴的角度自由度。用以描述工件位置不确定性的位置自由度和 X、Y、Z 的角度自由度称为工件的六个自由度。

　　用合理分布的六个支承点限制工件六个自由度的法则，称为六点定则。支承点的分布必须合理，否则六个支承点限制不了工件的六个自由度，或不能有效地限制工件的六个自由度。

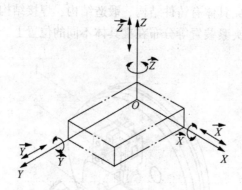

图2-1-2　工件的六个自由度

　　例如，图2-1-3中工件底面 E 的三个支承点限制 Z 轴的位置自由度和 X、Y 轴的角度自由度，它们应放成三角形，三角形的面积越大，定位越稳。工件侧面上的两个支承点限制 X 轴的位置自由度、Z 轴的角度自由度，它们不能垂直放置，否则，工件绕 Z 轴的角度自由度便不能限制。

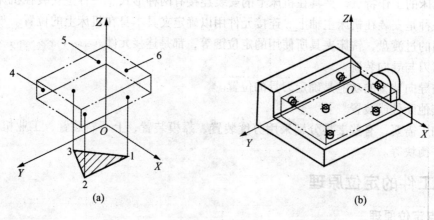

图2-1-3　长方体工件定位时支承点的分布

　　六点定则是工件定位的基本法则，用于实际生产时，起支承点作用的是一定形状的几何体。这些用来限制工件自由度的几何体就是定位元件。常用的定位元件能限制工件的自由度，见表2-1-1。

表 2 - 1 - 1 　　　　　　　　　　常用的定位元件能限制的工件自由度

定位基面	定位元件	定位简图	限制自由度
圆柱孔	短定位销 （短心轴）		短销与圆孔配合，限制 2 个自由度： $\vec{x}$ 和 $\vec{y}$
	长定位销 （长心轴）		长销与圆孔配合，限制 4 个自由度： $\vec{x}$、$\vec{y}$、$\widehat{x}$ 和 $\widehat{y}$
	锥销 （顶尖）		一个固定和一个活动锥销相当于两个顶尖限制 5 个自由度 固定销 1：$\vec{x}$、$\vec{y}$ 和 $\vec{z}$； 活动销 2：$\widehat{x}$ 和 $\widehat{y}$
外圆柱面	窄 V 形块		窄 V 形块与外圆柱面配合限制 2 个自由度： $\vec{x}$ 和 $\vec{z}$
	宽 V 形块		宽 V 形块与外圆柱面配合限制 4 个自由度： $\vec{x}$、$\vec{z}$、$\widehat{x}$ 和 $\widehat{z}$
	短定位套		短定位套与外圆柱面配合限制 2 个自由度： $\vec{y}$ 和 $\vec{z}$
	长定位套		长定位套与外圆柱面配合限制 4 个自由度： $\vec{x}$、$\vec{z}$、$\widehat{x}$ 和 $\widehat{y}$
	锥套		一个固定锥套限制 3 个自由度： $\vec{x}$、$\vec{y}$ 和 $\vec{z}$
			固定与活动锥套组合限制 5 个自由度： 固定套 1：$\vec{x}$、$\vec{y}$ 和 $\vec{z}$ 活动套 2：$\widehat{x}$ 和 $\widehat{z}$

定位基面	定位元件	定位简图	限制自由度
外圆柱面	半圆孔	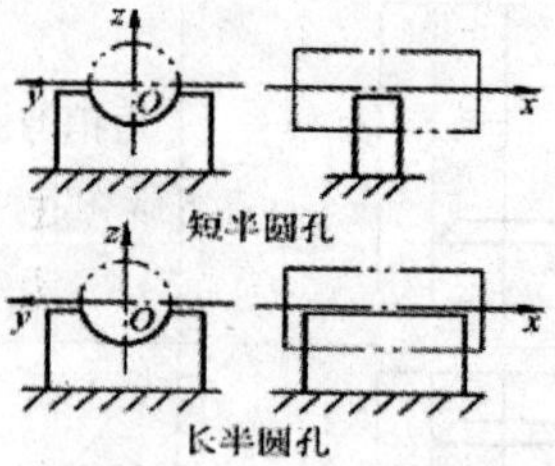	短半圆孔限制 2 个自由度: $\vec{y}$ 和 $\vec{z}$; 长半圆孔限制 4 个自由度: $\vec{y}$、$\vec{z}$、$\widehat{y}$ 和 $\widehat{z}$
平面	支承钉	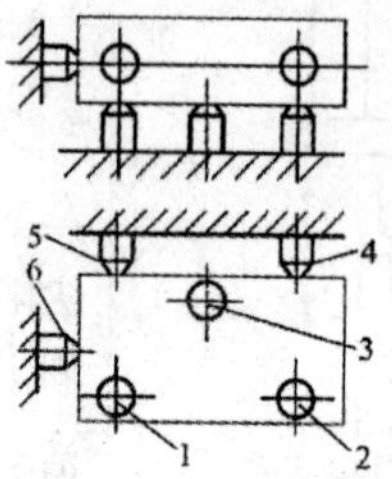	每个支承钉限制 1 个自由度, 其中: (1) 支承钉 1、2、3 与底面接触, 限制 3 个自由度: $\vec{x}$、$\widehat{y}$ 和 $\widehat{z}$; (2) 支承钉 4、5 与侧面接触, 限制 2 个自由度: $\vec{x}$ 和 $\widehat{z}$; (3) 支承钉 6 与端面接触, 限制 1 个自由度: $\vec{y}$
	支承板	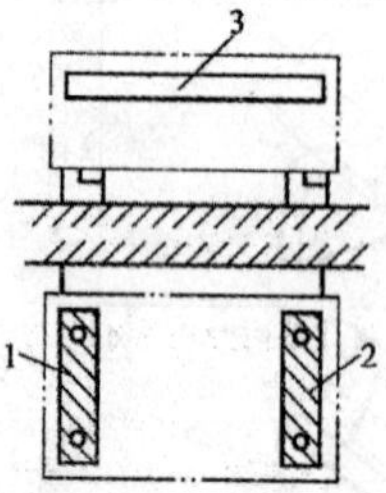	(1) 两条窄支承板 1、2 组成同一个平面, 与底接触, 限制 3 个自由度: $\vec{z}$、$\widehat{x}$ 和 $\widehat{y}$; (2) 一条窄支承板 3 与侧底接触, 限制 2 个自由度: $\vec{x}$ 和 $\widehat{z}$
		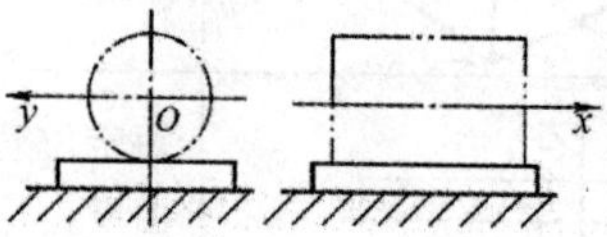	支承板与圆柱素线接触, 限制 2 个自由度: $\vec{z}$ 和 $\widehat{y}$
		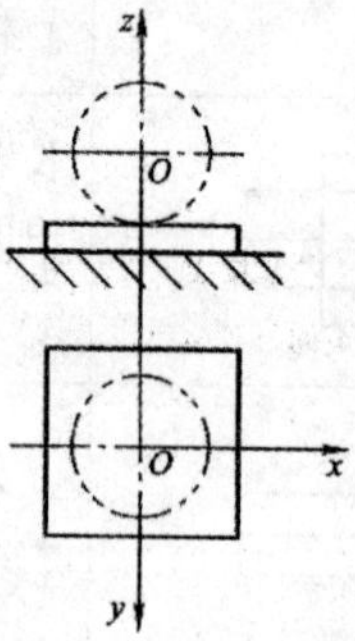	支承板与球面接触, 限制 1 个自由度: $\vec{z}$

2. 六点定位原理的应用

（1）完全定位

工件在夹具中定位时，如果夹具中的 6 个支承点恰好限制了六个自由度，使工件在夹具中占有完全确定的位置，这种定位称为完全定位，如图 2 – 1 – 3(b)所示。

（2）不完全定位

在实际生产中，并不是所有的工件都需要完全定位，而是需要根据各工序的加工要求，确定必须要消除的自由度的个数，可以只是 3 个、4 个或 5 个自由度。没有消除全部自由度的定位称为不完全定位。例如，在加工如图 2 - 1 - 4 所示工件 $\phi20H8$ 孔的钻→扩→铰，只需要保证孔与毛坯外圆同轴，而孔沿轴线的移动和自由转动都不需要限制，只需要限制 4 个自由度。以上说明，为了满足工艺要求，限制的自由度的数目少于 6 个也是合理的，属于不完全定位。这样也可以简化夹具结构。

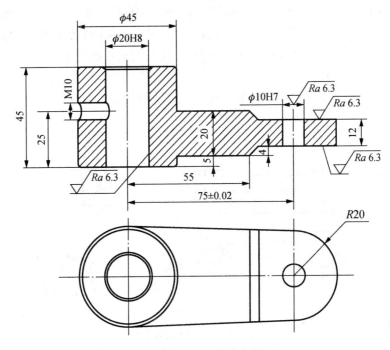

图 2 - 1 - 4　不完全定位

（3）欠定位

工件定位时，定位元件所能限制的自由度数少于按加工要求所需要限制的自由度，称为欠定位。欠定位不能够保证加工精度的要求，因此是不允许在欠定位时加工工件的。如图 2 - 1 - 5 所示为在铣床上铣削不通槽。如果端面上没有定位点 C，则铣削不通槽时，其槽的长度尺寸就不能确定，因此不能满足加工要求，是欠定位。

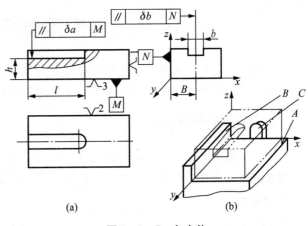

(a)　　　　　　　　　(b)

图 2 - 1 - 5　欠定位

(4) 重复定位(过定位)

工件定位时，定位元件支承点多于所能限制的自由度数，即工件上有某一自由度被两个或两个以上支承点重复限制的定位，称为重复定位。由于工件与定位元件都存在误差，无法使工件的定位表面同时与两个进行重复定位的元件接触，如果强行夹紧，工件与定位元件将产生变形，甚至损坏。如图 2-1-6 所示为连杆大头孔加工时的定位情况，长圆柱销 1 限制了 4 个自由度：$\vec{x}$、$\vec{y}$、$\widehat{x}$ 和 $\widehat{y}$；支承板 2 限制 3 个自由度：$\vec{z}$、$\widehat{x}$ 和 $\widehat{y}$；止销 3 限制 1 个自由度：$\widehat{z}$，其中 $\widehat{x}$、$\widehat{y}$ 转动被两次限制，便出现了重复定位情况。这时若长圆柱销 1 刚度好，则定为后工件会歪斜，如图 2-1-6(b) 所示。若长圆柱销 1 刚度不好，则定为后工件会产生变形，如图 2-1-6(c) 所示。二者均使连杆大小两头孔的轴线不平行。

消除过定位的途径：一是改变定位元件结构，消除对自由度的重复限制。如图 2-1-6 所示零件，如果将长圆柱销 1 改为短圆柱销就可以消除过定位。二是提高工件定位基面之间及夹具定位元件工作表面之间的位置精度，减少或消除定位引起的干涉，并且可以增加定位的稳定性。

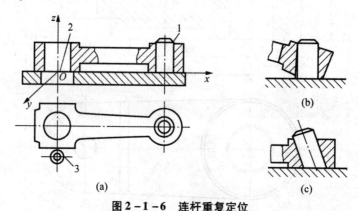

图 2-1-6 连杆重复定位

(a) 连杆的定位示意图；(b) 现象一；(c) 现象二
1——柱销；2——支承板；3——止销

任务二　常用的定位元件

定位元件是夹具上用来确定工件正确位置的零件。定位元件的结构、形状、尺寸及布置形式等，主要取决于工件的加工要求、工件定位基准和外力的作用情况等因素。

一、平面定位元件

常见的如箱体、机架、支架、圆盘等零件是以平面在支承上定位的。根据支承的定位特点将支承分为主要支承和辅助支承。按形式分为固定支承、可调支承和浮动支承。

1. 支承钉

支承钉如图 2-2-1 所示。

A 型平头支承钉：适用于工件以加工过的平面定位。

B 型球头支承钉：适用于工件以粗糙不平的毛坯面定位。

C 型齿纹头支承钉：适用于工件侧面定位，能增大摩擦系数，防止工件滑动。

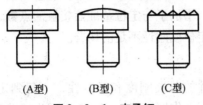

（A型）　　（B型）　　（C型）

图 2－2－1　支承钉

2. 支承板

支承板如图 2－2－2 所示。

A 型支承板：适用于工件侧面或顶面定位，原因是连接沉孔处易存入切屑，不宜清理。

B 型支承板：适用于工件底面定位，原因是便于清理切屑。

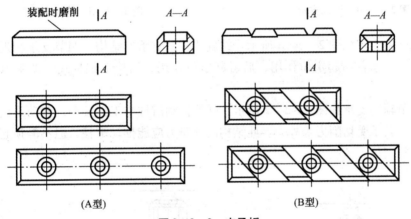

（A型）　　　　　　　　　　　（B型）

图 2－2－2　支承板

3. 可调支承

可调支承结构如图 2－2－3 所示，用于在工件定位过程中需要调整的场合。适用于形状和尺寸变化较大的粗基准定位，也适用于形状相同而尺寸不同的工件。定位元件下端带有螺纹，可调节支承高度。

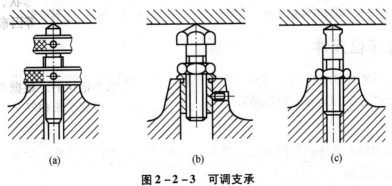

（a）　　　　　　（b）　　　　　　（c）

图 2－2－3　可调支承

4. 浮动支承

其结构如图 2-2-4 所示，工件在定位过程中，能够自动调整支承位置，相当于一个固定支承，限制一个自由度，增加了与定位基准面接触的点数，提高工件安装的刚性和稳定性。适用于工件以粗基准定位或刚性不足的场合。

5. 辅助支承

辅助支承只用来提高工件的装夹刚度和稳定性，不起到定位作用。它是在工件夹紧后，再固定下来，以承受切削力作用。图 2-2-5 所示为辅助支承的应用。

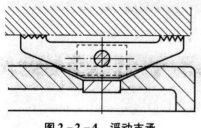

图 2-2-4　浮动支承

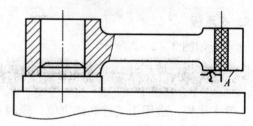

图 2-2-5　辅助支承

螺旋式辅助支承如图 2-2-6 所示。螺旋式辅助支承的结构与调节支承相近，但操作过程不同，并且前者不起定位作用，后者起定位作用，结构上螺旋式辅助支承不用螺母锁紧。

自动调节辅助支承如图 2-2-7 所示，弹簧推动滑柱与工件接触，转动手柄通过顶柱锁紧滑柱，使其承受切削力等外力。此结构的弹簧力应能推动滑柱，但不能顶起工件，不会破坏工件的定位。

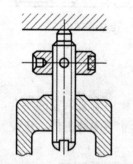

图 2-2-6　螺旋式辅助支承

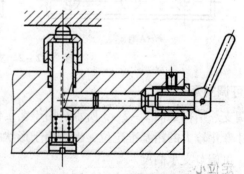

图 2-2-7　自动调节辅助支承

二、孔定位元件

在生产中以圆柱孔定位的工件很多，如连杆、套、盘以及一些中小型壳体类零件等。常用的定位元件有定位销和定位心轴。

1. 定位销

定位销常用的有圆柱销和圆锥销。图 2-2-8 所示为圆柱销结构，限制两个自由度。定位销现已经标准化。

图 2 – 2 – 8(a)、(b)、(c)所示为固定式圆柱定位销；大批量生产时，为便于更换定位销，可采用如图 2 – 2 – 8(d)所示衬套式结构的定位销。

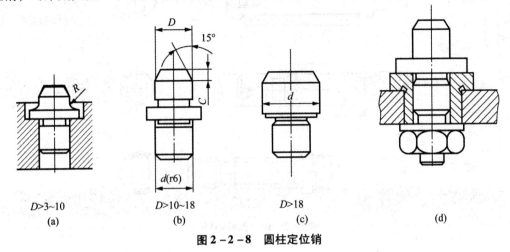

D>3~10
(a)

D>10~18
(b)

D>18
(c)

(d)

图 2 – 2 – 8 圆柱定位销

图 2 – 2 – 9 所示为固定式圆锥销的定位形式，它限制了三个自由度。

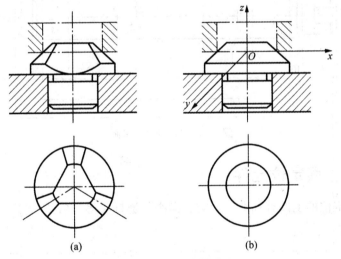

(a)

(b)

图 2 – 2 – 9 圆锥销定位

2．定位心轴

常用的有圆柱心轴和圆锥心轴。图 2 – 2 – 10 所示为常用的圆柱心轴结构形式。它主要用于在车、铣、磨、齿轮加工等机床上加工套、盘类零件。图 2 – 2 – 10(a)所示为间隙配合心轴，装卸方便，定心精度不高。图 2 – 2 – 10(b)所示为过盈配合心轴，这种心轴制造简单，定位准确，不用另加设夹紧装置，但拆卸不方便。图 2 – 2 – 10(c)所示为花键心轴，用于加工以花键孔定位的工件。

图 2 – 2 – 11 所示为常用的圆锥心轴结构形式。圆锥心轴（小锥度心轴）定心精度高，可达 $\phi 0.02 \sim 0.01$ mm，但工件的轴向位移误差加大，适合于工件定位孔精度不低于 IT7 的精车和磨削加工，不能用于加工端面。

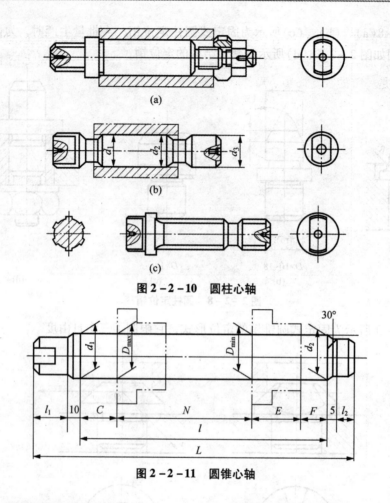

图 2 – 2 – 10　圆柱心轴

图 2 – 2 – 11　圆锥心轴

三、外圆柱面定位元件

以外圆柱面定位的工件有轴类、套类、盘类、连杆类等。常用的定位元件有 V 形块、定位套和半圆孔。

1. V 形块

图 2 – 2 – 12 所示为常用 V 形块的结构。图 2 – 2 – 12(a) 所示用于较短的精定位基面；图 2 – 2 – 12(b) 所示用于粗定位基面和阶梯定位面；图 2 – 2 – 12(c) 所示用于较长的精定位基面和相距较远的两个定位面。V 形块不一定采用整体结构的钢件，可在铸铁底座上镶淬硬支承板或硬质合金板，如图 2 – 2 – 12(d) 所示。

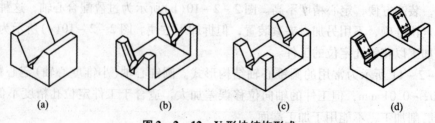

图 2 – 2 – 12　V 形块结构形式

V形块最大的优点是对中性好，它可以使一批工件的定位基准轴线对中在 V 形块两斜面的对称面上，而不受定位基准直径误差的影响。V 形块的另一个特点是无论定位基准是否经过加工，是完整的圆柱面还是局部圆弧面，都可以采用。

如图 2-2-13 所示，V 形块的主要参数有以下几个：

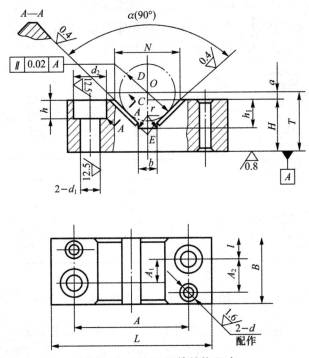

图 2-2-13 V 形块结构尺寸

（1）D：V 形块的设计心轴直径。D 为工件定位基面的平均尺寸，其轴线是 V 形块的限位基准。

（2）α：V 形块两限位基面间的夹角。有 60°、90°、120°三种，以 90°应用最广。

（3）H：V 形块的高度。

（4）T：V 形块的定位高度，即 V 形块的限位基准至 V 形块底面的距离。

（5）N：V 形块的开口尺寸。

V 形块现已标准化。H、N 等参数可从夹具标准或夹具手册中查得，但 T 必须经过计算求得。

例如，由图 2-2-13 可知：

$$T = H + OC = H + (OE - CE)$$

因

$$OE = \frac{d}{2\sin\frac{\alpha}{2}}, \quad CE = \frac{N}{2\tan\frac{\alpha}{2}}$$

所以

$$T = H + \frac{1}{2}\left(\frac{d}{\sin\frac{\alpha}{2}} - \frac{N}{\tan\frac{\alpha}{2}}\right)$$

当 $\alpha = 90°$ 时：

$$T = H + 0.707d - 0.5N$$

V 形块有活动式、固定式和可调整式之分，活动 V 形块的应用如图 2-2-14 所示。图 2-2-14(a) 所示为加工轴承座孔时的定位方式，活动 V 形块除限制工件一个自由度之外，还兼有夹紧作用。图 2-2-14(b) 中的 V 形块只起定位作用，限制工件的一个自由度。

固定 V 形块与夹具体的连接，一般采用两个定位销和 2~4 个螺钉，定位销孔在装配时调整好位置后与夹具体一起钻铰，然后打入定位销。

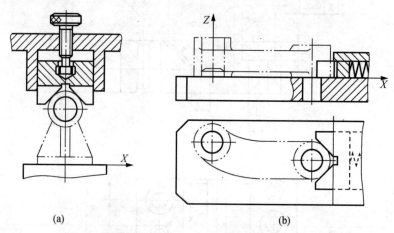

(a)　　　　　　　　　(b)

图 2-2-14　活动 V 形块应用

V 形块既能用于精定位基面，又能用于粗定位基面；能用于完整的圆柱面，也能用于局部圆柱面；而且具有对中性(使工件的定位基准总处在 V 形块两限位基面的对称面内)，还可兼作夹紧元件。因此，当工件以外圆柱面定位时，V 形块是用得最多的定位元件之一。

2. 定位套

如图 2-2-15 所示的两种定位套，其内孔为限位基面，为了限制工件沿轴向的自由度，常与端面组合定位。其中图 2-2-15(a) 所示为长定位套，图 2-2-15(b) 所示为短定位套。定位套结构简单，容易制造，但定心精度不高，只适合于工件以精基准定位。

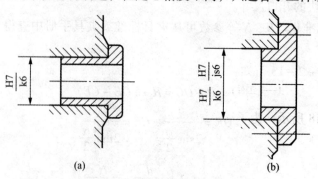

(a)　　　　　　　　　(b)

图 2-2-15　常见定位套

(a) 长定位套；(b) 短定位套

3．半圆套

图 2 - 2 - 16 所示为外圆柱面用半圆孔定位的结构。下半圆孔固定在夹具体上作定位用，其最小直径应取工件外圆的最大直径。上半圆是可动的，起到夹紧作用。半圆孔定位的优点是夹紧力均匀，装卸工件方便，故常用于曲轴等不适合于以整圆定位的大型轴类零件的定位。

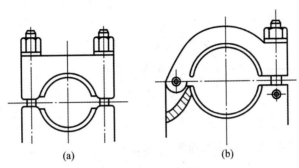

(a)　　　　　　　　　　(b)

图 2 - 2 - 16　半圆套

（a）对称式半圆套；（b）非对称式半圆套

四、一面两孔复合定位

在加工箱体、支架类零件时，常用工件的一面和两孔定位，以使其基准统一。这种定位方式简单可靠，夹紧方便。工件的定位平面一般是加工过的精基面。两定位孔可能是工件上原有的，也可能是专为定位需要而设置的工艺孔。这种定位方式所采用的定位元件为支承板、定位销和菱形销，如图 2 - 2 - 17 所示。

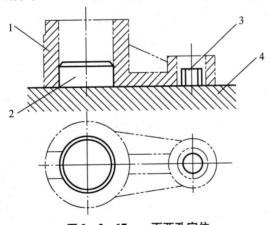

图 2 - 2 - 17　一面两孔定位

1——工件；2——短圆柱销；3——削边销；4——支承板

如图 2 - 2 - 18 所示，为了避免两销定位时的过定位干涉，实际应用中将其中之一做成菱形销（削边销）。

一批工件定位时可能出现定位干涉的最坏情况为：工件两孔直径为最小（D_{1min}、D_{2min}），两定位销直径为最大（d_{1max}、d_{2max}），孔心距做成最大，销心距做成最小，或者反之。两种情况下干涉均应当消除，它们的计算方法和结果是相同的（详见有关一面两孔定位及削边销设计的相关资料）。

如图2-2-19所示，为保证削边销的强度，小直径的削边销常做成菱形结构，故又称为菱形销，b 为修圆后留下的圆柱部分的宽度，B 为菱形销的宽度，一般都可根据直径查阅标准得到。

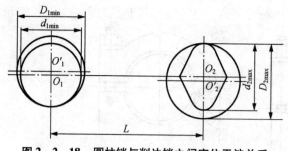

图2-2-18　圆柱销与削边销之间定位干涉关系

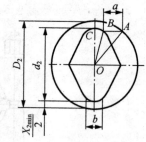

图2-2-19　削边销的尺寸

五、定位误差形成原因及计算

由于一批工件逐个在夹具上定位时，各个工件所占据的位置不完全一致，加工后，各工件的尺寸必然大小不一，形成误差。这种只与工件定位有关的加工误差，称为定位误差，用 Δ_D 表示。

1. 定位误差形成的原因

（1）基准不重合误差 Δ_B

图2-2-20(a)所示是在工件上铣缺口的工序简图，加工尺寸为 A 和 B。图2-2-20(b)所示是加工示意图。工件以底面和 E 面定位。C 是确定夹具与刀具相互位置的对刀尺寸，在一批工件的加工过程中，C 的大小是不变的。

对于尺寸 A 而言，工序基准是 F，定位基准是 E，两者不重合。当一批工件逐个在夹具上定位时，受尺寸 $S \pm \dfrac{T_S}{2}$ 的影响，工序基准 F 的位置是变动的。而 F 的变动影响了 A 的大小，造成 A 的尺寸误差，这个误差就是基准不重合误差。

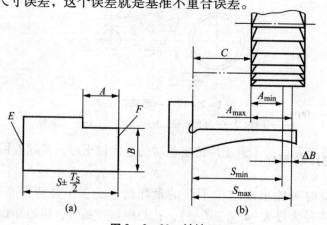

图2-2-20　铣缺口

显然，基准不重合误差的大小应等于因定位基准与工序基准不重合而造成的加工尺寸的变动范围。由图 2-2-20(b)可知：

$$\Delta_{\mathrm{B}} = A_{\max} - A_{\min} = S_{\max} - S_{\min} = T_{\mathrm{S}}$$

S 是定位基准 E 与工序基准 F 间的距离尺寸，称为定位尺寸。这样，便可得到下面的公式：

① 当工序基准的变动方向与加工尺寸的方向相同时，基准不重合误差等于定位尺寸的公差，即：

$$\Delta_{\mathrm{B}} = T_{\mathrm{S}} \tag{2-2-1}$$

② 当工序基准的变动方向与加工尺寸的方向不一致，存在一夹角时，基准不重合误差等于定位尺寸的公差在加工尺寸方向的投影，即：

$$\Delta_{\mathrm{B}} = T_{\mathrm{S}} \cos \alpha \tag{2-2-2}$$

（2）基准位移误差 Δ_{Y}

图 2-2-21(a)所示是在圆柱面上铣槽的工序简图，加工尺寸是 A 和 B，图 2-2-21(b)所示是加工示意图。工件以内孔 D 在圆柱心轴（直径为 d_0）上定位，O 是心轴轴心，即限位基准，C 是对刀尺寸。

尺寸 A 的工序基准是内孔轴线，定位基准也是内孔轴线，两者重合，$\Delta_{\mathrm{B}} = 0$。但是，定位副（工件内孔面与心轴圆柱面）有制造公差和配合间隙，使得定位基准（工件内孔轴线）与限位基准（心轴轴线）不能重合，在切削力的作用下，定位基准相对于限位基准下移了一段距离。定位基准的位置变动影响到尺寸 A 的大小，造成了尺寸 A 的误差，这个误差就是基准位移误差。

同样，基准位移误差的大小应等于因定位基准与限位基准不重合造成的加工尺寸的变动范围。

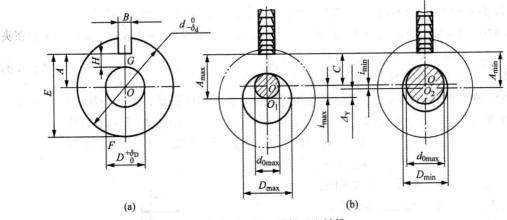

图 2-2-21　圆柱面上铣槽

由图 2-2-21(b)可知，当工件孔的直径为最大 $D_{\max}$，定位销直径为最小 $d_{0\min}$ 时，定位基准的位移量 i 为最大（$i_{\max} = OO_1$），加工尺寸 A 也为最大 $A_{\max}$；当工件孔的直径为最小 $D_{\min}$，定位销直径最大 $d_{0\max}$ 时，定位基准的位移量 i 为最小 $i_{\min} = OO_2$，加工尺寸也为最小 $A_{\min}$。因此：

$$\Delta_Y = A_{max} - A_{min} = i_{max} - i_{min} = \delta_i \qquad (2-2-3)$$

式中 i—— 定位基准的位移量；

δ_i——一批工件定位基准的变动。

当定位基准的变动方向与加工尺寸的方向不一致，两者之间成夹角 α 时，基准位移误差等于定位基准的变动范围在加工尺寸方向上的投影，即：

$$\Delta_Y = \delta_i \cos \alpha \qquad (2-2-4)$$

当定位基准的变动方向与加工尺寸的方向一致时，即 $\alpha = 0°$，$\cos \alpha = 1$，基准位移误差等于定位基准的变动范围，即：

$$\Delta_Y = \delta_i \qquad (2-2-5)$$

2. 定位误差的计算

定位误差是由基准不重合误差与基准位移误差组合而成的。计算时，先分别计算 Δ_B 和 Δ_Y，然后将两者组合而成 Δ_D。

（1）$\Delta_Y \neq 0$、$\Delta_B = 0$ 时，$\Delta_D = \Delta_Y$。

（2）$\Delta_Y = 0$、$\Delta_B \neq 0$ 时，$\Delta_D = \Delta_B$。

（3）$\Delta_Y \neq 0$、$\Delta_B \neq 0$ 时，如果工序基准不在定位基面上：

$$\Delta_D = \Delta_Y + \Delta_B \qquad (2-2-6)$$

如果工序基准在定位基面上：

$$\Delta_D = \Delta_Y \pm \Delta_B \qquad (2-2-7)$$

正负号的确定方法如下：

① 分析定位基面直径由小变大（或由大变小）时，定位基准的变动方向。

② 当定位基面直径做同样变化时，设定位基准的位置不变动，分析工件基准的变动方向。

③ 两者的变动方向相同时，取" + "号，变动方向相反时，取" – "号。

【例 2-2-1】   如图 2-2-21 所示，$d_0 = \phi 55^{-0.01}_{-0.04}$ mm，$D = \phi 55^{+0.03}_{0}$ mm，$A = (45 \pm 0.1)$ mm，求加工尺寸 A 的定位误差。

解：   （1）定位基准与工序基准重合，$\Delta_B = 0$。

（2）在切削力的作用下，定位基准相对限位基准做单向移动，方向与加工尺寸方向一致，根据式（2-2-5）和式（2-2-3），$\Delta_Y = \delta_i = i_{max} - i_{min}$。由图 2-2-21 可知：

$$i_{max} = X_{max}/2 = (\Delta_D + \delta_{d0} + X_{min})/2$$
$$i_{min} = X_{min}/2$$

式中 X_{max}——孔、轴配合最大间隙；

X_{min}——孔、轴配合最小间隙。

因此

$$\Delta_Y = (\Delta_D + \delta_{d0})/2 \qquad (2-2-8)$$

式（2-2-8）为孔、轴配合，在外力作用下定位基准单向移动（与加工尺寸方向一致）时的基准位移误差。本例中：

$$\Delta_Y = (\Delta_D + \delta_{d0})/2 = (0.03 + 0.03)/2 = 0.03 \text{（mm）}$$

【例2-2-2】　如图2-2-22所示，求加工尺寸A的定位误差。

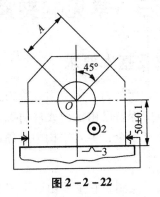

图2-2-22

解：（1）定位基准为底面，工序基准为圆孔中心线O，定位基准与工序基准不重合。两者之间的定位尺寸为50 mm，其公差为$\delta_S = 0.2$ mm。工序基准的位移方向与加工尺寸方向间的夹角$\alpha = 45°$。根据式（2-2-2）：

$$\Delta_B = T_S\cos\alpha = 0.2\cos 45° = 0.141\ 4\ （mm）$$

（2）定位基准与限位基准重合$\Delta_Y = 0$。

（3）$\Delta_D = \Delta_B = 0.141\ 4$ mm。

【例2-2-3】　如图2-2-23所示，在金刚镗床上镗活塞销孔，活塞销孔轴线对活塞裙部内孔轴线的对称度要求为0.2 mm。以裙部内孔及端面定位，内孔与定位销的配合为$\phi 90\dfrac{H7}{g6}$。求对称度的定位误差。

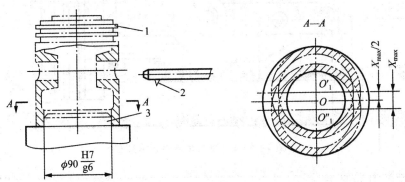

图2-2-23　镗活塞销孔示意图

解：查表$\phi 90H7$的公差为$\phi 90^{+0.035}_{0}$ mm，$\phi 90g6$的公差为$\phi 90^{-0.012}_{-0.034}$ mm。

（1）对称度的工序基准是裙部内孔轴线，与定位基准相同，两者重和，$\Delta_B = 0$。

（2）定位基准相对限位基准可任意方向移动，在对称度方向上的最大变动量为$O_1'O_1''$，即孔轴配合时的最大间隙为X_{max}。δ_i移动方向与对称度方向一致，$\alpha = 0°$，所以：

$$\Delta_i = O_1'O_1'' = X_{max} = \Delta_D + \delta_{d0} + X_{min}$$
$$= (0.035 + 0.022 + 0.012) = 0.069\ （mm）$$
$$\Delta_y = \delta_i = 0.069\ （mm）$$

（3）$\Delta_D = \Delta_Y = 0.069$ mm。

任务三　常见的夹紧装置

一、夹紧装置的组成及基本要求

机械加工过程中，工件会受到切削力、离心力、重力、惯性力等的作用，在这些外力作用下，为了使工件仍能在夹具中保持已由定位元件所确定的正确加工位置，而不致发生振动或位移，保证加工质量和生产安全，夹具结构中必须设置夹紧装置将工件可靠夹牢。

1. 夹紧装置的组成

图 2-3-1 为夹紧装置组成示意图，它主要由以下三部分组成：

（1）力源装置：产生夹紧作用力的装置。所产生的力称为原始力，如气动、液动、电动等。图 2-3-1 中的力源装置是气缸。对于手动夹紧来说，力源为人力。

（2）中间传力机构：介于力源和夹紧元件之间传递力的机构。图 2-3-1 中的中间传力机构是楔块和滚子。在传递力的过程中，它能够改变作用力的方向和大小，起增力作用，还能使夹紧实现自锁，保证力源提供的原始力消失后，仍能可靠地夹紧工件，这对手动夹紧尤为重要。

（3）夹紧元件：夹紧装置的最终执行件，与工件直接接触完成夹紧作用。图 2-3-1 中的夹紧元件是压板。

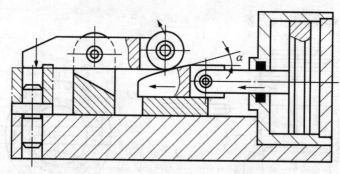

图 2-3-1　夹紧装置组成示意图

2. 对夹紧力的要求

力有三个要素，确定夹紧力就要确定夹紧力作用点、大小和方向。

（1）夹紧力作用点选择

夹紧力作用点是指夹紧元件与工件接触位置。夹紧力作用点选择应包括确定作用点数目和位置。选择夹紧力作用点时要注意下列三个问题：

① 应能够保持工件定位牢固、可靠，加工过程中不会使工件产生位移或偏转。

夹紧力作用点必须处于定位元件垂直上方，或处于定位元件构成的稳定受力区内，如图 2-3-2(a) 所示作用点不正确，夹紧时力矩将会使工件产生转动；如图 2-3-2(b) 所示是正确夹紧，工件稳定可靠。

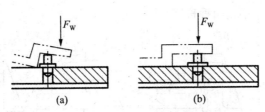

图2-3-2 夹紧力作用点应在支承面内

(a) 不合理；(b) 合理

② 应尽量避免或减少工件夹紧变形。

作用点应作用在工件刚性最好的部位上，这一点对薄壁工件尤为重要。如图2-3-3 (a)、(c)所示夹紧力作用点不正确，工件夹紧时将会较大变形；如图2-3-3 (b)、(d)所示是正确，夹紧变形就很小。为避免夹紧力过分集中，可设计特殊形状夹紧元件，增加夹紧面积，减少夹紧变形，如图2-3-3(e)所示，使夹紧力完全均匀作用于薄壁工件上，以免工件发生变形。

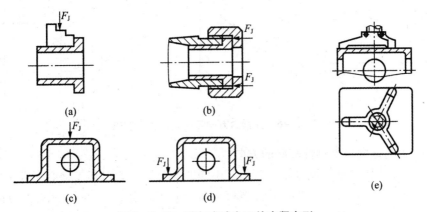

图2-3-3 避免或减少工件夹紧变形

③ 夹紧力的作用点应尽量靠近加工表面。

如图2-3-4所示，在拨叉上铣槽。由于主要夹紧力的作用点距加工表面较远，故在靠近加工表面的地方设置了辅助支承，增加了夹紧力 F_J。这样，不仅提高了工件的装夹刚性，还可减少加工时工件的振动。

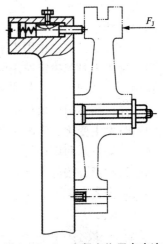

图2-3-4 夹紧力作用点应该靠近加工表面

（2）夹紧力作用方向选择

① 夹紧力应垂直于主要定位基准面

如图2-3-5所示，工件孔与左端面有一定垂直度要求，镗孔时，工件以左端面与定位元件 A 面接触，限制三个自由度，以底面与 B 面接触，限制两个自由度，夹紧力垂直于 A 面，这样工件左端面与底面无论有多大垂直度误差，都能保证镗出孔轴线与端面垂直。若夹紧力方向垂直于 B 面，则工件左端面与底面的垂直度误差会影响被加工孔轴线与左端面垂直度。

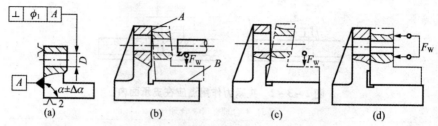

图 2 – 3 – 5　夹紧力应该指向主要定位基面

(a) 工序简图；(b) 错误；(c) 错误；(d) 正确

② 夹紧力方向应有利于减小夹紧力

为减小工件的变形、减轻劳动强度，夹紧力 F_W 的方向最好与切削力 F、重力 G 方向重合。如图 2 – 3 – 6 所示为工件在夹具中加工时常见的几种受力情况。

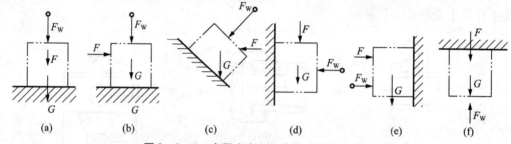

图 2 – 3 – 6　夹紧力方向与夹紧力大小的关系

③ 夹紧力的方向应是刚性较好的方向

由于工件在不同方向上刚度是不等的，不同的受力表面也因其接触面积大小而变形各异，尤其在夹压薄壁零件时，更需要注意使夹紧力的方向指向工件刚性最好的方向。

（3）夹紧力大小估算

夹紧力是一个很复杂的量，一般只能粗略估算。加工过程中，工件受到切削力、重力、离心力和惯性力等作用，从理论上讲，夹紧力作用效果必须与上述作用力（矩）相平衡。不同条件下，上述作用力平衡系中对工件所起的作用各不相同，如采用一般切削规范加工中小型工件时起决定作用的因素是切削力（矩）；加工笨重大型工件时，还需考虑工件重力作用；高速切削时，不能忽视离心力和惯性力作用。此外，影响切削力的因素也很多，如工件材质不匀，加工余量大小不一致，刀具磨损程度以及切削时冲击等因素都会使切削力随时发生变化。为简化夹紧力计算，通常假设工艺系统是刚性体、切削过程是稳定的，这些条件下，利用切削原理公式或切削力计算图表求出切削力，然后找出加工过程中最不利瞬时状态，按静力学原理求出夹紧力大小。为保证夹紧可靠，尚需再乘以安全系数，即实际需要夹紧力：

$$F_J = KF_计$$

式中　$F_计$——最不利条件下由静力平衡计算求出夹紧力；

　　　F_J——实际需要夹紧力；

　　　K——安全系数，一般取 $K = 1.5 \sim 3$，粗加工取大值，精加工取小值。

二、常用夹紧机构

原始作用力转化为夹紧力是通过夹紧机构来实现的。在众多的夹紧机构中，以斜楔、螺旋、偏心以及由它们组合而成的夹紧机构应用最为普遍。

1. 斜楔夹紧机构

采用斜楔作为传力元件或夹紧元件的夹紧机构称为斜楔夹紧机构。斜楔夹紧具有结构简单，增力比大，自锁性能好等特点，因此获得广泛应用。如图2-3-7所示为三种常见的斜楔夹紧机构。

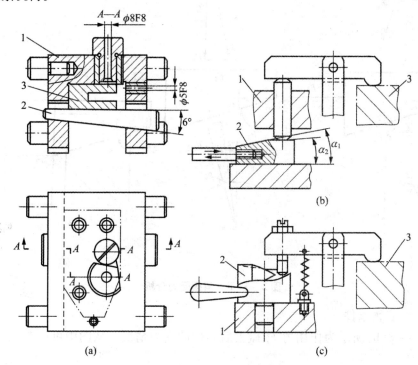

图2-3-7　斜楔夹紧机构

（a）普通斜楔机构；（b）斜楔与滑柱组合；（c）斜楔与压板组合

1——夹具体；2——斜楔；3——工件

（1）斜楔的夹紧力

图2-3-8(a)所示为在外力 F_Q 作用下斜楔的受力情况。通过受力分析，可建立静平衡方程式：

$$F_1 + F_{RX} = F_Q$$

因为　　　　　　　　$F_1 = F_J \tan \varphi_1$，$F_{RX} = F_J \tan(\alpha + \varphi_2)$

所以　　　　　　　　$$F_J = \frac{F_Q}{\tan \varphi_1 + \tan(\alpha + \varphi_2)}$$

式中　　F_J——斜楔对工件的夹紧力，N；

　　　　α——斜楔升角，（°）；

F_Q——加在斜楔上的作用力，N；

φ_1——斜楔与工件间的摩擦角，(°)；

φ_2——斜楔与夹具体间的摩擦角，(°)。

设 $\varphi_1 = \varphi_2 = \varphi$，当 α 很小时($\alpha \leqslant 10°$)，可用下式作近似计算：

$$F_J = \frac{F_Q}{\tan(\alpha + 2\varphi)} \qquad (2-3-1)$$

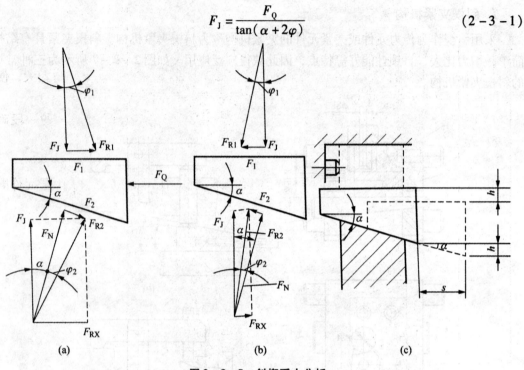

图 2 - 3 - 8　斜楔受力分析

（2）斜楔自锁条件

图 2 - 3 - 8(b)所示为作用力 F_Q 撤去后斜楔的受力情况。从图中可以看出，要自锁，必须满足：

$$F_1 > F_{RX}$$

因为　　　　　　　　　　$F_1 = F_J \tan \varphi_1$，　　　$F_{RX} = F_J \tan(\alpha - \varphi_2)$

所以　　　　　　$F_J \tan \varphi_1 > F_J \tan(\alpha - \varphi_2)$，　$\tan \varphi_1 > \tan(\alpha - \varphi_2)$

由于 φ_1、φ_2、α 都很小，$\tan \varphi_1 \approx \varphi_1$，$\tan(\alpha - \alpha_2) \approx (\alpha - \varphi_2)\varphi$，上式可简化为：

$$\varphi_1 > (\alpha - \varphi_2) \quad \text{或} \quad \alpha < \varphi_1 + \varphi_2$$

因此，斜楔的自锁条件是：斜楔的升角小于斜楔与工件、斜楔与夹具体之间的摩擦角之和。

为保证自锁可靠，手动夹紧机构一般 $\alpha = 6° \sim 8°$。用气压或液压装臂驱动的斜楔不需要自锁，可取 $\alpha = 15° \sim 8°$。

（3）斜楔的扩力比与夹紧行程

夹紧力与作用力之比称为扩力比 i 或增力系数。i 的大小表示夹紧机构在传递力的过程中扩大（或缩小）作用力的倍数。

由式(2-3-1)可知,斜楔的扩力比为:

$$i = \frac{F_J}{F_Q} = \frac{1}{\tan \varphi_1 + \tan(\alpha + \varphi_2)} \qquad (2-3-2)$$

如取 $\varphi_1 = \varphi_2 = 6°$,$\alpha = 10°$,代入式(2-3-2),得 $i = 2.6$。可见,在作用力 F_Q 不很大的情况下,斜楔的夹紧力是不大的。

在图2-3-8(c)中,$h(\text{mm})$ 是斜楔的夹紧行程,$s(\text{mm})$ 是斜楔夹紧工件过程中移动的距离,$h = s \times \tan \alpha$。

由于 s 受到斜楔长度的限制,要增大夹紧行程,就需增大斜角 α,而斜角太大,便不能自锁。当要求机构既能自锁又有较大的夹紧行程时,可采用双斜面斜楔。

如图2-3-7(b)所示,斜楔上大斜角的一段使滑柱迅速上升,小斜角的一段确保自锁。

(4)斜楔夹紧机构示例

如图2-3-9所示,旋转螺杆5,斜楔4在螺杆5的作用下向左移动,夹紧元件顺时针转动,实现对工件的夹紧。

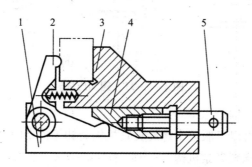

图2-3-9 简单斜楔夹紧机构

1——夹具体;2——夹紧元件;3——定位元件;4——斜楔块;5——螺杆

2. 螺旋夹紧机构

采用螺杆作中间传力元件的夹紧机构统称为螺旋夹紧机构。它结构简单、夹紧可靠、通用性好,而且螺旋升角小,螺旋夹紧机构的自锁性能好,夹紧力和夹紧行程都较大,是手动夹具上用得最多的一种夹紧机构。

(1)简单螺旋夹紧机构

图2-3-10所示为常见的三种简单螺旋夹紧机构。最简单的螺旋夹紧机构由于直接用螺钉头部压紧工件,易使工件受压表面损伤,或带动工件旋转,因此常在头部装有摆动的压块,如图2-3-11所示,分A、B两种类型。由于压块与工件间的摩擦力矩大于压块与螺钉间的摩擦力矩,因此压块不会随螺钉一起转动。

夹紧动作慢、工件装卸费时是单个螺旋夹紧机构的另一个缺点。为克服这一缺点,可采用快速夹紧机构。

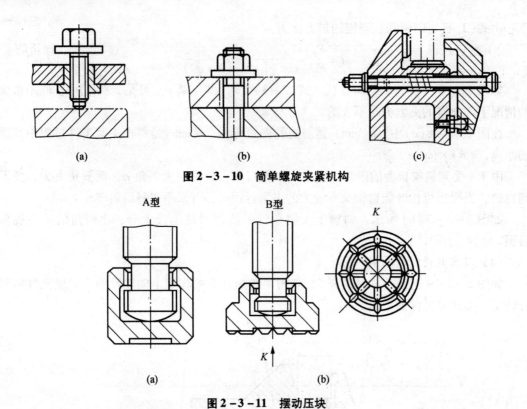

图2-3-10 简单螺旋夹紧机构

图2-3-11 摆动压块

（2）快速螺旋夹紧机构

快速螺旋夹紧机构可以克服单个螺旋夹紧机构装卸工件费时费力的缺点。图2-3-12所示为常见的几种快速螺旋夹紧机构。

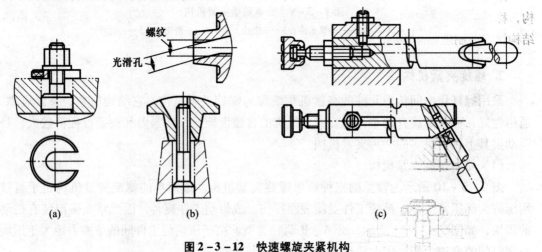

图2-3-12 快速螺旋夹紧机构

（3）螺旋压板夹紧机构

在夹紧机构中，螺旋压板的使用非常普遍，常见的螺旋压板典型结构其结构尺寸均已标准化，设计者可参考有关国家标准和夹具设计手册进行设计。图2-3-13所示为常见的几种螺旋压板夹紧机构。

此外还有螺旋式定心夹紧机构、杠杆式定心夹紧机构、楔式定心夹紧机构、弹簧筒夹式定心夹紧机构等。

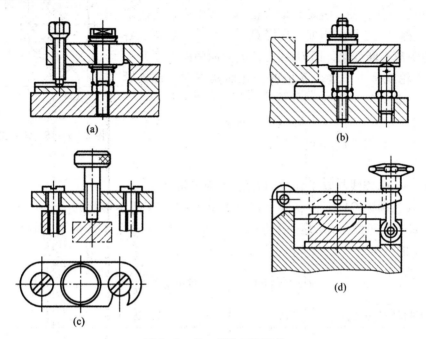

图2-3-13　螺旋压板机构

3. 偏心夹紧机构

图2-3-14所示为几种常见的偏心夹紧机构，即用偏心件直接或间接夹紧工件的机构，称为偏心夹紧机构。偏心件有两种形式，即圆偏心和曲线偏心，其中，圆偏心机构因结构简单、制造容易而得到广泛应用。

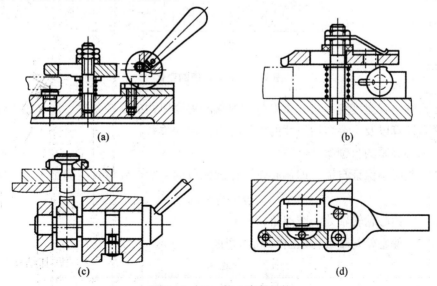

图2-3-14　偏心夹紧机构

（1）偏心夹紧原理及其特点

用偏心件直接或间接夹紧工件的机构，称为偏心夹紧机构。偏心夹紧原理如图 2-3-15 所示，O_1 是圆偏心轮的几何中心，R 是几何半径，O_2 是圆偏心轮的回转中心，O_1O_2 之间的距离 e 称为偏心距。当偏心轮绕 O_2 点回转时，圆周上各点到 O_2 的距离不断变化，即 O_2 到工件夹紧面间距离 h 是变化的，偏心轮就是由于这个 h 值的变化而实现对工件夹紧的。由图 2-3-15 可见：

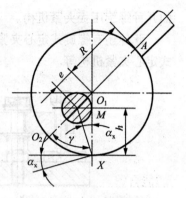

图 2-3-15　偏心夹紧原理

$$h = \overline{O_1X} - \overline{O_1M} = R - e\cos\gamma$$

式中　R——偏心轮半径，mm；

　　　E——偏心距，mm；

　　　γ——O_1O_2 连线与 O_1X 连线的夹角（X 为夹紧点）。

偏心轮（按圆弧 OA 展开）实际上相当于图 2-3-16 所示形状的一个特形斜楔，其特点为升角 α（相当于楔角）不是一个常数，而与圆周上夹紧点 X 的位置（即与 γ 角）有关。任意一点 X 的升角为：

$$\alpha_X = \arctan \frac{\overline{O_2M}}{MX} = \arctan \frac{e\sin\gamma}{R - e\cos\gamma}$$

当 $\overline{O_2P}$ 与 $\overline{O_1O_2}$ 垂直时，夹紧点为 P，升角 α 达到最大值 α_P。

$$\alpha_p = \arcsin \frac{e}{R} = 90° - \gamma$$

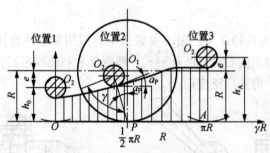

图 2-3-16　h 值的变化

偏心轮升角 α 是变值，这一重要特点对偏心夹紧机构的自锁条件、偏心轮工作段的选择、夹紧力计算以及主要结构尺寸的确定都有密切的关系。

（2）偏心夹紧的自锁条件

偏心夹紧必须保证自锁，即偏心轮工作圆弧段的夹紧点升角 α 应满足下述条件：

$$\alpha \leqslant \varphi_1 + \varphi_2$$

式中　φ_1——偏心轮转轴处的摩擦角，(°)；

　　　φ_2——偏心轮与垫板（或工件）间的摩擦角，(°)。

$$\tan\alpha = \frac{e\sin\gamma}{R - e\cos\gamma} \leqslant \tan(\varphi_1 + \varphi_2)$$

为简化计算和使自锁更为可靠而略去 φ_1，则：

$$\frac{e\sin\gamma}{R-e\cos\gamma}\leq\tan\varphi_2$$

若以最大升角 α_P 计算，γ 角接近90°，则：

$$R\geq\frac{e}{\tan\varphi_2}$$

当 $\tan\varphi_2=0.1$ 时，$R\geq10e$；当 $\tan\varphi_2=0.15$ 时，$R\geq7e$。

偏心轮特性反映偏心轮工作的可靠性，当此值大于7～10时，偏心轮圆周上各夹紧点均能自锁。

偏心轮工作段的选择，原则上偏心轮下半部整个半圆弧(图2-3-15)上的任何点都可用来夹紧工件。但是，为了防止松夹、咬死和便于操作，常取圆周上的部分圆弧(一般在90°以内)作为工作段。

偏心夹紧加工操作方便、夹紧迅速，缺点是夹紧力和夹紧行程都小。一般用于切削力不大、振动小、没有离心力影响的加工中。

4. 联动夹紧机构

利用一个原始作用力实现单件或多件的多点、多向同时夹紧的机构，称为联动夹紧机构。图2-3-17～图2-3-20为4个较典型的联动夹紧机构结构图：单件对向联动夹紧机构(图2-3-17)，齿轮杠杆夹紧机构(图2-3-18)，对向式多件联动夹紧机构(图2-3-19)，复合式多件联动夹紧机构(图2-3-20)。

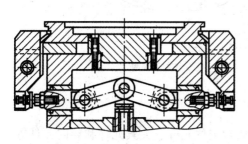

图2-3-17　单件对向联动夹紧机构

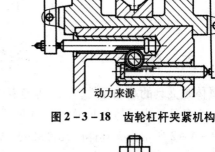

图2-3-18　齿轮杠杆夹紧机构

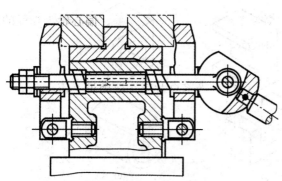

图2-3-19　对向式多件联动夹紧机构

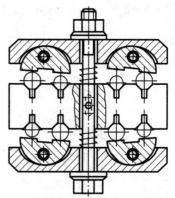

图2-3-20　复合式多件联动夹紧机构

任务四　夹具的其他装置

一、导向及对刀装置

导向及对刀装置主要用于确定(引导)切削工具与工件的相对位置,图2-4-1所示为钻套和铣削的对刀装置。

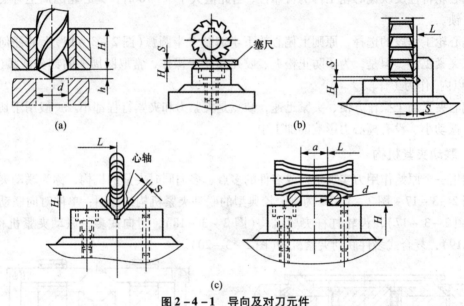

(c)

图2-4-1　导向及对刀元件

(a)钻床导向元件——钻套;(b)、(c)铣床对刀装置

二、夹具体

夹具体是夹具的基础元件,用它来连接并固定定位元件、夹紧元件和导向元件等,使之成为一个整体。夹具体的形状与尺寸取决于夹具上各种装置的布置及夹具与机床的连接。图2-4-2所示为夹具体的几种结构形式。

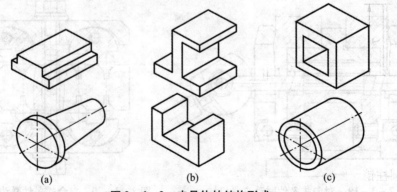

图2-4-2　夹具体的结构形式

(a)开式结构;(b)半开式结构;(c)框架式结构

对夹具体的要求如下：

（1）有足够的强度和刚度

在加工过程中，夹具体在切削力、夹紧力的作用下，应不会产生不允许的变形和振动。

（2）尺寸稳定

为保证夹具体加工后尺寸稳定，对铸造夹具体要进行时效处理；对焊接夹具体要进行退火处理，以消除内应力。

（3）结构工艺性好

在保证强度和刚度的前提下，夹具体应力求结构简单，便于制造、装配和检验；体积小、重量轻，以便操作。对于移动或翻转夹具，其质量一般不宜超过 10 kg。

（4）设置起吊装置

大型夹具的夹具体上，通常应设置起吊孔、起吊环或起重螺栓，便于吊运。

（5）排屑方便

为防止加工中切屑堆集而影响工件的正确定位和夹具的正常工作，切屑量较少时，夹具体上可采用增大容纳切屑空间的结构；切屑量大时，则常用切屑自动排除的结构。

三、夹具的连接元件

机床夹具的连接元件由下述两部分组成：

1. 定位键

机床夹具以定位键和机床工作台 T 形槽配合，每个夹具一般设置两个定位键，起到夹具在机床上的定向作用，并用埋头螺钉把定位键固定在夹具体的键槽中。

标准定位键的尺寸规格可参阅相关国标，图 2 - 4 - 3(a) 是 A 型定位键的标准结构，图 2 - 4 - 3(b) 是 B 型定位键的标准结构，图 2 - 4 - 3(c) 是与定位键相配合的零件的尺寸。在小型夹具中为了制造简便，可用圆柱定位销来代替定位键。

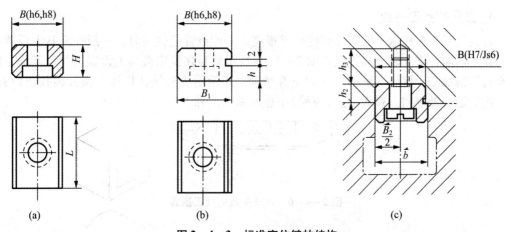

图 2 - 4 - 3　标准定位键的结构

图 2 - 4 - 4(a) 表示最简单的圆柱销直接装配在夹具体的圆孔中（过盈配合）；图 2 - 4 - 4(b) 是阶梯形圆柱销；图 2 - 4 - 4(c) 是装配时的结构形式。

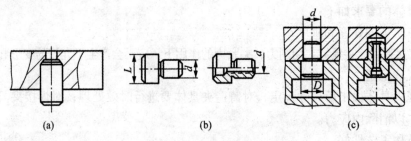

图 2 – 4 – 4　圆柱定位销

2. 带 U 形槽的耳座

通常在铣床夹具纵向两端底边上，设计有带 U 形槽的耳座，供 T 形槽用螺栓将夹具体紧固在工作台上。U 形槽的常用结构形式如图 2 – 4 – 5 所示，其具体结构尺寸可参阅有关设计资料和设计手册。

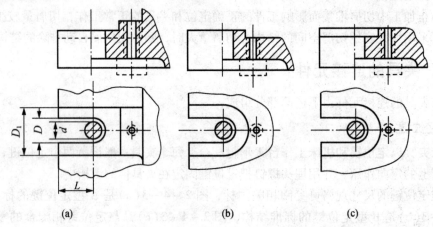

图 2 – 4 – 5　常用带 U 形槽耳座的结构形式

3. 夹具的找正基面

若夹具安装在机床上的定位精度要求很高或不能设置定位键时，一般在夹具上设置相应的找正基面，供安装时找正用。图 2 – 4 – 6 所示就是在铣床夹具上设置的找正基面。此面经过精密加工，保证正确的形状和位置精度。用指示表直接在机床上按此面找正位置，不必再用定位键定向。镗床夹具(镗模)中也常采用这种方法。

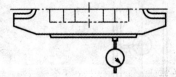

图 2 – 4 – 6　铣床夹具的找正基面

四、其他装置

根据加工需要，有些夹具采用分度装置、靠模装置、上下料装置、顶出器和平衡块等。

任务五　机床夹具设计步骤

一、明确设计任务和收集设计资料

夹具设计的第一步是在已知生产纲领的前提下，研究被加工零件的零件图、工序图、工艺规程和设计任务书，对工件进行工艺分析。其内容主要是了解工件的结构特点、材料，确定本工序的加工表面、加工要求、加工余量、定位基准和夹紧表面及所用的机床、刀具、量具等。

其次是根据设计任务收集有关资料，如机床的技术参数、夹具零部件的各种国家标准、各类夹具图册、夹具设计手册等，还可收集一些同类夹具的设计图样，并了解工厂的工装制造水平，以供参考。

二、拟订夹具结构方案与绘制夹具草图

（1）确定工件的定位方案，设计定位装置。
（2）确定工件的夹紧方案，设计夹紧装置。
（3）确定对刀或导向方案，设计对刀或导向装置。
（4）确定夹具与机床的连接方式，设计连接元件及安装基面。
（5）确定和设计其他装置及元件的结构形式，如分度装置、预定位装置及吊装元件等。
（6）确定夹具的结构形式及夹具在机床上的安装方式。
（7）绘制夹具草图，并标注尺寸、公差及技术要求。

三、审查方案与改进设计

夹具草图画出后，应征求有关人员的意见，并送有关部门审查，然后根据他们的意见对夹具方案做进一步修改。

四、绘制夹具装配总图

夹具的总装配图应按国家制图标准绘制。绘图比例尽量采用1:1。主视图按夹具面对操作者的方向绘制。总图应把夹具的工作原理、各种装置的结构及其相互关系表达清楚。

夹具总图的绘制次序如下：

（1）用双点画线将工件的外形轮廓、定位基面、夹紧表面及加工表面绘制在各个视图的合适位置上。在总图中，工件可看作透明体，不遮挡后面夹具上的线条。
（2）依次绘出定位装置、夹紧装置、对刀或导向装置、其他装置、夹具体及连接元件和安装基面。
（3）标注必要的尺寸、公差和技术要求。
（4）编制夹具明细表及标题栏。

五、绘制夹具零件图

夹具中的非标准零件均要画零件图，并按夹具总图的要求，确定零件的尺寸、公差及技术要求。

任务六 组合夹具

组合夹具是一种标准化、系列化、通用化程度很高的工艺装备。它是由一套预先制造好的各种不同形状、不同规格、不同尺寸的标准元件及组合件，根据不同零件的加工要求组合而成的。图 2-6-1 所示为钻孔组合夹具。

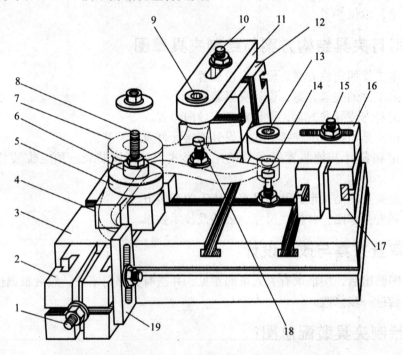

图 2-6-1 双臂曲柄工件钻 2-φ10 孔组合夹具

1，8，10，15——槽用方头螺栓；2，4，12，17——方形支承；3——长方形基础板；5——圆形定位盘；6——圆形定位销；7——工件；9——a孔；11，16——钻模板；13——b孔；14，18——可调辅助支承；19——伸长板

一、组合夹具的使用范围及优缺点

1. 组合夹具的使用范围

组合夹具的使用范围十分广泛。由于组合夹具灵活多变和使用方便，最适宜多品种、小批量生产和新产品试制使用。对于成批生产，可利用组合夹具代替临时短缺的专用夹具，以满足急需。随着组合夹具组装技术的提高，成批生产中使用组合夹具也取得较好效果，其代替专用夹具率可达 30% 左右。

从使用的设备和工艺方法看，组合夹具元件可以组装成车、钻、镗、铣、刨等加工用的机床夹具，也可组装成检验、装配和焊接等用的夹具。组合夹具可达到的加工精度见表2-6-1。

表2-6-1　　　　　　　　　　　　组合夹具可达到的加工精度

夹具类型	精度项目	可达到的加工精度/mm
钻床夹具	钻、铰两孔中心距误差	±0.05
	钻、铰两孔轴线平行度或垂直度	0.05/100
	钻、铰孔的中心距误差	±0.03
	钻、铰孔的直径误差	±0.05
	钻、铰上下孔的同轴度	0.03
	钻、铰孔与基准面的垂直度	0.05/100
	钻、铰斜孔的角度误差	±2′
镗床夹具	镗两孔的中心距误差	±0.02
	镗两孔轴线的平行度或垂直度	0.01 ~ 0.02
	镗两孔的同轴度	0.01
铣、刨床夹具	铣、刨斜面的角度误差	±2′
	加工面与基准面的平行度或垂直度	0.02/100

2. 使用组合夹具的优缺点

使用组合夹具的优缺点主要体现在以下五个方面：

（1）使用组合夹具代替专用夹具，节省了夹具制造工时的材料，并且由于省去了划线而提高了生产率，直接获得经济效益。

（2）中小企业一般技术力量薄弱，工艺装备的设计、生产能力不足，在开发新产品和正常生产中经常遇到困难。使用组合夹具，提高了中小企业的工艺装备系数和工艺装备水平，促进了生产的发展。

（3）在开发新产品中，由于不需重新设计、制造夹具，而使生产准备周期大大缩短。

（4）组合夹具有可以重新组装和局部调整的特点，而且组合夹具的元件精度较高，容易满足加工要求，可以保证产品质量。

（5）组合夹具也存在一次性投资大、刚度较差、外形尺寸及重量较大等不足之处。

组合夹具的组装，就是将组合夹具元件按照一定的步骤和要求，装配成加工所需的夹具的全过程。通常分为准备阶段、拟订组装方案、试装、连接并调整紧固元件、检验等几个步骤。

二、组合夹具的系列、元件类别及作用

1. 组合夹具的系列

组合夹具分为槽系组合夹具和孔系组合夹具。我国目前广泛使用的多是槽系组合夹具。槽系组合夹具按其承载能力的大小分为三种系列:

(1) 16 mm 槽系列——大型组合夹具;

(2) 12 mm 槽系列——中型组合夹具;

(3) 8 mm、6 mm 槽系列——小型组合夹具。

其划分的依据主要是连接螺栓的直径、定位键槽尺寸和支承件截面尺寸。

2. 槽系列组合夹具元件的类别及作用(表 2 - 6 - 2)

表 2 - 6 - 2　　　　　　　　　　　　组合夹具元件类别及作用

类别	部分元件简图	作用
基础件	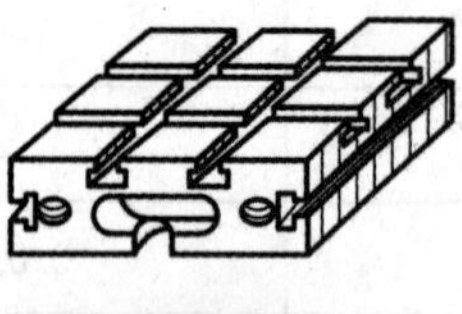 方基础板 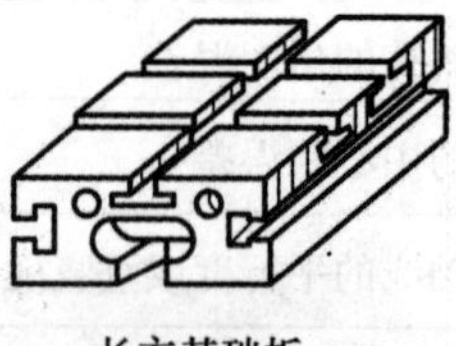　　　　　　长方基础板 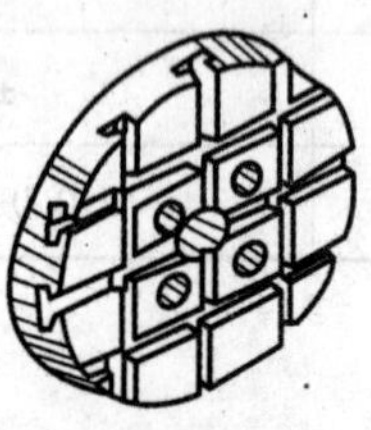　　　　圆基础板 　　　　　　基础角板	夹具的基础元件
支承件	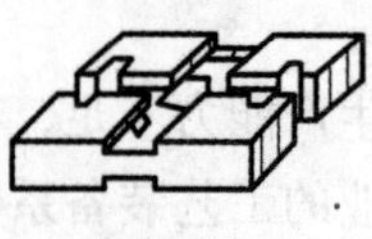 方支承 　　　　　　长方支承 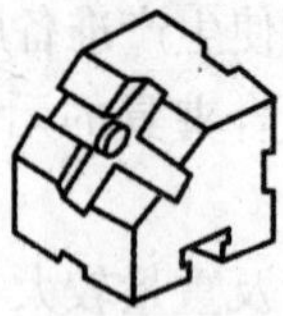　　　角度支承 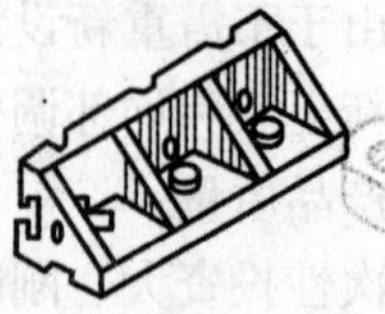　　　　　　加肋支承	夹具中的骨架元件

续表 2 - 6 - 2

类别	部分元件简图	作用
定位件	平键　　　　　　　　圆定位销 V形铁　　　　　　　方定位支承	元件的定位和工件的正确安装、定位
导向件	快换钻套　　　　　　钻模板 中孔钻模板　　　　　镗孔支承	确定刀具与工件的相对位置
压紧件	平压板　　　　　　　弯压板 U形压板　　　　　　关节压板	用于夹紧

续表 2 - 6 - 2

类别	部分元件简图	作用
紧固件	圆螺母 槽用螺栓 定位螺钉 凹形面垫圈	把夹具上的各种元件连接紧固成一体
其他件	连接板 二爪支承 顶尖 平衡块 R	辅助元件
合件	顶尖座 折合板	用于分度、导向、支承等组合件

三、典型组合夹具结构举例

1. 固定式钻夹具

图 2 - 6 - 2 所示为在圆柱轴上加工一径向孔夹具。

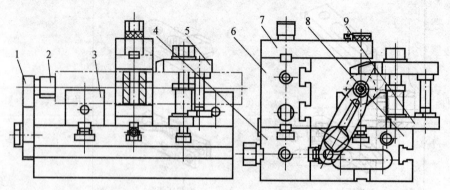

图 2 - 6 - 2 固定式钻模

1——连接板；2——平面支钉帽；3——V 形支承；4，6——长方支承；
5——伸长压板；7——钻模板；8——V 形基础板；9——平压板

2. 铣、刨斜平面夹具

图2-6-3所示为加工斜平面铣、刨夹具。采用角度支承调整所需的倾斜角，以支承角铁、T形定位键和平压板定位夹紧。

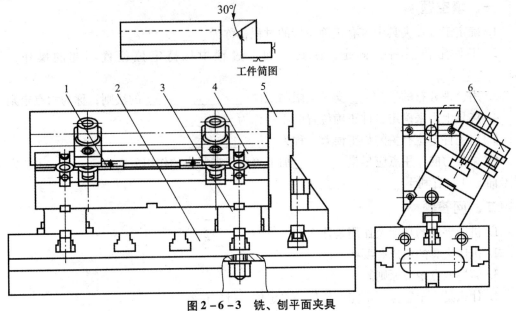

图2-6-3　铣、刨平面夹具

1——T形定位键；2——长方基础板；3——角度支撑；4——伸长板；5——支撑角铁；6——平压板

3. 连杆类工件铣槽夹具

如图2-6-4所示，工件以一个平面、一个圆柱销和一个菱形销定位，开口垫圈或伸长压板夹紧，铣槽。

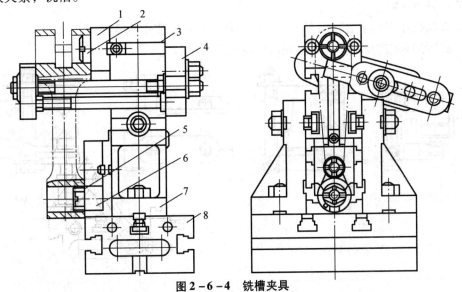

图2-6-4　铣槽夹具

1——中心钻模板；2——圆定位销；3——方支承；4——伸长压板；5——菱形销；6——钻模板；

7——支承角铁；8——长方基础板

127

课后思考与练习

一、填空题

1. 确定工件在夹具中占有正确位置的过程，称为_____。

2. 工件定位后将其固定，使其在加工过程中保持定位位置不变的操作，称为_____。

3. 用合理分布的_____支承点限制工件_____的法则，称为六点定则。

4. 夹具上用来确定工件正确位置的零件称为_____。

5. 与工件定位有关的加工误差，称为_____。

6. 夹紧力的作用点应尽量_____加工表面，夹紧力的作用方向应_____主要定位基准面，并且有利于_____夹紧力。

二、问答题

1. 机床夹具的功能及作用是什么？

2. 机床夹具的组成有哪些？

3. 简述六点定位原则。

4. 什么是完全定位、不完全定位、欠定位、过定位？

5. 定位误差形成的主要原因是什么？

6. 工件夹紧过程中，对夹紧力的要求有哪些？

7. V形块的限位基准在哪里？V形块的定位高度怎样计算？

8. 组合夹具的使用范围及优缺点有哪些？

三、实训题

1. 查阅机床夹具手册，绘制平面定位元件支承钉、支承板零件图。

2. 夹紧原理结构改错(可直接在图中改或用文字叙述)。

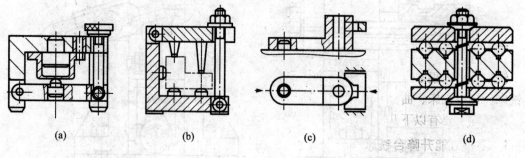

(a)　　　　　(b)　　　　　(c)　　　　　(d)

铣削加工是用铣刀的旋转和工件的移动来完成零件切削加工的方法。铣削加工在机械零件切削和工具生产中占相当大比重，铣床约占机床总数的25%，仅次于车床，铣削加工中心在数控机床领域占90%以上。它的特点是以多齿刀具的旋转为主运动，而进给运动可根据加工要求，通过工作在相互垂直的三个方向中做某一方向运动来实现，铣削加工中心可以加工各种异形复杂面，通用性极广。

铣削加工与车削加工的不同是刀具的旋转是主运动，工件做进给运动。另外，铣床除能铣削平面、沟槽、轮齿、螺纹和花键轴外，还能加工特殊的型面，效率较刨床高，在机械制造和修理部门得到广泛应用。

本项目学习要点：

1. 掌握铣削加工工艺范围，能说明 X6132 型铣床的型号编制含义。
2. 掌握铣削刀具的种类和应用，能说明 X6132 型铣床的各部分结构及功能。
3. 掌握部分夹具的典型机械结构，能熟练运用公式计算铣削分度。
4. 掌握铣削加工的工艺过程，能对结构简单的零件编制铣削工艺。

任务一　铣　　床

一、铣床的种类

铣床的种类很多，如卧式铣床、立式铣床、龙门铣床、仿形铣床、圆盘铣床、万能工具铣床、数控铣床、曲轴铣床、特种加工铣床及生产车间根据需要自行设计的专用铣床等，常用的主要有以下几种。

1. 卧式万能升降台铣床

（1）外观：卧式万能升降台铣床外观如图 3-1-1 所示。

（2）机床运动：主轴的旋转为主运动，工作台移动为进给运动。

（3）主参数及规格系列：工作台面宽度。

（4）主要特征：主轴卧式布置且有一个转台，一般的升降台铣床没有。

（5）主要用途：主要用于铣削中小型零件上的平面、沟槽，尤其是螺旋槽和多齿

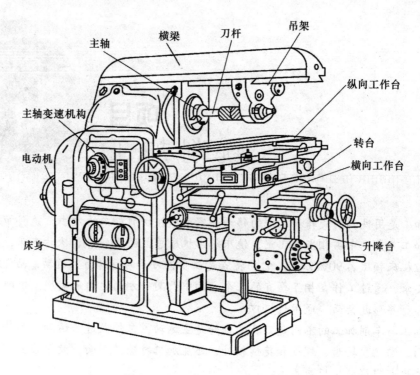

图 3-1-1　卧式万能升降台铣床

零件。

（6）代表型号：X6132 型卧式万能升降台铣床。

2. 立式升降台铣床

（1）外观：立式升降台铣床外观如图 3-1-2
所示。

（2）主参数：工作台面宽度。

（3）主要特征：主轴立式布置，立铣头可以根据加
工需要在垂直平面内扳转一定角度（≤±45°）。

（4）主要用途：主要用于加工中小型零件上的平
面、台阶、沟槽、多齿零件和凸轮表面等。

（5）代表型号：X5032 型升降台铣床。

3. 龙门铣床

（1）外观：龙门铣床外观如图 3-1-3 所示。

（2）主参数：工作台面宽度。

（3）主要特征：具有多个铣头，生产率高，在成
批、大量生产中广泛应用。

图 3-1-2　立式升降台铣床

（4）主要用途：主要用于加工大型工件上的平面、沟槽等。

（5）代表型号：X2012C 型龙门铣床。

图3-1-3 龙门铣床

4. 其他常用铣床

除上述铣床外，其他常用的铣床还有铣削加工中心、仿形铣床等。例如，配钥匙的机器就是仿形铣床最广泛的应用。

二、X6132型万能升降台铣床

1. 主要结构及运动形式

X6132型万能升降台铣床的外形结构如图3-1-1所示。它主要由床身、主轴、刀杆、悬梁、工作台、回转盘、横溜板、升降台、底座等几部分组成。在床身的前面有垂直导轨，升降台可沿着它上、下移动。在升降台上面的水平导轨上，装有可在平行主轴轴线方向移动（前后移动）的溜板。溜板上部有可转动的回转盘，工作台就在溜板上部回转盘上的导轨上做垂直于主轴轴线方向的移动（左右移动）。工作台上有T形槽用来固定工件。这样，安装在工作台上的工件就可以在3个坐标轴上的6个方向调整位置或进给。

铣床主轴带动铣刀的旋转运动是主运动；铣床工作台的前后（横向）、左右（纵向）和上下（垂直）6个方向的运动是进给运动；铣床其他的运动，如工作台的旋转运动、在各个方向的快速移动，则属于辅助运动。

2. 性能

X6132型万能升降台铣床功率大，转速高，变速范围大，刚性好，加工范围广，对产品的适应性很强，能加工中小型平面、特形平面、各种沟槽和小型箱体上的孔等。它具有下列特点：

（1）机床工作台的进给手柄在操作时所指的方向就是工作台进给的方向。

（2）机床的前面和左侧，各有一组按钮和手柄的复式操纵装置，便于在不同位置上操作。

（3）采用速度预选机构来改变主轴转速和工作台的进给量，使操作简单明确。

（4）有工作台传动丝杠螺母间隙调整机构，可以进行顺铣。

（5）工作台可以在水平面内回转角度，适合各种螺旋槽铣削。

3. 主要技术参数

主轴前锥孔锥度	7：24
主轴中心线至床身垂直导轨的距离/mm	30～350
主轴中心线至悬梁的距离/mm	155
主轴孔径/mm	$\phi29$
工作台最大回转角度	±45°
主轴转速范围/(r/min)	30～1 500(18 级)
工作台面尺寸/mm×mm	1 325×320
工作台行程	
纵向/mm	700(机动 680)
横向/mm	255(机动 240)
垂向/mm	320(机动 300)
工作台进给范围	
纵向/(mm/min)	23.5～1 180(18 级)
横向/(mm/min)	23.5～1 180
垂向/(mm/min)	8～394
工作台快速移动速度	
纵向/横向/垂向/(mm/min)	2 300/2 300/770
工作台 T 形槽	
槽数/宽度/间距(mm)	3/18/70
主电动机功率/kW	7.5
进给电动机功率/kW	1.5
机床外形尺寸(长×宽×高)/mm×mm×mm	2 294×1 770×1 665
机床净重/kg	3 200/3 300

4. X6132 铣床的传动系统

（1）主轴传动系统及传动结构式

如图 3－1－4 所示，主轴的旋转运动由电动机（功率为 7.5 kW，转速为1 450 r/min）开始，通过主传动系统获得。电动机通过弹性联轴器与轴Ⅰ连接，使轴Ⅰ获得与电动机相同的转速。轴Ⅰ通过传动比为 $\frac{26}{54}$ 的一对齿轮带动轴Ⅱ，使轴Ⅱ获得 $1\,450 \times \frac{26}{54} \approx$ 700（r/min）的转速。轴Ⅱ上有一个可沿轴向移动，并用作变速的三联齿轮，通过与轴Ⅲ上相应齿轮的啮合而带动轴Ⅲ，其传动比分别为 $\frac{22}{33}$、$\frac{19}{36}$ 和 $\frac{16}{39}$，使轴Ⅲ获得不同的转速。轴Ⅳ左端也有一个三联滑移齿轮与轴Ⅲ上相应齿轮啮合，其传动比分别为 $\frac{39}{26}$、$\frac{28}{37}$ 和 $\frac{18}{47}$。当轴Ⅲ有一种转速时，轴Ⅳ通过 3 种不同的传动比，能得到 3 种不同的转速；当轴Ⅲ有 3 种不同的转速时，轴Ⅳ就能获得 3×3＝9 种不同的转速。轴Ⅳ的右端还有另一个双联滑移齿轮，当它与主轴 V 上的相应齿轮啮合时，其传动比分别为 $\frac{82}{38}$ 和 $\frac{19}{71}$，根据上述原理，主轴就获得 $3 \times 3 \times 2 = 18$ 种不同的转速。这就是主轴运动的传动过程和变速原理。其传动结构式为：

$$电动机 \rightarrow I \xrightarrow{\frac{26}{54}} II \rightarrow \begin{Bmatrix} \frac{22}{33} \\ \frac{19}{36} \\ \frac{16}{39} \end{Bmatrix} III \rightarrow \begin{Bmatrix} \frac{39}{26} \\ \frac{28}{37} \\ \frac{18}{47} \end{Bmatrix} IV \rightarrow \begin{Bmatrix} \frac{82}{38} \\ \frac{19}{71} \end{Bmatrix} \rightarrow V(主轴)$$

（1 450 r/min）

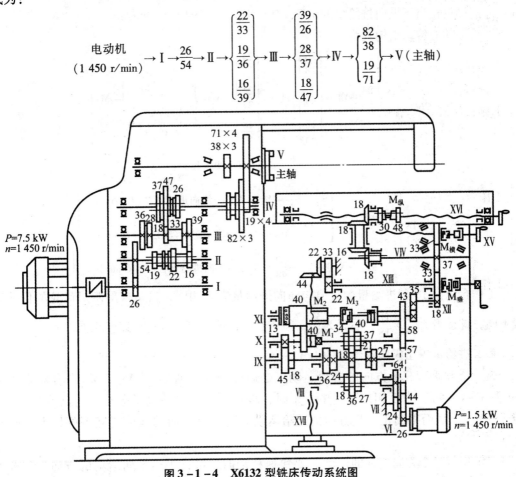

图 3 - 1 - 4　X6132 型铣床传动系统图

（2）进给传动系统及传动结构式

如图 3 - 1 - 4 所示，进给运动的传动系统是由进给电动机（功率为 1.5 kW，转速为 1 450 r/min）经传动比为 $\frac{26}{44} \times \frac{24}{64}$ 的两对齿轮传至轴Ⅷ，再经轴Ⅷ和轴 X 上的两组三联滑移齿轮，分别与轴Ⅺ上相对应的齿轮啮合，而使轴 X 获得 9 种转速。当空套在轴 X 上可滑移的 $Z = 40$ 的齿轮处于图示位置时（与离合器 M_1 接合），轴 X 的 9 种转速经传动比为 $\frac{40}{40}$ 的一对齿轮及离合器 M_2 传至轴Ⅺ获得较高的 9 种转速。当轴 X 上空套的 $Z = 40$ 的齿轮向左移动（离合器 M_1 脱开）与轴Ⅸ上 $Z = 18$ 的齿轮啮合时（图中虚线位置），轴 X 的 9 种转速经传动比为 $\frac{13}{45} \times \frac{18}{40}$（$Z = 18$ 和 $Z = 45$ 空套在轴Ⅸ上）和传动比为 $\frac{40}{40}$ 的一对齿轮，再经离合器 M_2

传至轴XI，使轴XI获得慢的 9 种转速。轴XI的运动经传动比为 $\frac{28}{35}$ 的啮合齿轮和离合器 $M_纵$、$M_横$ 和 $M_垂$，分别传给纵向、横向和垂直方向的进给丝杠，使工作台获得 3 个方向的进给运动。进给量的种数为 $3 \times 3 \times 2 = 18$ 种，纵向和横向进给量的范围为 23.5 ~ 1 180 mm/min，垂直进给量只相当于纵向进给的 1/3，其范围为 8 ~ 394 mm/min。

进给运动的传动结构式为：

$$电动机 \rightarrow VI \rightarrow \frac{26}{44} \rightarrow VII \rightarrow \left\{ \begin{array}{l} \frac{24}{64} \rightarrow VIII \rightarrow \left\{\begin{array}{l}\frac{36}{18}\\[4pt]\frac{27}{27}\\[4pt]\frac{18}{36}\end{array}\right\} \rightarrow IX \rightarrow \left\{\begin{array}{l}\frac{24}{34}\\[4pt]\frac{21}{37}\\[4pt]\frac{18}{40}\end{array}\right\} \rightarrow X \rightarrow \left\{\begin{array}{l}M_1 \rightarrow \frac{40}{40}\\[4pt]\frac{13}{45} \rightarrow \frac{18}{40} \rightarrow \frac{40}{40}\end{array}\right\} \rightarrow M_2 \\[20pt] \frac{44}{57} \rightarrow \frac{57}{43} \rightarrow M_3 (快速移动) \end{array}\right\}$$

$$\rightarrow XI \rightarrow \frac{28}{35} \rightarrow XII \rightarrow \frac{18}{33} \left\{\begin{array}{l}\frac{33}{37} \rightarrow XIV \rightarrow \left\{\begin{array}{l}\frac{18}{16} \rightarrow \frac{18}{18} \rightarrow M_纵 \rightarrow XVI \rightarrow 纵向进给丝杠(P=6 \text{ mm})\\[4pt]\frac{37}{33} \rightarrow M_横 \rightarrow XV \rightarrow 横向进给丝杠(P=6 \text{ mm})\end{array}\right\}\\[20pt] M_垂 \rightarrow XIII \rightarrow \frac{22}{33} \rightarrow \frac{22}{44} \rightarrow XVII \rightarrow 垂向进给丝杠(P=6 \text{ mm})\end{array}\right\}$$

工作台纵向 18 种进给量的数值与横向进给量完全相同，只是末尾两对齿轮的传动路线不同，即前者为 $\frac{18}{16} \times \frac{18}{18}$，后者为 $\frac{37}{33}$，但它们的比值相等，故进给速度相同。

垂直进给量等于纵向进给量的 1/3。

纵、横和垂直三个方向的进给运动，是通过分别接通 $M_纵$、$M_横$、$M_垂$ 离合器来实现的（图 3 – 1 – 4）。当手柄接通其中一个时，也就相应地接一通了电动机的电器开关（正转或反转），从而得到正、反方向的进给运动。这三个方向的运动是互锁的，不能同时接通。

当工作台三个方向之一的运动需要快速移动时，可将手柄推向运动的方向，并按下"快速"按钮，使其接通一个强力电磁铁（装在升降台的左下侧），由电磁铁牵动一系列杠杆，使图 3 –1 –4 中所示轴 XI 上的离合器 M_2 向右移动，通过摩擦离合器 M_3 接通该右端 $Z = 43$ 的齿轮。这样，运动就直接由电动机轴上的齿轮（$Z = 26$）经中间齿轮（$Z = 44$ 和 $Z = 57$）而传至轴 XI 右端 $Z = 43$ 的齿轮，再由离合器 M_3 带动轴 XI 转动，这时轴 XI 最右端的齿轮（$Z = 28$）便快速转动。

根据进给系统的传动结构式，可列出纵向、横向和升降进给的最大与最小进给量的计算式。如纵向运动的最大、最小进给量的计算式为：

$$v_{f纵\max} = 1\,450 \times \frac{26}{44} \times \frac{24}{64} \times \frac{36}{18} \times \frac{24}{34} \times \frac{40}{40} \times \frac{28}{35} \times \frac{18}{33} \times \frac{33}{37} \times \frac{18}{16} \times \frac{18}{18} \times 6 \approx 1\,180 \text{ (mm/min)}$$

$$v_{f纵\min} = 1\,450 \times \frac{26}{44} \times \frac{24}{64} \times \frac{18}{36} \times \frac{18}{40} \times \frac{13}{45} \times \frac{18}{40} \times \frac{40}{40} \times \frac{28}{35} \times \frac{18}{33} \times \frac{33}{37} \times \frac{18}{16} \times \frac{18}{18} \times 6 \approx 23.5 \text{ (mm/min)}$$

升降运动的最大和最小进给量的计算式为：

$$\nu_{f \text{垂max}} = 1\,450 \times \frac{26}{44} \times \frac{24}{64} \times \frac{36}{18} \times \frac{24}{34} \times \frac{40}{40} \times \frac{28}{35} \times \frac{18}{33} \times \frac{22}{33} \times \frac{22}{44} \times 6 = 400 \text{（mm/min）}$$

$$\nu_{f \text{垂max}} = 1\,450 \times \frac{26}{44} \times \frac{24}{64} \times \frac{18}{36} \times \frac{18}{40} \times \frac{13}{45} \times \frac{18}{40} \times \frac{40}{40} \times \frac{28}{35} \times \frac{18}{33} \times \frac{22}{33} \times \frac{22}{44} \times 6 \approx 8 \text{（mm/min）}$$

5. 主要机械结构

（1）主轴部件结构

如图 3 - 1 - 5 所示，主轴是一空心轴，前端有 7：24 锥度锥孔和精密定心外圆柱面。主轴端面嵌有两个端面键 8。刀具和刀杆以锥柄与锥孔配合定心，并由从尾部穿过中心孔的拉杆拉紧。铣刀锥柄上开有与端面键相配的缺口，以使主轴经端面键传递扭矩。

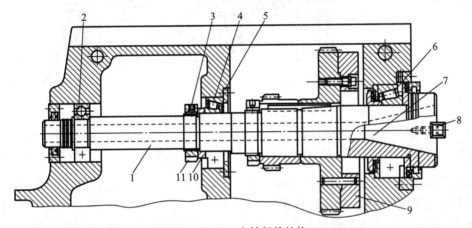

图 3 - 1 - 5　主轴部件结构

1——主轴；2——后支承；3——紧固螺钉；4——中间支承；5——轴承盖；6——前支承；7——主轴前锥孔；
8——端面键；9——飞轮；10——隔套；11——螺母

主轴采用三支承结构，以提高主轴刚度。其前支承采用圆锥滚子轴承，用来承受径向力和向左的轴向力；中间支承采用圆锥滚子轴承，用于承受径向力和向右的轴向力；后支承用深沟球轴承，只承受径向力。

飞轮 9 用螺钉和定位销与大齿轮紧固成一体，利用它在高速旋转中的惯性，缓和铣削过程中铣刀齿的断续切削加工而产生的冲击振动。

主轴部件是保证机床加工精度及表面质量的关键部件，主轴的回转精度主要由前支承和中间支承来保证，后支承只起辅助作用。铣床长期使用后，回转精度往往由子轴承磨损而降低，这时，必须对主轴轴承进行调整。调整前，先移开悬梁再拆下床身盖板；露出主轴部件。然后拧松中间支承左侧螺母 11 上的锁紧螺钉 3，扳动螺母 11，用一短铁棍通过主轴前端的端面 8 扳动主轴顺时针旋转，使中间轴承的内圈向右移动，从而使中间支承的间隙得以消除。如继续转动主轴，使其向左移动，并通过轴肩带动前轴承的内圈左移，即可消除前轴承的间隙。调整后主轴应以 1 500 r/min 转速试运转 1 h，轴承温度不得超过 60°。

（2）工作台

如图 3 - 1 - 6 所示，工作台部件由工作台 7、床鞍 1、回转盘 3 三部分组成。床鞍 1 矩形导轨与升降台导轨相配合，使工作台在升降台导轨上做横向移动。工作台不做横向移动时，可通过手柄 13 经偏心轴 12 的作用将床鞍夹紧在升降台上。工作台 7 可沿回转盘 3 上面的燕尾形导轨做纵向移动，工作台还可连同回转盘一起绕锥齿轮的轴线（XVIII 轴）回转 ±45°，并利用螺栓 14 和两块弧形压板 2 将转盘紧固在床鞍上。

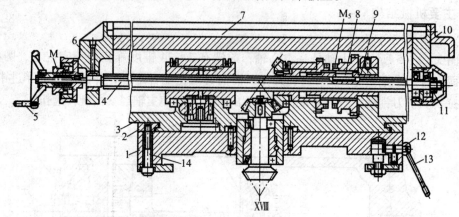

图 3-1-6　铣床工作台结构图

1——床鞍；2——压板；3——回转盘；4——纵向进给丝杠；5——手轮；6——后支架；7——工作台；
8——滑键；9——花键套筒；10——前支架；11——螺母；12——偏心轴；13——手柄；14——螺栓

纵向进给丝杠 4 的一端通过滑动轴承及后支架 6 支承；另一端由圆锥滚子轴承、推力球轴承及前支架 10 支承。轴承的间隙可通过螺母 11 进行调整。回转盘左端安装有双螺母，用于防松，右端装有带端面齿的空套圆锥齿轮。离合器 M_5 以花键与花键套筒 9 相连，而花键套筒 9 又以滑键 8 与铣有长键槽的进给丝杠相连。因此，当 M_5 左移与空套圆锥齿轮的端面齿啮合轴 XVIII 的运动就可由圆锥齿轮副、离合器 M_5、花键套筒 9 传至进给丝杠，使其转动。由于双螺母既不能转动又不能轴向移动，所以丝杠在旋转时，同时做轴向移动，从而带动工作台 7 纵向进给。进给丝杠 4 的左端空套有手轮 5，将手轮向前推，压缩弹簧，使端面齿离合器 M 接合，便可手摇工作台纵向移动。纵向丝杠的右端带键槽的轴头可以安装配换挂轮。

丝杠螺母机构使用一段时间后，由于磨损要产生间隙。如果铣刀旋转方向与工件进给方向相同，称为顺铣；铣刀旋转方向与工件进给方向相反，称为逆铣。顺铣时，水平切削分力与工作台产生跳动或振动，严重时会损坏刀具。为此而采用了双螺母机构（顺铣机构），如图 3-1-7 所示。

它由右旋丝杠 3、左螺母 1、右螺母 2、冠状齿轮 4 及齿条 5 等组成。在弹簧 6 的作用下，齿条 5 向右移动，使冠状齿轮 4 沿图示箭头方向回转，带动螺母 1 和 2 沿相反的方向回转，于是螺母 1 螺纹的左侧与丝杠螺纹的右侧靠紧，螺母 2 螺纹的右侧与丝杠螺纹的左侧靠紧。由此可见，顺铣机构可在顺铣时自动消除丝杠与螺母之间的间隙，不会产生轴向窜动的现象，保证了顺铣的加工质量。

顺铣与逆铣各有优缺点，都广泛应用于实际加工生产中。顺铣时铣刀旋转方向与工件进给方向相同，铣削时每齿切削厚度从最大逐渐减小到零；逆铣时铣刀旋转方向与工件进给方向相反，铣削时每齿切削厚度从零逐渐到最大而后切出。

　　顺铣的功率消耗要比逆铣时小，在同等切削条件下，顺铣功率消耗要低 5%～15%，同时顺铣也更加有利于排屑。一般应尽量采用顺铣法加工，以提高被加工零件表面的光洁度，保证尺寸精度。但是在切削面上有硬质层、积渣及工件表面凹凸不平较显著时，如加工锻造毛坯，应采用逆铣法，原因是工件表面硬质点硬度很高，甚至达到刀具硬度，工件表面的凹凸不平缺陷在加工时刀具受到的切削抗力很大，影响刀具寿命，而逆铣时，铣刀的背吃刀量由零逐渐增加到最大值，所以铣刀受的切削抗力也由零逐渐增加到最大，充分保护刀具。在不能消除丝杠螺母间隙的铣床上，只宜用逆铣，不宜用顺铣。

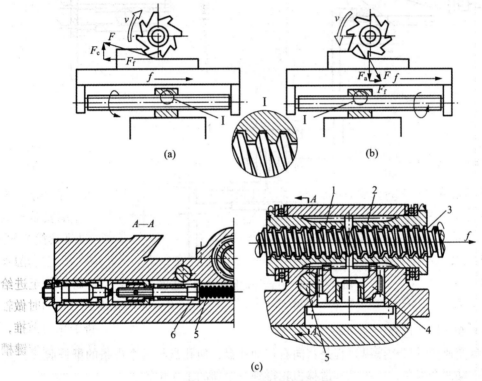

图 3 - 1 - 7　顺铣机构原理图

1——左螺母；2——右螺母；3——右旋丝杠；4——冠状齿轮；5——齿条；6——弹簧

6. 孔盘变速操纵机构

（1）孔盘变速原理

　　X6132 型万能升降台铣床的主运动变速操纵机构采用孔盘变速操纵机构。图 3 - 1 - 8 为孔盘变速机构原理图。它由孔盘 3、齿条 2 和 2′、齿轮 4 及拨叉 1 组成。拨叉 1 固定在齿条 2 的左端，用它来拨动滑移齿轮。齿条 2 和 2′右端有圆形推杆，推杆上有直径不同的两段台阶 m、n，齿轮 4 与齿条 2 和 2′啮合。在孔盘 3 的不同直径圆周上钻有直径大小不同的两种孔，齿条上 m、n 两段台阶可分别插入孔盘 3 的相应的孔中。孔盘 3 可以沿轴向方向移动，离开两齿条后孔盘 3 还可以沿圆周方向转动。孔盘 3 圆周上的孔与齿条 2 和 2′的推杆 m、n 台阶对应有三种位置：图 3 - 1 - 8（a）表示孔盘无孔与齿条 2 相对时，向左推进孔盘，其端面推齿条 2 左移，而齿条 2 又通过与齿轮 4 啮合转动，推动齿条 2′右移并插入孔盘的大孔中，直至齿条 2 的轴肩与孔盘端面相碰为止。这时，拨叉 1 拨动三联齿轮处在左端啮合位置。当孔盘两个小孔与两个齿条相对，并推入孔盘时，两个齿条的小轴肩靠定孔盘端面而使滑移齿轮处在中位，如图 3 - 1 - 8(b)所示。若孔盘无孔处对着齿条 2 时，将其推至左端而使齿条 2 移至最右端，滑移齿轮被拨至右位，如图 3 - 1 - 8(c)所示。

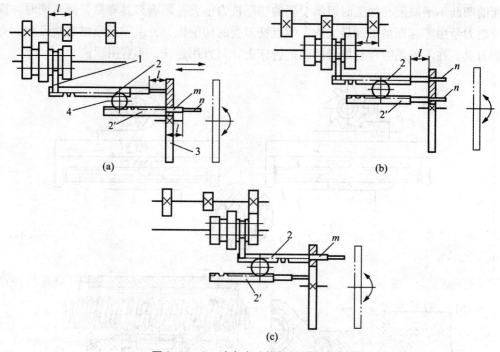

图 3 - 1 - 8 孔盘变速操纵机构原理图

1——拨叉；2，2′——齿条；3——孔盘；4——齿轮；m，n——推杆

（2）变速操作过程

孔盘变速操纵机构操纵过程是：向右移动孔盘，使孔盘与两个齿条的推杆脱开，然后根据所推动两个齿条，使拨叉和滑移齿轮得到一个新的工作位置。

X6132 型万能升降台铣床的主轴变速操纵机构立体示意图如图 3 - 1 - 9 所示。

该变速机构操纵了主运动传动链的两个三联滑移齿轮和一个双联滑移齿轮，使主轴获得 18 级变速，孔盘每转 20°改变一种速度。变速由手柄 1 和速度盘 4 联合操纵。变速时，将手柄 1 向外拉出，使手柄 1 绕销子 3 摆动而脱开定位销 2，然后逆时针转动手柄 1 约 250°，经操纵盘 5、平键带动齿轮套筒 6 转动，再经齿轮 9 使齿条轴 10 向右移动，其上拨叉 11 拨动孔盘 12 右移，并脱离各种齿条轴；接着转动速度盘 4，经心轴、一对锥齿轮使孔盘 12 转过相应的角度(由速度盘 4 的速度标记确定)；最后反向转动手柄时，通过齿条轴 10，由拨叉将孔盘 12 向左推入，推动各组变速齿条轴做相应的移位，改变三个滑移齿轮的位置，实现变速，当手板 1 转回原处并由销 2 定位时，各滑移齿轮达到正确的啮合位置。

变速时，为了使滑移齿轮在移位过程中易于啮合，变速机构中设有主电动机瞬时冲动

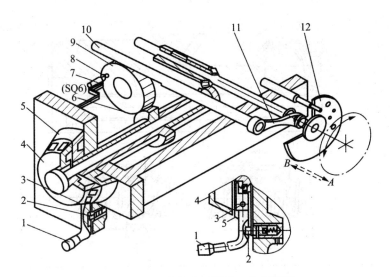

图3-1-9 主轴变速操纵机构原理图

1——手柄；2——定位销；3——销子；4——速度盘；5——操纵盘；6——齿轮套筒；
7——微动开关；8——凸块；9——齿轮；10——齿条轴；11——拨叉；12—孔盘

控制。变速操纵过程，齿轮9上的凸块8压动微动开关7（SQ6），瞬时接通主电动机，使
之产生瞬时点动，带传动齿轮慢速转动，使滑移齿轮容易进入啮合。

7. 型号编制含义

以 X6132 型万能升降台铣床为例，X——铣床；6——卧式；1——普通型；32——工
作台最大宽度为 320 mm。

三、铣床的使用

1. 铣床调整

（1）工作台纵向移动丝杠螺母传动间隙调整

丝杠螺母传动机构的间隙随使用时间的增长不断变大，生产中为了保证零件铣削加工
的质量，要把间隙调整到允许的范围内（0.05 mm 左右）。

铣床的丝杠螺母间隙调整机构如图3-1-10所示。调整时先打开工作台底座上的盖
板3，再拧松螺钉2，然后顺时针转动蜗杆1，带动螺母转动。在螺母4没有转动时，丝杠
与螺母的间隙如图3-1-10（b）所示的情况。当螺母转动时，因为螺母5是固定的，所以
螺母4与5的端面互相抵紧，迫使螺母4推动丝杠6向左移动，直至丝杠螺纹的右侧与螺
母4贴紧，而左侧与螺母5贴紧，图3-1-10（c）所示。调整好后，用手摇动工作台，检
查在全程范围内有无卡住现象。

（2）工作台纵向丝杠支承轴向间隙调整

工作台纵向丝杠支承轴承轴向间隙的调整结构如图3-1-11所示。调整时，首先卸
下保护罩1，扳直止动垫圈3，稍微松开螺母2，即可转动螺母4进行间隙调整。一般轴向
间隙调整到0.01～0.03 mm之间。调整好后，先紧螺母4，再旋紧螺母2，然后再反向旋

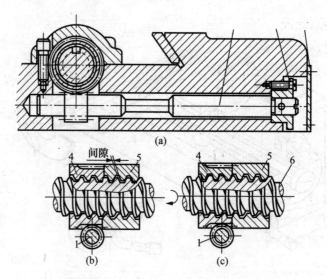

图 3 − 1 − 10   丝杠螺母间隙调整机构

1——蜗杆；2——螺钉；3——盖板；4，5——螺母；6——丝杠

紧螺母 4，这是因为当把螺母 2 旋紧时，会把螺母 4 向里压紧。最后再把止动垫圈 3 扣紧，并装上保护罩。

（3）嵌条的调整

工作台纵、横、垂直三个方向的运动部件与导轨之间要有合适的工作间隙。间隙太小时，移动费力，也不灵敏；间隙太大时，工作不平稳，而且会影响加工质量。间隙大小一般用镶条来调整，其结构如图 3 − 1 − 12 所示。

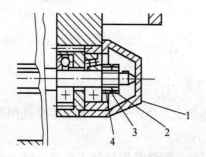

图 3 − 1 − 11   纵向丝杠轴向间隙的调整

1——保护罩；2，4——圆螺母；3——止动垫圈

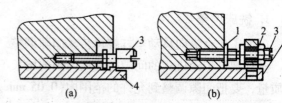

图 3 − 1 − 12   导轨间隙的调整

1，2——螺母；3——螺杆；4——镶条

图 3 − 1 − 12（a）所示是 X6132 型铣床横向工作台的镶条调整机构形式。图 3 − 1 − 12（b）所示是纵向工作台镶条调整机构形式。调整步骤是：先拧松螺母 1 和 2，再转动螺杆 3，使镶条 4 向前移动，以消除导轨之间的间隙。间隙大小，一般用摇动工作台手感的轻重来判断，也可以用塞尺来检验间隙的大小，一般以不大于 0.04 mm 为合适。调整好后，再把螺母 1 和 2 旋紧。

2. 铣削用量及选择

（1）铣削用量

铣床在铣削过程中所选用的切削用量称铣削用量。铣削用量包括铣削层宽度、铣削层深度、铣削速度和进给量。铣削用量的选择，对提高生产率、改善工件表面粗糙度和加工精度都有十分重要的意义。

① 铣削层宽度：如图 3 - 1 - 13 所示，铣刀在一次进给中所切掉工件表层的宽度称铣削层的宽度，用符号 B 表示，单位为 mm。

② 铣削层深度：铣刀在一次进给

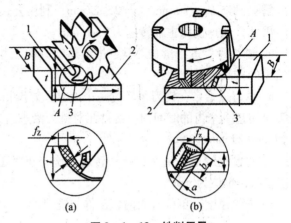

图 3 - 1 - 13　铣削用量

（a）周边铣削；（b）端铣削

中铣削工件表层的厚度称铣削层深度，即工件的已加工表面和待加工表面间的垂直距离，用符号 t 表示，单位为 mm。不同铣削方式下，铣削层宽度和额定铣削层深度如图 3 - 1 - 14 所示。

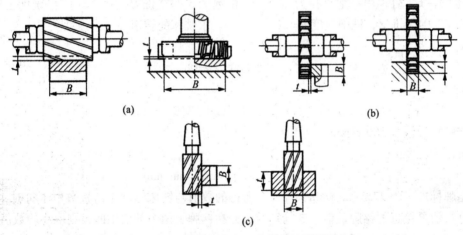

图 3 - 1 - 14　铣削层宽度 B 和额定铣削层深度 t

（a）圆柱形铣刀铣平面；（b）端铣刀铣平面；（c）盘铣刀铣削

③ 铣削速度：铣削速度又称切削速度，是指切削刃选定点相对于工件的主运动的瞬时速度，用符号 v 表示，单位是 m/min。

$$v = \pi D_0 n / 1\,000$$

$$n = 1\,000 v / (\pi D_0)$$

式中　v——铣削速度，m/min；

　　　D_0——铣刀直径，mm；

　　　n——铣刀转速，r/min。

【例 3 - 1 - 1】　在 X6132 型铣床上，用直径为 $\phi80$ mm 的圆柱铣刀以 25 m/min 的铣削

速度进行铣削。问主轴转速应调整到多少?

解: 已知 $D_o = 80$ mm,$v = 25$ m/min;利用公式 $n = 1\,000$ v/r D_o 计算得:$n = 99$ r/min。因此,选择铣床主轴转速为 95 r/min

④ 进给量:进给量是刀具在进给运动方向上相对工件的位移量,称为进给量。表示进给量的方法有下列几种:

a. 每齿进给量:铣刀每转过一个齿时,刀齿相对工件在进给运动方向上的位移量。即铣刀每转过一个齿的时间内,工件相对铣刀沿进给方向所移动的距离,用符号 f_z 表示,单位为 mm/Z(mm/齿)。

b. 每转进给量:铣刀每转一转时,铣刀相对工件在进给运动方向上的位移量,用符号 f 表示,单位为 mm/r。

c. 进给速度:单位时间内,工件与铣刀沿进给方向的相对移动量,用符号 v_f 表示,单位为 mm/min。

三种进给量的关系是:

$$v_f = fn = f_x Zn$$

式中 n——铣刀转速,r/min;

Z——铣刀齿数。

【例 3 - 1 - 2】 用一把直径为 20 mm、齿数为 3 的立铣刀,在 X6132 型铣床上铣削,采用 $f_Z = 0.04$ mm/Z,铣削速度 $v = 20$ mm/min。求铣床的转速和进给速度。

解: 因为

$$n = 1\,000 \text{ v}/ \pi Do$$

所以

$$n = 1\,000 \times 20/3.14 \times 20 = 318 \text{ (r/min)}$$

铭牌标准值为 300 r/min,又因为 $v_f = f_x Zn$,

所以

$$v_f = 0.04 \times 3 \times 300 = 36 \text{ (mm/min)}$$

铭牌标准值为 37.5 mm/min,当计算所得的数值与铣床铭牌上所标数值不符时,可取与计算数值最接近的铭牌数值。若计算数值处在铭牌上两个数值中间,则取小的数值。

(2) 铣削用量的选择

① 铣削层深度 t 和铣削层宽度 B 的选择

铣削层深度 t 主要根据工件的加工余量和加工表面的精度来确定。当加工余量不大时,应尽量一次进给铣去全部加工余量。只有当工件的加工精度要求较高或加工表面粗糙度值小于 $Ra6.3$ μm 时,才分粗、精铣两次进给。具体数值的选择可参考表 3 - 1 - 1。在铣削过程中,铣削层宽度一般可根据加工面宽度决定,尽量一刀铣出。

表 3 – 1 – 1　　　　　　　　　　铣削层深度 t 的推荐值　　　　　　　　　　单位：mm

工件材料	高速钢铣刀		硬质合金铣刀	
	粗铣	精铣	粗铣	精铣
铸铁及铜铝合金	5 ~ 7		10 ~ 18	
低碳钢	<5	0.5 ~ 1	<12	1 ~ 2
中硬钢	<4		<7	
硬钢	<3		<4	

② 每齿进给量 f_z 的选择

粗铣时，限制进给量提高的主要因素是切削力，进给量主要根据铣床进给机构的强度、刀杆尺寸、刀齿强度以及机床、夹具等工艺系统的刚性来确定。在刚度、强度许可的条件下，进给量尽量取得大些。具体数值的选择可参见表 3 – 1 – 2。

表 3 – 1 – 2　　高速钢端铣刀、圆形铣刀和圆盘铣刀粗铣时每齿进给量 f_z 选择　　　　单位：mm

铣床（铣头）功率/kW	工艺系统刚度	粗齿和镶齿铣刀				细齿铣刀			
		端铣刀与圆盘铣刀		圆柱形铣刀		端铣刀与圆盘铣刀		圆柱形铣刀	
		钢	铸铁及铜合金	钢	铸铁及铜合金	钢	铸铁及铜合金	钢	铸铁及铜合金
>10	大	0.2 ~ 0.3	0.3 ~ 0.45	0.25 ~ 0.35	0.35 ~ 0.50	—	—	—	—
	中	0.15 ~ 0.25	0.25 ~ 0.40	0.20 ~ 0.30	0.30 ~ 0.40				
	小	0.10 ~ 0.15	0.20 ~ 0.25	0.15 ~ 0.20	0.25 ~ 0.30				
5 ~ 10	大	0.12 ~ 0.20	0.25 ~ 0.35	0.15 ~ 0.25	0.25 ~ 0.35	0.08 ~ 0.12	0.20 ~ 0.35	0.10 ~ 0.15	0.12 ~ 0.20
	中	0.08 ~ 0.15	0.20 ~ 0.30	0.12 ~ 0.20	0.20 ~ 0.30	0.06 ~ 0.10	0.15 ~ 0.30	0.06 ~ 0.10	0.10 ~ 0.15
	小	0.06 ~ 0.10	0.15 ~ 0.25	0.10 ~ 0.15	0.12 ~ 0.20	0.04 ~ 0.08	0.12 ~ 0.20	0.05 ~ 0.08	0.06 ~ 0.12
<5	中	0.04 ~ 0.06	0.15 ~ 0.30	0.10 ~ 0.15	0.12 ~ 0.20	0.04 ~ 0.06	0.12 ~ 0.20	0.05 ~ 0.08	0.06 ~ 0.12
	小	0.04 ~ 0.06	0.10 ~ 0.20	0.06 ~ 0.10	0.10 ~ 0.15	0.04 ~ 0.06	0.08 ~ 0.15	0.03 ~ 0.06	0.05 ~ 0.10

精铣时，限制进给量提高的主要因素是表面粗糙度。为了减少工艺系统的弹性变形，减少已加工表面的残留面积高度，一般采取较小的进给量。

③ 铣削速度的选择

在 B、t、f_z 确定后，可在保证合理的刀具耐用度前提下确定铣削速度。

粗铣时，确定铣削速度必须考虑到铣床功率的限制。精铣时，一方面应考虑提高工件的表面质量，另一方面要从提高铣刀耐用度的角度来考虑选择。具体数值可参考表 3 – 1 – 3。精加工的铣削速度可比表中数值增加 30% 左右。

表 3 - 1 - 3　　　　　　　　　　　　一般情况下铣削速度 v 的推荐值

工件材料	硬度(HBS)	铣削速度(m/min)		工件材料	硬度(HBS)	铣削速度(m/min)	
		硬质合金铣刀	高速钢铣刀			硬质合金铣刀	高速钢铣刀
低、中碳钢	<220	60~150	20~40	灰铸铁	150~225	60~110	15~20
	225~290	55~115	15~35		230~290	45~90	10~18
	300~425	35~75	10~15		300~320	20~30	5~10
高碳钢	<220	60~130	20~35	可锻铸铁	110~160	100~200	40~50
	225~325	50~105	15~25		160~200	80~120	25~35
	325~375	35~50	10~12		200~240	70~110	15~25
	375~425	35~45	5~10		240~280	40~60	10~20
合金钢	<220	55~120	15~35	铝镁合金	95~100	360~600	180~300
	225~325	35~80	10~25	不锈钢		70~90	20~35
	325~425	30~60	5~10	铸钢		45~75	15~25
工具钢	200~250	45~80	12~25	黄铜	—	180~300	60~90
灰铸铁	100~140	110~115	25~35	青铜		180~300	30~50

任务二　铣削刀具

一、常用铣刀简介

1. 平面铣刀

如图 3 - 2 - 1 所示,图 3 - 2 - 1(a)为圆柱铣刀,用于卧铣;图 3 - 2 - 1(b)为套式面铣刀,用于卧铣(面铣)或立铣;图 3 - 2 - 1(c)为机夹铣刀,用于立铣。

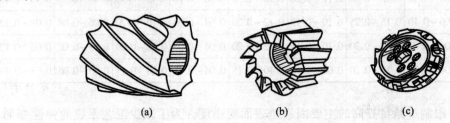

(a)　　　　　　　　　　(b)　　　　　　　　　(c)

图 3 - 2 - 1　平面铣刀

(a)圆柱铣刀;(b)套式面铣刀;(c)机夹铣刀

2. 沟槽铣刀

如图 3 - 2 - 2 所示,图 3 - 2 - 2(a)为键槽铣刀;图 3 - 2 - 2(b)盘形键槽铣刀;图 3 - 2 - 2(c)为立铣刀,多用于立铣加工;图 3 - 2 - 2(d)为镶齿三面刃铣刀;图 3 - 2 - 2(e)为三面刃铣刀;图 3 - 2 - 2(f)为错齿三面刃铣刀;图 3 - 2 - 2(g)为锯片铣刀,多用于卧铣加工。

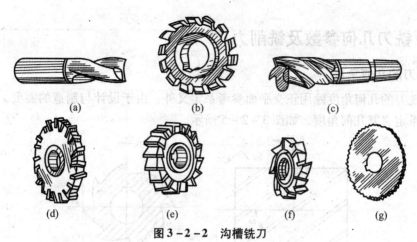

图3-2-2 沟槽铣刀

（a）键槽铣刀；（b）盘形键槽铣刀；（c）立铣刀；（d）镶齿三面刃铣刀；

（e）三面刃铣刀；（f）错齿三面刃铣刀；（g）锯片铣刀

3. 成形面铣刀

如图3-2-3所示，成形面铣刀分凸半圆铣刀[图3-2-3(a)]、凹半圆铣刀[图3-2-3(b)]、齿轮铣刀[图3-2-3(c)]、成形铣刀[图3-2-3(d)]，铣半圆、齿轮及其他成形面等。

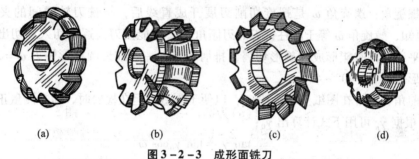

图3-2-3 成形面铣刀

（a）凸半圆铣刀；（b）凹半圆铣刀；（c）齿轮铣刀；（d）成形铣刀

4. 成形沟槽铣刀

如图3-2-4所示，成形沟槽铣刀分T形槽铣刀[图3-2-4(a)]、燕尾槽铣刀[图3-2-4(b)]、半圆键槽铣刀[图3-2-4(c)]、单角铣刀[图3-2-4(d)]、双角铣刀[图3-2-4(e)]，铣T形槽、燕尾槽、半圆键等成形铣刀。

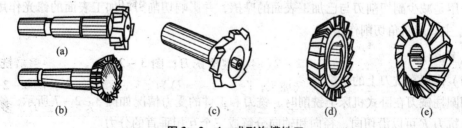

图3-2-4 成形沟槽铣刀

（a）T形槽铣刀；（b）燕尾槽铣刀；（c）半圆键槽铣刀；（d）单角铣刀；（e）双角铣刀

二、铣刀几何参数及铣削力

1. 铣刀的几何角度

圆柱铣刀的几何角度除用正交平面参考系定义外，由于设计与制造的需要，还采用法平面参考系定义其几何角度，如图3-2-5所示。

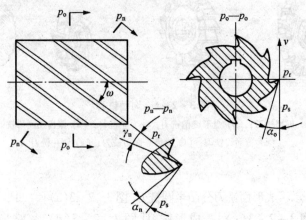

图3-2-5　圆柱铣刀的几何角度

（1）螺旋角：螺旋角 ω 是螺旋切削刃展开成直线后，与铣刀轴线间的夹角。由图3-2-5可知，螺旋角 ω 等于圆柱铣刀的刃倾角 λ_s，它能使刀齿逐渐切入和切出工件，使切削轻快平稳；同时能形成螺旋形切屑，排屑容易。一般细齿圆柱形铣刀 $\omega = 30° \sim 35°$，粗齿圆柱形铣刀 $\omega = 40° \sim 45°$。

（2）前角：通常在图纸上应标注 γ_n，以便于制造。但在检验时，通常测量正交平面内前角 γ_0。根据 γ_n 可用下式计算出 γ_0：

$$\tan \gamma_n = \tan \gamma_0 \cos \omega$$

前角 γ_n 按被加工材料来选择，铣削钢时，$\gamma_n = 10° \sim 20°$，铣削铸铁时，$\gamma_n = 5° \sim 15°$。

（3）后角：圆柱形铣刀规定在 P_0 平面内度量。铣刀磨损主要发生在后面，适当地增大后角，可减少刀具磨损。通常取 $\alpha_0 = 12° \sim 16°$，粗铣时取大值，精铣时取小值。

（4）端铣刀几何角度：端铣刀的刀齿除了主切削刃外，在端面上还有副切削刃。主要几何角度有前角、后角、主偏角、副偏角和刃倾角，如图3-2-6所示。

主偏角的变化影响主切削刃参加切削的长度，并能改变切屑的宽度和厚度；副偏角的主要作用是减少副切削刃与已加工表面的摩擦，并影响切削刃对加工表面的修光作用；刃倾角 λ_s 主要起斜角切削作用

2. 铣削力

（1）作用在铣刀上的铣削力

用圆柱铣刀在卧式机床上铣削时，铣刀和工件的受力情况如图3-2-7所示，铣刀所受的总抗力 F 可以沿切向、径向和轴向分解成三个互相垂直的分力。

用端铣刀铣削时，铣刀和工件的受力情况如图3-2-8所示。铣刀所受的总铣削抗力

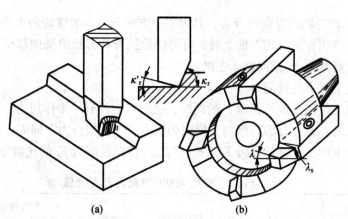

(a)   (b)

图3-2-6 端铣刀的几何角度

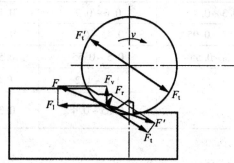 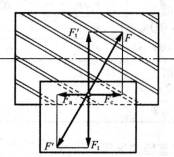

图3-2-7 圆柱铣刀铣削时的切削力

F 也可分解成三个互相垂直的分力，即切向铣削力 F_t、径向铣削力 F_r 和轴向铣削力 F_a。总的铣削抗力 F 及三个分力 F_t、F_r 和 F_a 是参加切削的几个刀齿上所受的合力。

① 切向铣削力

切向铣削力 F_t 是总铣削抗力 F 沿着铣刀外圆切线方向的分力，又称圆周铣削力。F_t 作用在铣刀和刀轴上，所产生扭力矩总是力图阻止铣刀旋转，另外还要使刀轴产生弯曲。切向铣削力是计算其他方向铣削力和铣床功率的依据。

② 径向铣削力

径向铣削力 F_r 是铣削抗力 F 沿着铣刀半径方向的分力。它作用在铣刀和刀轴上时，主要是使刀轴产生弯曲。因此，造成刀轴弯曲和促使铣刀产生偏让的是切向铣削力 F_t 和径向铣削力 F_r 的合力。

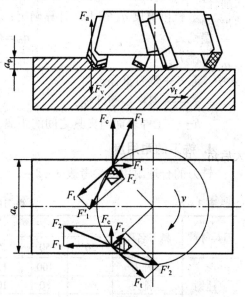

图3-2-8 端铣时的铣削力

③ 轴向铣削力

轴向铣削力 F_a 是在螺旋齿或斜刃铣刀铣削时产生的，端铣时还与主偏角有关。F_a 是

铣削抗力 F' 沿着铣刀轴线方向的分力，其大小、方向与刀齿的螺旋角大小、方向及主偏角的大小有关。它作用在铣刀和刀轴上时，有可能使铣刀和刀轴沿轴向移动。因此，最好使铣刀所受的轴向铣削力 F_a 指向铣床主轴。

（2）作用在工件上的铣削力

铣刀在受到工件的总铣削抗力 F 的同时，铣刀对工件有一个作用力，这个作用力叫总铣削力 F。总铣削力 F 可分解为纵向、横向和垂向三个铣削分力，即 F_1、F_c 和 F_v。

作用在工件上的三个铣削分力 F_1、F_c 和 F_v 与切向铣削力 F_t 的比值见表 3-2-1。

表 3-2-1　　　　　　　　　分力 F_1、F_c 和 F_v 与切向铣削力 F_t 的比值

铣削条件	分力/F_t	对称铣削	不对称铣削	
			逆铣	顺铣
端面铣削 $t = (0.04 \sim 0.08)d_0$ $f_z = 0.1 \sim 0.2$	F_1/F_t	0.3 ~ 0.4	0.6 ~ 0.9	0.15 ~ 0.3
	F_c/F_t	0.85 ~ 0.95	0.45 ~ 0.7	0.9 ~ 1.0
	F_v/F_t	0.5 ~ 0.55	0.5 ~ 0.55	0.5 ~ 0.55
周边铣削 $t = 0.05d_0$ $f_z = 0.1 \sim 0.2$	F_1/F_t		1.0 ~ 1.2	0.8 ~ 0.9
	F_c/F_t	—	0.35 ~ 0.4	0.35 ~ 0.4

3. 铣刀直径的选择

铣刀直径与被加工表面的大小和夹具与工件的位置关系等有关。铣刀直径可根据铣削深度 a_p、铣削宽度 a_w 按下式计算确定：

端铣刀： $$d_0 = (1.4 \sim 1.6)a_w$$

盘铣刀： $$d_0 = 2(a_p + h) + d_1$$

式中　d_0——铣刀直径；

　　　d_1——刀杆垫圈外径；

　　　h——工件表面与夹具之间的距离。

4. 铣刀的耐用度

铣刀的合理耐用度参考表 3-2-2。

表 3-2-2　　　　　　　　　　　　铣刀的合理耐用度 T　　　　　　　　　　　　单位：min

刀具材料	铣刀名称	铣刀直径/mm								
		20	50	75	100	150	200	300	400	500
高速钢	端铣刀		100	120	130	170	250	300	400	500
	立铣刀	60	80	100						
	三面刃铣刀		100	120	130	170	250			
硬质合金	端铣刀		90	100	120	200	300	500	600	800
	立铣刀	75	90							
	三面刃铣刀			130	160	200	300	400		

三、卧式铣床铣刀的装卸

1. 铣刀安装

（1）调整横梁：如图3-2-9所示，先松开横梁左侧的两个螺母，转动中间带齿轮的六角头，使横梁调整到适当的位置，然后紧固横梁左侧的两个螺母。

（2）安装铣刀杆：图3-2-10所示为安装刀杆的步骤。在安装前先擦净主轴锥孔和刀杆锥柄，将刀杆装入主轴锥孔，用右手托住刀杆，左手旋入拉紧螺杆，扳紧拉紧螺杆上的螺母。

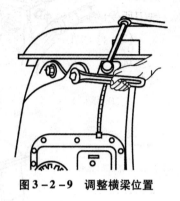

图3-2-9 调整横梁位置

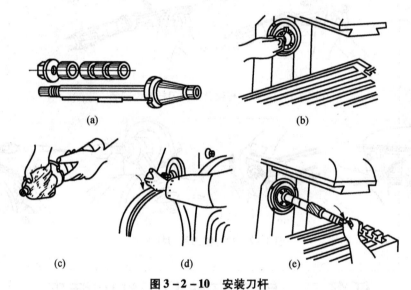

图3-2-10 安装刀杆

（3）安装铣刀：将铣刀和垫圈的两端面擦干净，装上垫圈，使铣刀安装的位置尽量靠近主轴处，在铣刀与刀杆之间尽量安装平键，以防止铣削时铣刀松动，装上垫圈，旋入螺母。

（4）安装托架及紧固刀杆螺母：如图3-2-11(a)、(b)、(c)所示，将托架左侧紧固螺母锁紧。紧固刀杆上的螺母时应先装上托架，否则会扳弯刀杆。如图3-2-11(d)所示为正确方法，图3-2-11(e)所示为错误方法

2. 拆卸铣刀

拆卸铣刀和刀杆，先松动刀杆上的螺母，松开托架轴承上的螺钉，然后用铜棒将螺钉轻轻敲击一下，松开托架左侧螺母，拆下托架，取出铣刀，装上垫圈及螺母，再松开拉紧螺杆上的螺母，用手锤敲一下拉紧螺杆端部，旋出拉紧螺杆，取下刀杆，如图3-2-12所示。

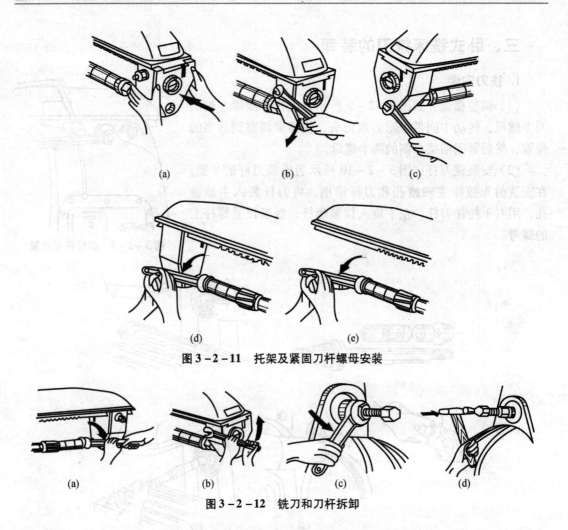

图 3 - 2 - 11   托架及紧固刀杆螺母安装

图 3 - 2 - 12   铣刀和刀杆拆卸

任务三   铣床夹具及工件的装夹

一、通用夹具

1. 铣床附件——万能分度头

许多机械零件，如花键、离合器、齿轮在铣削时，都需要利用分度头进行圆周分度。分度头是铣床的主要附件，有直接分度头、简单分度头和万能分度头等。其中，万能分度头使用最广。

（1）分度头的结构

图 3 - 3 - 1 所示为 FW125 型万能分度头的外形及其传动系统，分度头主轴 2 安装在鼓形壳体 4 内。壳体 4 用两侧的轴颈支承在底座 8 上，并可绕其轴线回转，主轴在水平线以下 6°至水平线以上 95°范围内调整所需的角度，主轴前端是一圆锥通孔，可安装顶尖心轴。转动分度手柄 K，经传动比为 1∶1 的齿轮和 1∶40 的蜗杆副，可使主轴回转到所需的分

度位置。分度盘7在若干不同圆周上均布着不同的孔数，每一圆圈上均布小孔，称为孔圈。手柄K在分度时转过的转数，由插销J所对的分度盘的孔圈的孔数目来计算。FW125型万能分度头带有三块分度盘7，可按分度需要选用其中一块。每块分度盘有8层圈孔，每一圈的孔数分别为：

第一块：16、24、30、36、41、47、57、59；

第二块：23、25、28、33、39、43、51、61；

第三块：22、27、29、31、37、49、53、63。

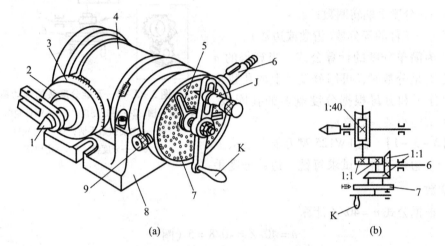

(a)　　　　　　　　　　　　　　(b)

图3-3-1　FW125型万能分度头的外形及其传动系统

1——顶尖；2——分度头主轴；3——刻度盘；4——壳体；5——分度叉；6——分度头外伸轴；
7——分度盘；8——底座；9——锁紧螺钉；J——插销；K——分度手柄

插销J可在分度手柄K的长槽中沿分度盘径向调整位置，以使插销能插入不同孔数的孔圈内。FW125型万能分度头配备交换齿轮，齿数值分别为20、25、30、35、40、50、55、60、70、80、90、100。

（2）分度方法

① 直接分度法

在加工分度数目较少的工件（如等分数为2、3、4、6）或分度精度要求不高时采用直接分度法。分度时，先将蜗杆脱开蜗轮，用手直接转动分度头主轴进行分度。分度头主轴的转角由装在分度头主轴上的刻度盘3和固定在鼓形壳体上的游标读出。分度完毕后，应用锁紧装置将分度主轴紧固，以免加工时转动。

② 简单分度法

分度数目较多时，可采用简单分度法。分度前应使蜗杆与蜗轮啮合，用锁紧螺钉9将分度盘7固定使之不能转动，并调整插销J使其对准所选分度盘的孔圈。分度时先拔出插销J，转动手柄K，带动分度头主轴回转至所需分度位置，然后将插销重新插入分度盘孔中。

如图3-3-2所示，由分度头传动系统可知，分度头手柄转过40圈，主轴转一圈，即传动比为1:40，"40"就叫作分度头的定数。

例如，要主轴 1/2 转（即把圆周做 2 等分），则分度手柄需转过 20 圈；要主轴转动 1/4 转（即把圆周做 4 等分）分度手柄就需要转过 10 圈。由此可见，分度手柄的转圈数和主轴转数成正比，其关系如下：

$$1:40 = (1/Z):n$$

即

$$n = 40/Z$$

式中　n——分度手柄转圈数；

　　　Z——工件的等分数（齿数或边数）。

上式为简单分度的计算公式。当算得的 n 不是整数而是分数时，可用分度盘上的孔数来等分（把分子和分母根据分度盘上的孔圈数，同时扩大或缩小某一倍数）。

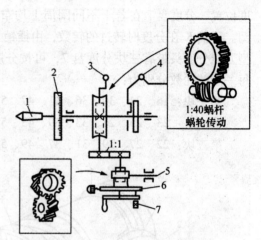

图 3-3-2　万能分度头的传动系统

1——主轴；2——刻度盘；3——蜗杆脱落手柄；

4——主轴锁紧手柄；5——挂轮轴；

6——分度盘；7——定位箱

【例 3-3-1】　在 FW125 型万能分度头上铣削一个八边形工件，试求每铣一边后分度手柄的转圈数。

解：根据公式 $n = 40/Z$ 计算：

$$n = 40/Z = 40/8 = 5（圈）$$

则每铣一边分度手柄的转圈数为 5 圈。

【例 3-3-2】　要加工一六角螺栓，试求每铣一面时分度手柄应转多少圈？

解：根据公式 $n = 40/Z$ 计算：

$$n = 40/Z = 40/6 = 6\frac{2}{3}（圈）$$

将其分子、分母同乘以同一整数，使分母为分度盘上所具有的孔圈孔数 24、30 或 39 等，取孔圈数 39，分度手柄转 $6\frac{2}{3} = 6\frac{26}{39}$（圈）

则分度手柄转 6 圈，又在 39 孔圈上转 26 个孔位。

③ 角度分度法

角度分度法是以工作所需要转的角度数 θ 作为计算依据的。从分度头结构可知，分度手柄转 40 圈，分度头主轴带动工件转一圈，即 360°。所以，分度头手柄摇一圈，工件转过 9°，根据这个关系，可得出下列计算公式：

$$n = \theta/9°　或　n = \theta/540°$$

式中　n——分度手柄的转圈数；

　　　θ——工件所需要转的角度。

【例 3-3-3】　在圆形工件上，铣两条夹角 $\theta = 116°$ 的槽（图 3-3-3），试求分度手柄应转的圈数。

解：根据公式 $n = \theta/9°$ 计算得：

$$n = \theta/9° = 116°/9° = 12\frac{8}{9} \text{（圈）}$$

将其分子、分母同乘以同一整数，使分母为分度盘上
所具有的孔圈孔数为 27、36 或 63 等，取孔圈数 63，分度
手柄转 $12\frac{56}{63}$ 圈。

则分度手柄转 12 圈，又在 63 孔圈上转 56 个孔位。

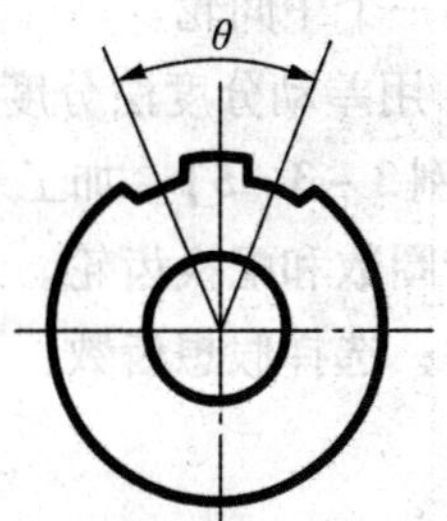

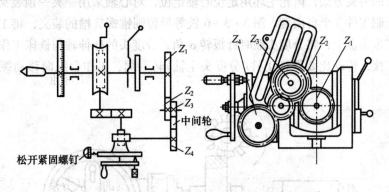

【例 3 – 3 – 4】 工件上铣两条槽，其夹角 $\theta = 38°20'$，
试求分度手柄应转的圈数。

图 3 – 3 – 3 铣两槽夹角的工作

解： $\theta = 38°20' = 2\,280' + 20' = 2\,300'$

根据公式 $n = \theta/540'$ 计算得：

$$n = 2\,300/540 = 4\frac{7}{27}$$

则分度手柄转 4 圈，又在 27 孔圈上转 7 个孔位。

④ 差动分度法

某些分度数因选不到合适的孔周而不可能用简单分度法进行分度，如 73、83、113
等。这时可采用差动分度法来分度。

如图 3 – 3 – 4 所示，差动分度时，应松开锁紧螺钉 9，使分度盘能被锥齿轮带动回转，
并在分度头主轴后端锥孔内装上传动轴，经配换齿轮 Z_1、Z_2、Z_3、z_4 与外伸轴连接。当转
动分度手柄时，分度盘则相对于分度手柄以相反或相向方向转过一个角度。因此，分度手
柄的实际转数是分度手柄相对分度盘的转数与分度盘本身转数之和或差。

图 3 – 3 – 4 差动分度的传动系统及配换齿轮安装

a. 差动分度计算步骤

假定等分数 Z_0，当 $Z_0 < Z$ 时，分度盘和分度手柄的转向相反，可以避免分度头传动
副间隙的影响，使分度均匀；根据 Z_0 计算分度手柄相对分度盘的转数 n_0，并选择分度盘
孔圈数；算配换齿轮传动比，确定配换齿轮齿数。

b. 配换齿轮安装

安装配换齿轮时，加不加中间轮决定了分度盘的转向，当 $Z_0 < Z$ 时，配换齿轮传动比
是负值，负号表示分度盘和分度手柄转向相反。单式分度时要加两个中间轮，复式分度时

只需加一个中间轮。

c. 用差动分度法分度铣质数齿直齿圆柱齿轮。

【例 3 – 3 – 5】 加工 109 齿的直齿圆柱齿轮,在 FW250 型分度头上分度,试计算分度手柄转圈数和配换齿轮。

解: 选择假想齿数:

$$Z_0 = 105$$

计算分度手柄转圈数:

$$n = 40/Z_0 = \frac{40}{105} = \frac{16}{42} \text{(圈)}$$

计算配换齿轮:

$$(Z_1 \times Z_3)/(Z_2 \times Z_4) = 40(Z_0 - Z)/Z_0 = 40 \times (105 - 109)/105 = -(80 \times 40)/(70 \times 30)$$

则选 42 孔的孔圈,每分一等分,应转过 16 个孔距。

主动轮 $Z_1 = 80$,$Z_3 = 40$;被动轮 $Z_2 = 70$,$Z_4 = 30$。"–"号表示分度盘和分度手柄转向相反,因为是复式分度,需加一个中间轮。

d. 使用差动分度法的注意事项

(a) 分度时,分度手柄不能摇过,如摇过时,注意排除传动系统中的间隙。

(b) 配换齿轮的主动带轮和被动轮的位置不能装错。

(c) 安装配换齿轮时,各齿轮之间的间隙要适当,不能过紧或过松,以免影响分度精度。

(3) 工件的装夹

最常用的装夹工件方法是直接用分度头的三爪夹盘自动定心、夹紧。图 3 – 3 – 5 是铣直齿圆柱齿轮时的装夹方法,齿轮毛坯用定位心轴定位,对心轴采用一夹一顶装夹在分度头与尾架之间,限制工件 5 个自由度。图 3 – 3 – 6 铣等导程圆锥螺旋槽的装夹,将工件直接装夹在分度头的三爪夹盘上,将分度头顺时针扳转 α 角;分度头的外伸轴与铣床工作台纵向进给丝杠用挂轮连接,传动比要保证工件(分度头主轴)转一周,工作台纵向移动螺旋槽的一个导程。

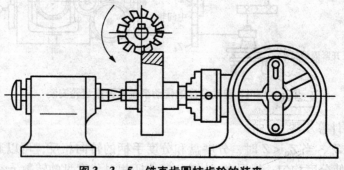

图 3 – 3 – 5 铣直齿圆柱齿轮的装夹

2. 机用平口虎钳

平口虎钳是铣床、刨床、钻床等机床常用通用夹具之一,结构简单,操作方便,主要装夹几何形状简单的零件。图 3 – 3 – 7 为机用平口虎钳,钳口可水平旋转 360°;图 3 – 3 – 8

为可倾机用平口虎钳，钳口可水平旋转360°，前倾90°。

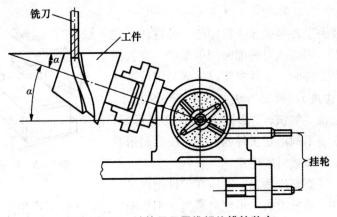

图3-3-6　铣等导程圆锥螺旋槽的装夹

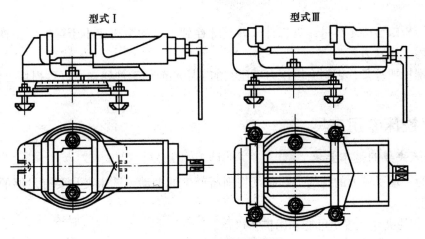

图3-3-7　机用平口虎钳

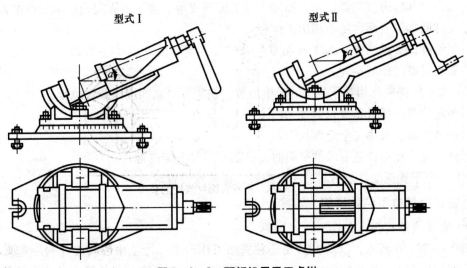

图3-3-8　可倾机用平口虎钳

平口虎钳可限制工件 5 个自由度。

3. 组合压板

图 3-3-9 压板装夹工件

用组合压板装夹工件是铣床上常用的一种方法，尤其是在卧式铣床上，用端铣刀铣削时用得最多。在铣床上用组合压板装夹工件时，工件主要以平面为定位基准（限制工件三个自由度），装夹方法如图 3-3-9 所示。组合压板主要由压板、垫铁、T 形螺栓（或 T 形螺母）等组成，为了满足安装不同形状工件的需要，压板的形状也做成很多种。使用压板时应注意：

（1）压板的位置要安排适当，要压在工件刚性最好的加工中心的地方，夹紧力的大小也应适当，不然刚性差的工件易产生变形。

（2）垫铁必须正确地放在压板下，高度要与工件相同或略高于工件，否则会降低压紧效果。

（3）压板螺栓必须尽量靠近工件，并且螺栓到工件的距离应小于螺栓到垫铁的距离，这样就能增大压紧力。

（4）螺栓要拧紧，否则会因压力不压在加工中心而使工件移动，以致损坏工件、机床和刀具。

二、铣床专用夹具

1. 铣床夹具的基本要求

（1）为了承受较大的铣削力和断续切削所产生的振动，铣床夹具要有足够的夹紧力、刚度和强度。

① 夹具的夹紧装置尽可能采用扩力机构。

② 夹紧装置的自锁性要好。

③ 着力点和施力方向要恰当，如用夹具的固定支承、虎钳的固定钳口承受铣削力。

④ 工件的加工表面尽量不超出工作台。

⑤ 尽量降低夹具高度，高度 H 与宽度 B 的比例应满足 $H:B \leqslant 1 \sim 1.25$。

⑥ 要有足够的排屑空间。

（2）为了保持夹具相对于机床的准确位置，铣床夹具底面应设置定位键。

① 两定位键应尽量布置得远些。

② 小型夹具可只用一个矩形长键。

③ 铣削没有相对位置要求的平面时，一般不需设置定位键。

（3）为便于找正工件与刀具的相对位置，通常均设置对刀块。

2. 铣床夹具典型结构举例

（1）直线进给式铣床夹具

如图 3-3-10 所示，这类夹具安装在铣床工作台上，加工中心与工作台一起按直线进给方式运动。按一次装夹工件数目的多少可将其分为单件铣和多件铣夹具，在单件小批生产中多使用单件铣夹具，而在中小零件的大批量生产中多件铣夹具广泛应用。

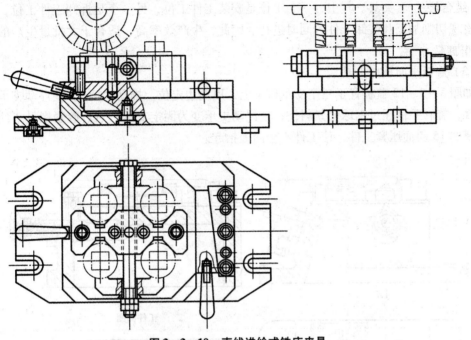

图 3 - 3 - 10　直线进给式铣床夹具

（2）圆周进给式铣床夹具

如图 3 - 3 - 11 所示，这类夹具多数安装在单轴或双轴圆盘铣床的回转工作台上。

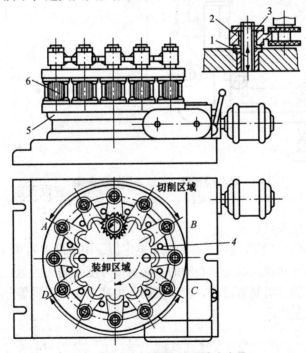

图 3 - 3 - 11　圆周进给式铣床夹具

1——拉杆；2——定位销；3——快换套；4——挡销；5——转台；6——液压缸

加工过程中，夹具随回转台旋转做连续的圆周进给运动。工作台上一般有多个工位，每个工位安装一套夹具。其中，一个工位是安装工件工位，另一个是拆卸工件工位，这样可以实现切削加工和装卸工件的同时进行。因此，生产效率高、适合于大批量生产的中小型零件加工。

（3）盖板平面铣床夹具

如图3-3-12盖板置于三个支承钉1上，以周边定位。推动手柄5，使浮动支承4接触工件，旋转手柄通过钢球锁紧斜楔，使浮动支承变为固定支承，然后旋紧螺母3使压板带齿槽的15斜面压紧工件，使工件不会向上抬起。

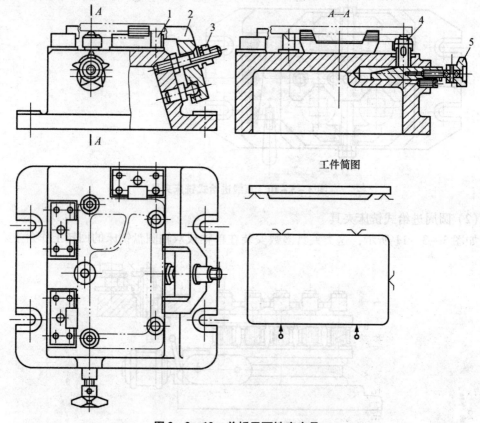

图3-3-12 盖板平面铣床夹具

1——支承钉；2——压板；3——螺母；4——浮动支承；5——手柄

（4）环形工件铣槽夹具。

如图3-3-13所示，工件以内孔在心轴2上定位，用螺母4和开口垫圈3夹紧。心轴在夹具底座1上依靠孔和顶尖固定。心轴的一端为带分度孔的法兰盘，通过手柄5操纵定位销6进行定位。心轴可以制造两件，轮换使用，提高工效。不同等分和尺寸的工件可调换心轴，适于中小批量生产。

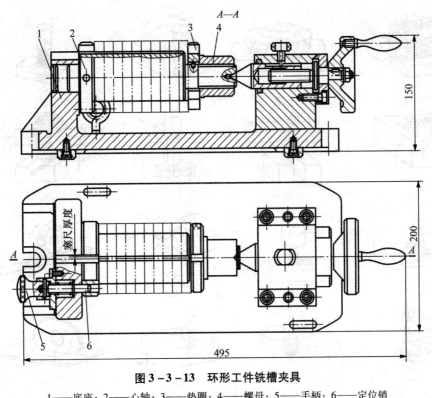

图 3 – 3 – 13 环形工件铣槽夹具

1——底座；2——心轴；3——垫圈；4——螺母；5——手柄；6——定位销

任务四　铣削加工方法

一、铣削加工工艺范围及特点

1. 铣削加工工艺范围

铣削加工的范围很广，可以加工水平面、垂直面、T形槽、键槽、燕尾槽、螺纹、螺旋槽、分齿零件（齿轮、链轮、棘轮和花键轴等）及成形面等，如图 3 – 4 – 1 所示。

2. 铣削加工特点

（1）铣刀是一种多刃刀具，同时工作的齿数较多，可以采用阶梯铣削，也可以采用高速铣削，故生产率较高。

（2）铣削过程是一个断续切削过程，刀齿切入和切出工件的瞬间，要产生冲击和振动，当振动频率与机床固有频率一致时，振动会加剧，造成刀齿崩刃，甚至损坏机床零部件。另外，由于铣削厚度周期性的变化而导致铣削力的变化，也会引起振动。

（3）刀齿参加工作时间短，虽然有利于刀齿的散热和冷却，但周期性的热变形又会引起切削刃的热疲劳裂纹，造成刀齿剥落或崩刃。

（4）同一加工表面可以采用不同的铣削方式、不同的刀具。

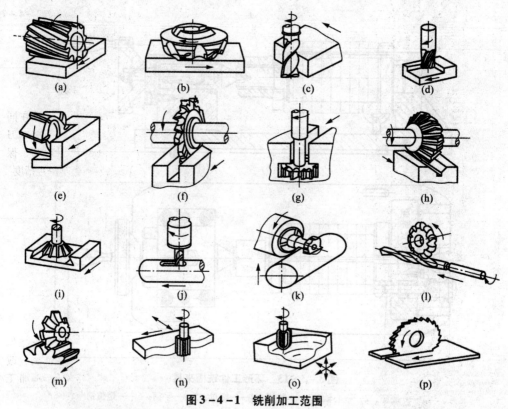

图 3 - 4 - 1 铣削加工范围

（a）周铣平面；（b）端铣平面；（c）铣垂直平面；（d）铣内凹平面；（e）铣台阶面；

（f）铣直槽；（g）铣 T 形槽；（h）铣 V 形槽；（i）铣燕尾槽；（j）铣键槽；（k）铣平圆键槽；

（l）铣螺旋槽；（m）铣齿轮；（n）铣二维曲面；（o）铣内凹成形面；（p）切断

3. 铣削工件的结构工艺性

在满足使用性能的前提下，工件的几何结构设计要考虑到机械加工经济性和可行性。表 3 - 4 - 1 列举了部分铣削工件的结构工艺性。

表 3 - 4 - 1　　　　　　　　　　　铣削工件的结构工艺性

序号	图例		说明
	改进前	改进后	
1			避免设置倾斜加工面，减少工件装夹次数

序号	图例		说明
	改进前	改进后	
2			被加工表面尽量设计在同一平面上，可以一次走刀加工，减少走刀次数，保证加工面的相对位置精度
3			避免把加工平面布置在低凹处或中间设置凸台，改进后可采用高效率加工方法
4			减少大面积的切削加工面
5			槽底面不应与其他加工表面平齐，以改善刀具工作条件
6			避免封闭的回窝和不穿透的槽，改善排屑条件

4. 铣削加工的经济精度

（1）铣削平面的经济精度（表3-4-2）

表3-4-2 铣削平面的经济精度

加工方法	粗铣	半精铣或一次铣削	精铣	精密铣
公差等级	11～14	11～12	9～10	6～9

（2）铣床上加工形状与位置的平均经济精度（表3-4-3）

表3-4-3 铣床加工形状与位置的经济精度 单位：mm

机床类型		平面度	平行度（加工面对基面）	垂直度	
				加工面对基面	加工面相互间
卧式铣床		300:0.06	300:0.06	300:0.04	300:0.05
立式铣床		300:0.06	300:0.06	150:0.04	300:0.05
龙门铣床（最大加工宽度 mm）	≤2 000	1 000:0.05	1 000:0.03 2 000:0.05 3 000:0.06 4 000:0.07 6 000:0.10 8 000:0.13	侧加工面间的平行度 1 000:0.03	300:0.06
	>2 000				500:0.10

二、铣削方式

1. 周边铣削

周边铣削是利用分布在铣刀圆柱面上的刀刃来铣削并形成加工表面，如图3-4-2所示。采用周边铣削时，被加工平面的平面度主要决定于铣刀的圆柱度。当铣刀磨成圆锥形时，铣出的表面与工作台面将倾斜一个角度；当铣刀磨成中间直径大、两端直径小时，会铣出一个凹面；若铣刀磨成中间直径小时，则会铣出一个凸面。周边铣削有顺铣和逆铣两种方式。

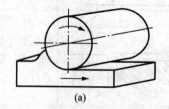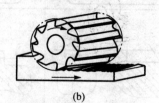

(a)　　　　　　　　　　(b)

图3-4-2 周边铣

（1）顺铣

顺铣是指铣刀的切削速度方向与工件的进给方向相同时的铣削，如图3-4-3所示。即铣刀各刀齿作用在工件上的总铣削力 F 在进给方向的水平分力 F_f 与工件的进给方向相同时的铣削方式。

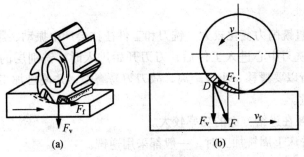

图 3 - 4 - 3　顺铣

顺铣的优点：

① 顺铣时垂直分力始终向下，有压紧工件的作用。工作时较平稳，对不易夹紧的工件及细长和较薄的工件尤为合适。

② 顺铣时刀刃是从厚处切入薄处，容易切入，刀刃与已加工面的摩擦也较小，刀刃磨损较慢，加工出的工件表面质量较高。

③ 顺铣时消耗在进给方向上的功率较小。

顺铣的缺点：

① 顺铣时，刀刃从工件的外表面切入，特别是粗加工时，当工件有硬皮和是杂质毛坯件时，刀刃容易磨损和毁坏。

② 顺铣时，沿进给方向的铣削的分力与进给方向相同，当丝杠与螺母及轴承的轴向间隙较大时，会引起工作台窜动，使每齿的进给量突然增大，造成刀齿折断，甚至刀轴弯曲。工件和夹具产生位移而使工件、夹具以至机床遭到损坏等后果。因此，在没有调整好丝杠轴向间隙或水平分力较大时，严禁选用顺铣。

（2）逆铣

逆铣是指铣刀的切削速度方向与工件的进给方向相反时的铣削，如图 3 - 4 - 4 所示，即铣刀各刀齿作用在工件上的总铣削力在进给方向的水平分力 F_f 与工件的进给方向相反时的铣削方式。

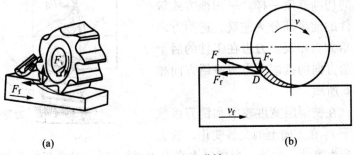

图 3 - 4 - 4　逆铣

逆铣的优点：

① 逆铣时，在铣刀中心进入工件端面后，刀刃不是从工件的外表面切入，对刀刃的损坏较小。

② 进给方向分力与工件进给方向相反，不会拉动工作台。

逆铣的缺点：

① 逆铣时，垂直铣削力变化较大，铣刀和工件往往会产生振动，影响加工表面质量。

② 逆铣时，当铣刀中心进入工件后，刀刃开始进入时，铣削层的厚度接近零。由于刀刃有一定圆弧，所以要滑移一小段距离，故刀刃易磨损，并使已加工表面受到冷挤压和摩擦，影响表面质量。

③ 逆铣时，消耗在进给方面的功率较大。

综上所述，在铣床上周铣加工时，一般都采用逆铣。

2. 端面铣削

端面铣削是指用铣刀端面齿刃进行的铣削，如图 3 - 4 - 5(a) 所示。用端面铣削的方式铣出的平面，其平面度的好坏主要决定于铣床主轴轴线与进给方向的垂直度。实际上，铣刀刀尖在工件表面会铣出网状的刀纹。

若铣床主轴与进给方向不垂直，则相当于用一个倾斜的圆环，把工件表面切出一个凹面来。此时，铣刀刀尖在工件表面会铣出单向的弧形刀纹，如图 3 - 4 - 5(b) 所示。

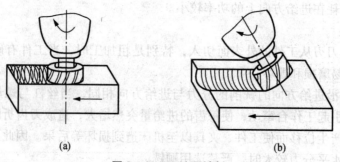

(a)   (b)

图 3 - 4 - 5　端面铣削

端面铣削时根据铣刀与工件相对位置的不同，可分为对称铣和非对称铣两种。

（1）对称铣削

铣刀轴线始终位于铣削弧长的对称中心位置，切入、切出的切削厚度一样。采用该方式铣削时，刀齿在工件的前半部分为逆铣，进给方向的铣削分力与进给方向相反。刀齿在工件的后半部分为顺铣，进给方向的铣削分力与进给方向相同，如图 3 - 4 - 6 所示。

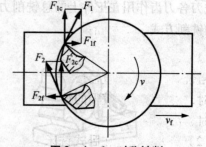

图 3 - 4 - 6　对称铣削

对称铣削时，在铣削层宽度较窄和铣刀齿数少的情况下，由于 F_f 在方向上的交替变化，故工件和工作台容易产生窜动。此外，当横向水平力 F_e 较大时，对窄长的工件易造成变形和弯曲。因此，对称铣削只有工件宽度接近铣刀直径时才采用。

（2）非对称铣削

铣刀轴线偏置于铣削弧长对称中心的一侧，且逆铣部分大于顺铣部分的铣削方式称为非对称铣削，如图 3 - 4 - 7 所示。

① 非对称逆铣铣削时，逆铣部分占的比例大，在各个齿上的 F_f 之和与进给方向相反，如图 3-4-7(a) 所示，不会拉动工作台。端面铣削时，刀刃切入工件虽由薄到厚，但不等于从零开始，因而没有像周铣那样的缺点。从薄处切入，刀齿的冲击反而较小，故振动较小。因为工件所受的垂直铣削力 F_v 与铣削方式无关，因此在端面铣削时，应采用非对称逆铣。

② 非对称顺铣铣削时，顺铣部分占的比例大，在各个刀齿上的 F_f 之和，与进给方向相同，如图 3-4-7(b) 所示，易拉动工作台。所以，在端面铣削时，一般都不采用非对称顺铣。

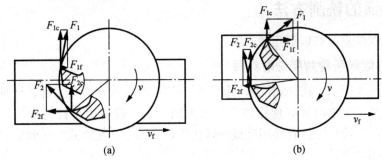

图 3-4-7 非对称铣削

3. 周边铣削和端面铣削的应用

端面铣削与周边铣削相比，前者更容易使加工表面获得较小的表面粗糙度值和较高的劳动生产率，因为端铣时，副切削刃及倒角刀尖具有修光作用；而周铣时，只有主切削刃作用。此外，端铣时，主轴刚性好，并且端铣刀易于采用硬质合金可转位刀片，因而切削用量较大，生产效率高，在平面铣削中，端铣基本代替了周铣，可以加工成形表面和组合表面。

任务五　铣削加工

一、平面铣削方法

1. 周边铣——用圆柱铣刀铣平面

（1）选择铣刀：圆柱形铣刀的长度应大于工件加工面宽度。

粗铣时，铣刀的直径按铣削层深度的大小而定，深度大，直径也相应地选择得大些；精铣时，可以取较大直径的铣刀加工，以减小表面粗糙度值。粗铣时，铣刀齿数选粗齿；精铣时，用细齿。

（2）装夹工件：在卧式铣床上用圆柱形铣刀铣削中小型工件的平面时，一般都采用虎钳装夹（图 3-4-8）。当工件的两面平行度较差时，应在钳口和工件之间垫较厚的铜片，可借助铜片的变形而使接触面增大，使工件装夹稳固。

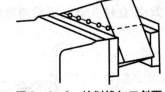

图 3-4-8 按划线加工斜面

（3）确定铣削用量：粗铣时，若加工余量不太大，可一次切除；精铣时的铣削层深度以 0.5~1 mm 为宜。铣削层宽度一般等于加工表面的宽度。每齿进给量一般取 $f_z = 0.02 \sim 0.3$ mm/Z，粗铣时大些，精铣时小些。铣削速度的选择原则是：用高速钢铣刀铣削时，

一般取 $v = 16 \sim 35$ m/min。粗铣时应取较小值，精铣时应取较大值。

2. 端面铣——用端铣刀铣平面

铣较大平面时，目前均用端铣刀加工。

用铣刀铣平面的方法和步骤，与圆柱铣刀加工基本相同。但铣刀的直径 D_0 应按铣削层宽度 B 来选择，一般 $D_0 = (1.2 \sim 1.5) B$。切削速度 $v = 80 \sim 120$ m/min。

二、斜面的铣削方法

在铣床上铣削斜面有以下几种方法：

1. 把工件倾斜所需角度铣削斜面

如图 3-4-8 所示，在卧式铣床上使用平口钳按划线找正装夹工件，这种方法适宜加工较小型的工件，装夹时最好使钳口与进给方向垂直，避免由于铣削力的作用使工件松动。工件较大时，可将工件直接用压板压紧在工作台面上，在立式铣床和卧式铣床上加工斜面时均可采用此方法。

如图 3-4-9(a)所示，把工件装夹在平口钳上，转动钳口角度，进给铣削。这种方法适宜于加工切削余量较小的工件。加工时，把工件的基准面与固定钳口贴合并夹紧。若要铣出与基准面成 θ 角的斜面，平口钳应转的角度为：

$$\alpha = 90° - \theta$$

在卧式铣床上用端铣加工斜面时，可利用平口钳底盘刻度来获得所需的转角，如图 3-4-9(b)所示。此外，也可以用万能转台铣斜面，用倾斜垫铁和专用夹具铣斜面等。

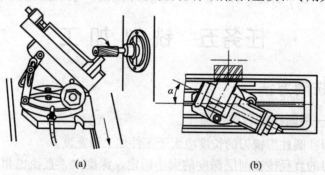

(a)　　　　　　　　　　(b)

图 3-4-9　转动平口钳铣斜面

2. 把立铣头倾斜所需角度铣斜面(图 3-4-10)

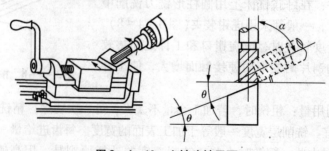

图 3-4-10　立铣头铣平面

3. 用角度铣刀铣斜面(图3－4－11)

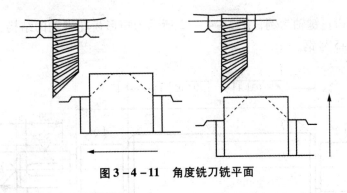

图3－4－11　角度铣刀铣平面

三、槽的铣削方法

1. 刀具的选择

（1）加工敞开式直角沟槽，当尺寸较小时，一般都选用三面刃盘铣刀。成批生产时，采用盘形槽铣刀加工，成批生产较宽的直角通槽，则常采用合成铣刀。

（2）封闭式直角沟槽，一般都采用立铣刀或键槽铣刀在立式铣床上加工。

2. 铣削用量的选择

（1）由于铣沟槽时，切削条件较差，因此采用较小的铣削用量。

（2）沟槽加工余量一般较大，工艺要求也较高，所以应分粗、精铣进行加工。

3. 铣直角沟槽的方法

（1）开式直角沟槽的铣削方法

用三面刃铣刀铣削，也可以用立铣刀、槽铣刀和合成铣刀来铣削。铣削时要注意以下几点：

① 要注意铣刀的轴向摆差，以免造成沟槽宽度尺寸超差。

② 在槽宽需分几刀铣至尺寸时，要注意铣刀单面切削时的让刀现象。

③ 调准工作台"零位"，否则铣出的直角沟槽会出现上宽下窄的现象，并且两侧面成弧形凹面。

④ 在铣削过程中，不能停止进给和退出工件，以避免铣削力变化，使沟槽的尺寸发生变化。

⑤ 铣削与基准面呈倾斜角度的直角沟槽时，应将沟槽校正到与进给方向平行的位置再加工。

（2）封闭式直角沟槽的铣削方法

封闭式直角沟槽一般都采用立铣刀或键槽铣刀来加工。具体加工方法如下：

① 用立铣刀加工时，要先钻落刀孔。

② 槽宽尺寸较小，铣刀的强度、刚性都较差时，应分层铣削。

③ 用自动进给铣削时，不能铣到头，要预先停止，改用手动进给，以免铣过尺寸。

四、铣削举例

以铣削矩形齿花键轴为例，图 3 – 4 – 12 所示为矩形齿花键轴的结构、尺寸和技术要求。工件材料：45 号钢。

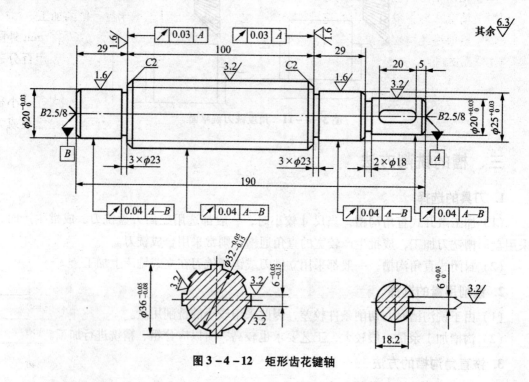

图 3 – 4 – 12 矩形齿花键轴

1. 零件图样分析

（1）该零件既是花键轴又是阶梯轴，其加工精度要求较高，所以零件两中心孔是设计和工艺基准。

（2）矩形花键轴花键两端面对公共轴线的圆跳动公差为 0.03 mm。

（3）花键外圆对公共轴心线圆跳动公差为 0.04 mm。

（4）$\phi 25^{+0.03}_{0}$ mm 外圆（两处）对公共轴心线圆跳动公差为 0.04 mm。

（5）$\phi 25^{+0.03}_{0}$ mm 外圆对公共轴心线圆跳动公差为 0.04 mm。

（6）材料为 45 号钢。

（7）热处理 28～32HRC。

2. 工艺分析

（1）花键轴的种类较多，按齿廓的形状可分为矩形齿、梯形齿、渐开线齿和三角形等。花键的定心方法有小径定心、大径定心和键侧定心三种。但一般情况下，均按大径定心。

矩形齿花键由于加工方便、强度较高而且易于对正，所以应用较广泛。

（2）本例矩形花键为大径定心，所以安排工序粗、精磨各部外圆，来保证花键轴大径

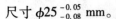
尺寸 $\phi 25^{-0.05}_{-0.08}$ mm。

（3）为确保花键轴各部外圆的位置及形状精度要求，在各工序中均以两中心孔为定位基准，装夹工件。

（4）花键轴可以在专用的花键铣床上，采用滚切法进行加工。这种方法有较高的生产率和加工精度，但在没有专用的花键铣床时，也可以用普通卧式铣床进行铣削加工。

（5）矩形齿花键轴花键两端面、花键外圆、两处 $\phi 25^{+0.03}_{0}$ mm 外圆和 $\phi 25^{+0.03}_{0}$ mm 外圆对公共轴线的圆跳动公差的检查，可以两中心孔定位，将工件装夹在偏摆仪上，用百分表进行检查。

（6）外花键在单件小批量生产时，其等分精度由分度头精度保证，键宽、大径、小径尺寸可用游标卡尺或千分尺测定，必要时可用百分表检查花键键侧的对称度。在成批或大批量生产中，可采用综合"量规"进行检查。

3. 矩形齿花键轴机械加工工艺过程卡（表 3 − 4 − 4）

表 3 − 4 − 4　　　　　　　　　　矩形齿花键轴机械加工工艺过程卡

工序号	工序名称	工序内容	工艺装备
1	下料	棒料 $\phi 40 \times 200$	锯床
2	热处理	调质处理 28、32HRC	
3	粗车	夹一端，车端面，见平即可。钻中心孔 $B2.5/8$	CA6140
4	粗车	掉头装夹工件，车端面，保证总长 190 mm，钻中心孔 $B2.5/8$	CA6140
5	粗车	以两中心孔定位装夹工件，粗车外圆各部，留加工余量 2 mm，长度方向各留加工余量 2 mm	CA6140
6	精车	以两中心孔定位装夹工件，精车各部尺寸，$\phi 25^{+0.03}_{0}$ 尺寸留磨削余量 0.4 mm。切槽 3 mm $\times \phi 23$ mm（两处），切槽 2 mm $\times \phi 18$ mm，倒角 2 mm $\times 45°$ 及 0.7 mm $\times 45°$	CA6140
7	磨	以两中心孔定位装夹工件，粗、精磨外圆各尺寸至图样要求，磨花键部分两端面保证尺寸 100 mm	M1432
8	铣	一夹一顶装夹工件，粗、精铣花键 8 $\times 6^{-0.05}_{-0.15}$ mm，保证小径 $\phi 32^{-0.05}_{-0.15}$ mm	X6132
9	划线	划 $6^{+0.03}_{0}$ mm 键槽线	
10	铣	一夹一顶装夹工件，铣键槽 $6^{+0.03}_{0}$ mm，保证尺寸 18.2 mm	X5032 分度头
11		按图样要求检查各部尺寸及精度	
12		入库	

课后思考与练习

一、填空题

1. 顺铣是指铣刀的切削速度方向与工件的进给方向_____时的铣削。
2. 逆铣是指铣刀的切削速度方向与工件的进给方向_____时的铣削。
3. 周边铣削是利用分布在铣刀_____上的刀刃来铣削并形成加工表面。
4. 端面铣削是指用铣刀_____齿刃进行的铣削。

二、练习题

1. 简述铣削加工与车削加工的区别。
2. 查阅《金属切削机床 型号编制方法》(GB/T 15375—2008),标注下列机床型号的含义:X5032、X2012C。
3. 简述铣削用量包含的内容。
4. 在 X6132 型铣床上,用直径为 $\phi50$ mm 的圆柱铣刀,以 25 m/min 的铣削速度进行铣削。问主轴转速应调整到多少?
5. 用一把直径为 30 mm,齿数为 3 的立铣刀,在 X6132 型铣床上铣削。采用 $f_z = 0.05$ mm/Z;铣削速度 $v = 20$ mm/min。求铣床的转速和进给速度。
6. 工件上铣两条槽,其夹角 $\theta = 70°$,用 FW125 分度头分度,求分度手柄应转的圈数。
7. 铣床夹具的基本要求有哪些?
8. 什么是顺铣?什么是逆铣?各有哪些优、缺点?
9. 简述周边铣削和端面铣削的应用。
10. 铣斜面的常用方法有哪些?

三、实训题

1. 铣床安全操作规程。
2. X6132 型铣床工作台纵向丝杠传动间隙调整。
3. 工作台纵向丝杠轴向间隙调整。
4. 铣刀安装及拆卸练习。
5. 分度头分度练习。

项目 4 磨削加工

磨削加工是指用磨料来切除材料的加工方法，根据工艺目的和要求不同，磨削加工已发展为多种形式的加工工艺。通常按工具类型进行分类，可分为使用固定磨粒和游离磨粒两大类。各种加工形式的用途、工作原理和加工运动情况有相当大的差别，但都存在摩擦、微切削和表面化学反应等现象，只是形式和程度不同。本课程学习固定磨粒加工。

本项目学习要点：
1. 了解磨削加工工艺特点，掌握磨削加工工件的结构工艺性。
2. 了解磨削砂轮类型、代号，能合理选择磨削砂轮。
3. 掌握典型工件的磨削加工方法。

任务一 磨削加工机床

一、磨削机床种类

1. 万能外圆磨床

（1）外观：万能外圆磨床外观如图4-1-1所示。

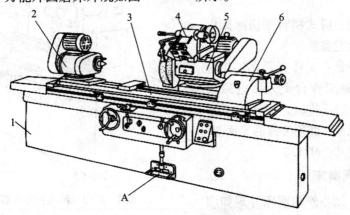

图4-1-1 万能外圆磨床

1——床身；2——头架；3——工作台；4——内圆磨头；5——砂轮架；6——尾架；A——脚踏操纵板

（2）机床运动：砂轮的旋转为主运动，工作台、砂轮架的移动和头架的旋转为进给运动。

（3）主参数：最大磨削直径。

（4）主要特征：通用性较好，带有内圆磨削附件，可磨削内孔和锥度较大的内、外锥面，但生产率较低。

（5）主要用途：主要用于磨削 IT6 ~ IT7 级精度的圆柱形或圆锥形的外圆和内孔，表面粗糙度在 1.25 ~ 0.08 μm 之间。此外还可以磨削阶梯轴的轴肩、端平面、圆角等。适用于单件小批量生产车间、工具车间和机修车间。

（6）代表型号：M1432B。

（7）M1432B 型磨床各部分功能简介：

① 床身：用来支撑其他各部件，上面有一对纵向导轨可供工作台做直线往复运动，前面有电器开关及使用手柄，床身内部是液压传动用油及管路。

② 头架：用于安装及夹持工件，并带动工件旋转。

③ 工作台：用来夹持工件，以保持工件相对面的平行度。

④ 内圆磨削装置：主要由支架和内圆磨具两部分组成，内圆磨具是磨内孔用的砂轮主轴部件，为独立部件，安装在支架的孔中，可以方便地进行更换，通常每台磨床设备有几套尺寸与极限工作转数不同的内圆磨具。

⑤ 砂轮架：用于支承并传动高速旋转的砂轮主轴，当需要磨削短锥面时，它可以在水平面内调整至一定的角度(±30°)。

⑥ 尾座：与顶尖一同支承工件。

⑦ 脚踏板：起临时制动作用。

2. 平面磨床

（1）外观：平面磨床外观如图 4 - 1 - 2 所示。

（2）机床运动：砂轮的旋转为主运动，工作台和砂轮架的移动为进给运动。

（3）主参数：卧式柜台平面磨床以工作台面宽度为主参数。

（4）主要特征：工件夹紧在工作台上或安装在电磁工作台上，靠电磁吸住，进给运动由液压传动。

（5）主要用途：磨削工件的平面。

（6）代表型号：M7120。

3. 无心外圆磨床

（1）外观：无心外圆磨床外观如图 4 - 1 - 3 所示。

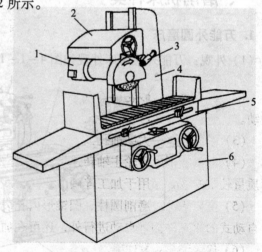

图 4 - 1 - 2 卧式柜台平面磨床

1——砂轮架；2——滑鞍；3——砂轮修整装置；
4——立柱；5——工作台；6——床身

（2）机床运动：砂轮的旋转为主运动，导轮的旋转移动为进给运动。

（3）主参数：最大磨削直径。

（4）主要特征：工件不用顶尖或卡盘定心和支承，而以工件被磨削外圆面作定位面，工件位于砂轮和导轮之间，由托板支承，生产效率较高，易于实现自动化。

（5）主要用途：主要用在大批量生产中磨削细长光滑轴及销钉、小套等零件的外圆。

（6）代表机床：M1040。

4. 内圆磨床

（1）外观：内圆磨床外观如图 4 – 1 – 4 所示。

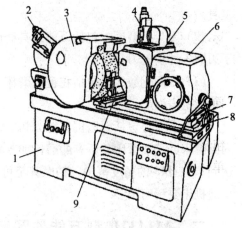

图 4 – 1 – 3　无心外圆磨床

1——床身；2——砂轮修整器；3——砂轮架；
4——导轮修整器；5——导轮架；6——导轮架座；
7——滑板；8——回转底座；9——工件支架

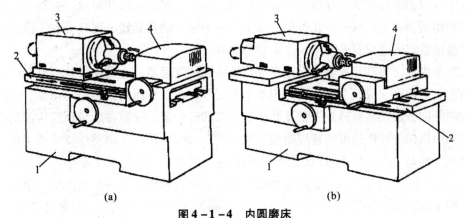

(a) (b)

图 4 – 1 – 4　内圆磨床

(a) 头架做纵向进给；(b) 砂轮架做纵向进给

1——床身；2——工作台；3——头架；4——砂轮架

（2）机床运动：砂轮的旋转为主运动，工作台或砂轮架的移动和头架的旋转为进给运动。

（3）主参数：最大磨削孔径。

（4）主要特征：砂轮主轴转速很高。磨内圆与磨外圆相比，生产率低，加工精度和表面质量较难控制，多用于加工淬硬的或高精度的内圆。

（5）主要用途：磨削圆柱、圆锥形内孔表面。普通式仅适于单件小批量生产，自动和半自动式的除工作循环自动进行外，还可在加工中自动测量，大多用于大批量生产。

（6）代表型号：M3120。

5. 其他磨床

（1）工具磨床：包括工具曲线磨床、钻头沟槽磨床、丝锥沟槽磨床等，用于磨削各种工具。

（2）刀具刃磨床：包括万能工具磨床、车刀刃磨床、钻头刃磨床、滚刀刃磨床等，用于刃磨各种切削刀具

（3）专门化磨床：包括花键轴磨床、曲轴磨床、齿轮磨床等，用于磨削某一零件上的一种特定表面。

其他磨床还包括研磨机、抛光机、超精加工机床等。生产中应用最多的是外圆磨床、内圆磨床、平面磨床。所有的磨床加工精度都比一般的普通机床要高很多，粗磨加工即可达到 IT9～IT8 的精度范围，精磨甚至可达 IT3，而且磨床控制进给量的分度机构也比其他普通机床要精密很多。

二、M1432B 型万能外圆磨床

1. 机床的布局及运动

（1）机床的布局

在床身顶面前部的纵向导轨上装有工作台，台面上装着头架和尾座。被加工工件支承在头架和尾座顶尖上，或夹持在头架卡盘中，由头架带动其旋转。尾座可在工作台上纵向移动调整位置，以适应装夹不同长度工件的需要。

工作台由液压传动装置驱动沿床身导轨做纵向往复运动，也可用手轮调整其位置。工作台由上、下两层组成，上工作台可相对于下工作台在水平面内偏转一定角度，以磨削锥度不大的外圆锥面。装有砂轮主轴及其传动装置的砂轮架，安装在床身顶面后部的横向导轨上，利用横向进给机构可实现周期或连续的横向进给运动以及调整位置。为了便于装卸工件和进行测量，砂轮架还可以做定距离的快进、快退。在砂轮架上部的内圆磨削装置装有供磨削内孔用的砂轮主轴。砂轮架和头架都可绕垂直轴线转动一定角度，以便磨削锥度较大的圆锥面。

（2）机床的运动

图 4-1-5 所示为机床的几种典型加工方法。由图可以看出，机床必须具备以下运动：外磨或内磨砂轮的旋转主运动 n_t，工件圆周进给运动 n_w，工件（工作台）往复纵向进给运动 f_a，砂轮周期或连续横向进给运动 f_r。此外，机床还有砂轮架快速进退和尾座套筒缩回两个辅助运动。

2. 机床的机械传动

图 4-1-6 所示为 M1432B 型万能外圆磨床的传动系统图。工作台的纵快速进退和自动周期进给以及尾座套筒的缩回均采用液压传动，其余则为机械传动。

（1）工件圆周进给运动 n_w：头架上双速电动机（0.55/1.1 kW，700/1 360 r/min）经 3条 V 形带传动，把运动传给头架的拨盘（与带轮 ϕ179 mm 为一体）拨动工件做圆周进给运动。可使工件获得 6 级不同的转速。

（2）砂轮主轴的旋转运动 n_t：磨削外圆时，砂轮的旋转运动是由电动机（4.0 kW，

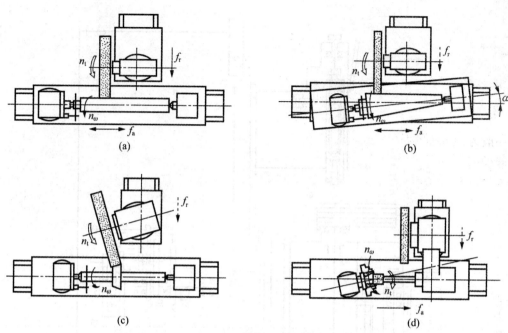

(a) (b)

(c) (d)

图 4 - 1 - 5 M1432B 型万能外圆磨床加工运动示意图

(a) 磨外圆柱面；(b) 扳转工作台磨长圆锥面；(c) 扳转砂轮架磨短圆锥面；(d) 扳转头架磨内圆锥面

1 440 r/min)经 V 形带直接传动。内圆磨削时，砂轮主轴的旋转运动一由另一台电动机 (1.1 kW, 2 840 r/min)经平带直接传动。

（3）工件纵向进给运动 f_a：既可以液压传动，也可手动。手动是为了磨削轴肩或调整工作台的位置。手轮 A 转一转，工作台的纵向移动量 f_a 为：

$$f_a = 1 \times \frac{15}{72} \times \frac{18}{72} \times 18 \times 2 \times \pi \approx 6 \ (\text{mm})$$

当液压驱动工作台纵向运动时，为避免工作台带动手轮 A 转动而碰伤操作者，液压传动的自动进给阀与手轮 A 实行联锁。液压传动时，压力油推动轴 Ⅵ 上的双联齿轮轴向移动，使齿轮 Z_{18} 与 Z_{72} 脱开。因此，工作台由液压传动时，手轮 A 是不转动的。

（4）砂轮架的横向进给运动 f_r：用手转动固定在轴 Ⅷ 上的手轮 B，可使砂轮架做横向进给，其传动路线表达式为：

$$\text{手轮 B} \to \text{Ⅷ} \begin{cases} \dfrac{50}{50}(\text{粗进给}) \\[2mm] \dfrac{20}{80}(\text{精进给}) \end{cases} \to \text{Ⅸ} \xrightarrow{\frac{44}{88}} \text{丝杠}(S=4) \to \text{砂轮架}$$

手轮 B 转一周，粗进给时砂轮架的横向进给量为 2 mm。手轮 B 的刻度盘为 200 格，每格进给量为 0.01 mm。精进给时每格进给量为 0.002 5 mm。

当磨削一批工件时，为了减少反复测量工件的次数，以节省辅助时间，通常先试磨一个工件，当达到所要求的尺寸后，调整刻度盘上的挡块 F 的位置，使它在横向进给磨削至所需直径时正好与固定在床身前罩上的定位爪相碰。磨削后续工件时只需转动手柄 B，当挡块 F 碰到定位爪时，便达到了所要求的磨削尺寸。

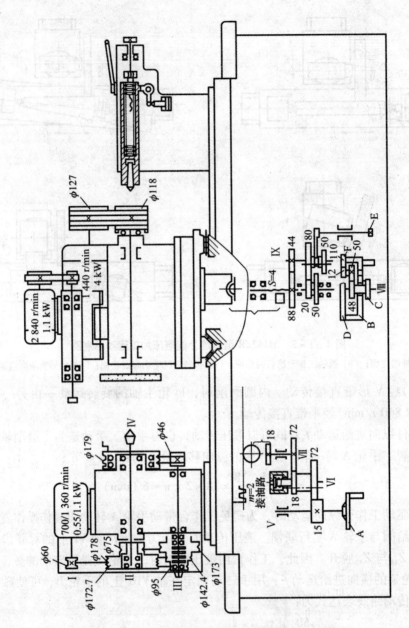

图 4 – 1 – 6 M1432B 型万能外圆磨床传动系统图

当砂轮磨损或修正后，为保证工件直径尺寸不变，必须调整刻度盘 D 上挡块 F 的位置。其调整方法是：拔出旋钮 C，使它与手轮 B 上的销子脱开，然后旋转 C，使旋钮上的齿轮 Z_{48} 带动行星齿轮 Z_{50}、Z_{12} 旋转，Z_{12} 与刻度盘 D 上的内齿轮 Z_{110} 相啮合，使刻度盘反转，反转格数应根据砂轮的磨损量来确定。调整完毕后，手轮 B 上的销子插入其后端面的销孔中，使刻度盘 D 和手轮 B 连成一个整体。

旋钮 C 后端面上沿圆周均布有 21 个销孔，旋钮 C 转过一个孔距时，砂轮架附加横向位移量 Δf_r 为：

粗进给：
$$\Delta f_r = \frac{1}{21} \times \frac{48}{50} \times \frac{12}{110} \times 2 = 0.01 \ (\text{mm})$$

细进给：
$$\Delta f_r = \frac{1}{21} \times \frac{48}{50} \times \frac{12}{110} \times 0.5 = 0.0025 \ (\text{mm})$$

3. 液压系统的工作原理

图 4-1-7 为 M1432B 型外圆磨床液压系统原理图。该系统能实现工作台往复运动，工作台手动与液动互锁，砂轮架快进与工作头架的转动，冷却液的供给联动，砂轮架快进与尾架顶尖退回运动的互锁，内圆磨头的工作与砂轮架快退运动的互锁，机床的润滑等。

（1）工作台的往复运动

外圆磨床在磨削时，工作台带动工件作纵向进给时所需克服的切削力很小，工作台与导轨间的摩擦力是工作台驱动液压缸所需克服的主要负载，所以，液压缸上负载不大。外圆磨床工作台常采用进口或出口节流阀调速回路。由于工作台还要实现频繁和平稳的换向运动，因此液压系统中常采用机-液换向阀。

如图 4-1-7 所示，当开停阀处于右位（"开"的位置），节流阀也被打开时，由于先导阀阀芯和换向阀阀芯均处于右位，压力油进入液压缸右腔，缸左腔回油。因此，工作台向右运动。主油路液流路线如下：

① 进油路：液压泵→换向阀（右位）→2→工作台液压缸右腔。

② 回油路：工作台液压缸左腔→3→换向阀（右位）→先导阀（右位）→开停阀（右位）→节流阀→油箱。

当工作台向右移动到预定位置时，工作台上的左挡块通过杠杆拨动先导阀的阀芯左移，并使它最终处于左位上，换向阀的阀芯在先导阀的控制下也移动至最左端。这时，主油路液流路线如下：

① 进油路：液压泵→换向阀（左位）→3→液压缸左腔。

② 回油路：工作台液压缸右腔→2→换向阀（左位）→先导阀（左位）→开停阀（右位）→节流阀→油箱。

这时，工作台向左运动，并在其右挡块碰上杠杆后，主油路再次反向，使工作台又改变方向向右运动，如此反复进行下去，直到开停阀换至左位时才使运动停下来。调节节流阀可实现工作台往复运动的无级调速。

（2）工作台液动与手动的互锁

工作台液动与手动的互锁是由互锁缸来完成的。当开停阀处于图 4-1-7 所示位置时，互锁缸的活塞在压力油的作用下压缩弹簧并推动齿轮 Z_1 和 Z_2 脱开，这样，当工作台液动（往复运动）时，手轮不会转动。

当开停阀处于左位时，互锁缸通油箱，活塞在弹簧力的作用下带着齿轮 Z_2 移动，Z_2 与 Z_1 啮合，工作台就可用手摇机构摇动。

（3）砂轮架的快速进、退运动

磨削加工时，砂轮架应快速趋近工件，以节省时间。装卸和测量工件时，砂轮架应快速后退，以确保安全。砂轮架的快速进退通过操纵快动阀，由快动缸来实现。图 4-1-7

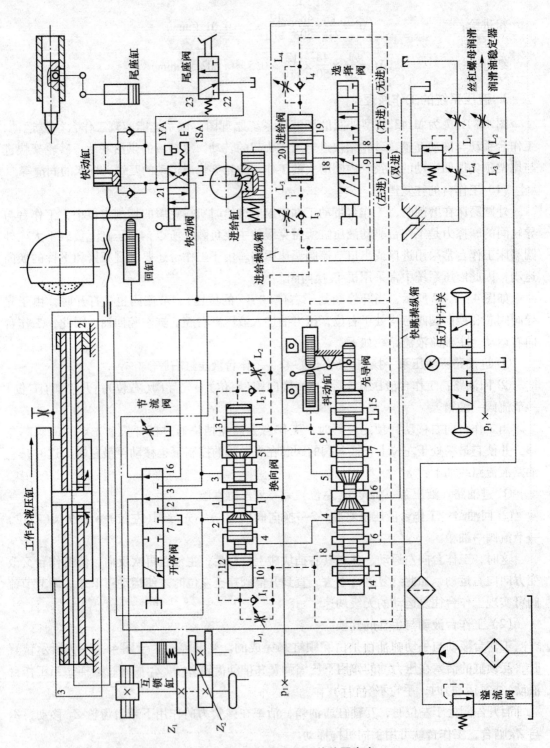

图 4 – 1 – 7　M1432B 型万能外圆磨床

所示状态为砂轮架"快进"位置，其油路如下：

①进油路：液压泵→快动阀(右位)→快动缸右腔，推动活塞带动丝杠、螺母及砂轮

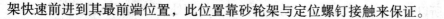

架快速前进到其最前端位置，此位置靠砂轮架与定位螺钉接触来保证。

② 回油路：快动缸左腔→21→快动阀（右位）→油箱。

当手动快动阀换为左位工作时，砂轮架快退至最后端位置。其油路如下：

① 进油路：液压泵→快动阀（左位）→快动缸左腔。

② 回油路：快动缸右腔→快动阀（左位）→油箱。

为了防止砂轮架快速进退引起冲击和提高快进后的重复位置精度，在快动缸的两端设有缓冲装置。同时，在砂轮架前设置柱塞式闸缸，当系统工作时，柱塞式闸缸始终通压力油，使砂轮架进给丝杠与螺母单边啮合，以消除两者轴向间隙，保证横向进给的精度。

当快动阀处于右位（"快进"的位置）时，其阀芯端部压下行程开关 1SA，使主轴（工件）头架转动，冷却泵启动。当快动阀处于左位（"快退"的位置）时，行程开关 1SA 松开，头架和冷却泵停转。

在进行内圆磨削时，应将机床上的内圆磨削附件（内圆磨头）翻下来，此时压下微动开关，使电磁铁 1YA 通电吸合，将快动阀阀芯锁住在快进后的位置上，手柄无法扳动。这样，砂轮架就不能实现快退运动，防止了砂轮尚未退出工件内孔即快速退出而造成事故，实现了内、外圆磨削的互锁。

（4）砂轮架的周期进给运动

如图 4-1-7 所示，砂轮架的周期进给运动由进给操纵箱控制。它是在工作台往复运动行程终了、工作台反向启动之前进行的。周期进给运动有双向进给、左端进给、右端进给和无进给四种方式。

如图 4-1-7 所示为选择阀在双向进给（即在工件两端砂轮架均进行进给）的位置。当工作台右移靠近换向点（砂轮架位于工件左端）时，其左挡块拨动杠杆使先导阀阀芯左移。当先导阀油口 7、9 及 8、14 分别连通时，通过先导阀的控制液压油分为两路，其流动路线分别如下：

① 液压泵→精过滤器→先导阀油口 7、9→单向阀 L_2→换向阀右端。

② 液压泵→精过滤器→先导阀油口 7、9→节流阀 L_3→进给阀左腔。

进给阀回油路为进给阀右腔→单向阀 l_4→先导阀油口 8、14→油箱，这时，进给阀阀芯右移。同时，控制液压油还经先导阀油口 9、选择阀、油口 18、进给阀和油口 20 进入进给缸右腔，推动柱塞左移。柱塞上的棘爪拨动棘轮，并通过齿轮传动副使进给丝杠传动，其砂轮架下面的螺母带动砂轮架运动，完成一次左进给。当进给阀阀芯右移将油口 18 堵住、油口 19 打开时，则油口 18、20 切断，油口 19、20 接通，这时砂轮架进给缸右腔压力油流动路线为进给缸右腔→油口 20→进给阀→油口 19→选择阀→先导阀油口 8→先导阀油口 14→油箱。此时，进给缸柱塞在弹簧的作用下右移复位，为下一次进给做好准备。

同样，当工作台左移靠近换向点（砂轮架位于工件右端）时，砂轮架则在工件的右端进给一次，其工作原理与上述相同。

砂轮架每次进给量的大小可由棘轮机构来调整，进给运动所需时间的长短可通过调节节流阀 L_3、L_4 来调整。

当先导阀处于"无进给"位置时，由于先导阀油口 8、9 均被堵住，压力油不能经进给阀进入进给缸，所以左右换向时均不能自动进给。当先导阀处于"左进"位置，砂轮架在工件的左端位置(先导阀油口7、9通压力油，先导阀油口8、14通油箱)时，压力油进入进给缸，实现一次左进给。当砂轮架在工件的右端位置时，先导阀油口8被堵住，故不能实现右进给。同理，先导阀处于"右进"位置时，只能右进给而不能左进给。

（5）尾架顶尖的松开与夹紧

尾座顶尖的进退运动由一个脚踏式尾座阀(二位三通阀)控制。当快动阀处于左位、砂轮架在"快进"位置时，由于尾座阀的油路经22、21、快动阀与油箱相通，即使误踏尾座阀踏板，使其换至右位，尾座缸也不会因为进入压力油而使尾座顶尖后退，即不会使工件松开。只有砂轮架处于快退时，快动阀换至左位，脚踏踏板使尾座阀换为右位时，压力油才能进入尾座缸，并通过杠杆使尾座顶尖后退，卸下工件，所以尾座顶尖只有砂轮架快退时才能实现退出，以保证操作安全。

（6）抖动缸的功用

抖动缸的功用有两个。第一是帮助先导阀实现换向过程中的快跳；第二是当工作台需要做频繁短距离换向时实现工作台的抖动。

当砂轮做切入磨削或磨削短圆槽时，为提高磨削表面质量和磨削效率，需工作台频繁短距离换向、抖动。这时将换向挡铁调得很近或夹住换向杠杆，当工作台向左或向右移动时，挡铁带杠杆使先导阀阀芯向右或向左移动一个很小的距离，使先导阀的控制进油路和回油路仅有一个很小的开口。通过此很小开口的压力油不可能使换向阀阀芯快速移动，这时，因为抖动缸柱塞直径很小，所通过的压力油足以使抖动缸快速移动。抖动缸的快速移动推动杠带先导阀快速移动(换向)，迅速打开控制油路的进、回油口，使换向阀也迅速换向，从而使工作台做短距离频繁往复换向、抖动。

（7）液压系统的特点

由于机床加工工艺的要求，M1432B型万能外圆磨床液压系统是机床液压系统中要求较高、较复杂的一种。其主要特点是：

① 系统采用节流阀回油节流调速回路，功率损失较小。

② 工作台采用了活塞杆固定式双杆液压缸，保证左、右往复运动的速度一致，并使机床占地面积不大。

③ 本系统在结构上采用了将开停阀、先导阀、换向阀、节流阀、抖动缸等组合一体的操纵箱，使结构紧凑、管路减短、操纵方便，又便于制造和装配修理。此操纵箱属行程制动换向回路，具有较高的换向位置精度和换向平稳性。

4. 主要部件的机械结构

（1）砂轮架——主轴组件

砂轮架由壳体、主轴及其轴承、传动装置等组成。砂轮主轴及其支承部分的结构将直接影响工件的加工精度和表面粗糙度，是砂轮架部件的关键部分，它应保证砂轮主轴具有高的旋转精度、刚度、抗振性和耐磨性。

图4-1-8所示为M1432B型万能外圆磨床的砂轮架。砂轮主轴8的前、后支承均采用动压滑动轴承。每个轴承由均布在圆周上的四块轴瓦5组成，每块轴瓦由球头螺钉4和

轴瓦支承头7支承。当主轴高速旋转时，轴承与主轴轴颈之间形成4个楔形压力油膜，将主轴悬浮在轴承中心而呈现纯液体摩擦状态。主轴轴颈与轴瓦之间的间隙（一般0.01～0.02 mm）用球头螺钉4调整，调整好后，用通孔螺钉3和拉紧螺钉2锁紧，防止球头螺钉4松动而改变轴承间隙，最后用封口螺塞1密封。

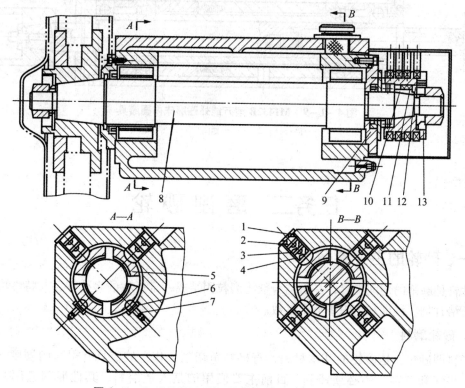

图4-1-8 M1432B型万能外圆磨床砂轮架主轴支承

1——封口螺塞；2——拉紧螺钉；3——通孔螺钉；4——球头螺钉；5——轴瓦；6——密封圈；
7——轴瓦支承头；8——砂轮主轴；9——轴承盖；10——销子；11——弹簧；12——螺钉；13——带轮

砂轮主轴向右的轴向力通过主轴右端轴肩作用在轴承盖9上，向左的轴向力通过带轮13中的6个螺钉12经弹簧11和销子10以及推力轴承，最后传递到轴承盖9上。弹簧11可用来给推力球轴承预加载荷。

砂轮架壳体内装润滑油以润滑主轴轴承，主轴两端用橡胶油封实现密封。

砂轮的圆周速度很高，为了保证砂轮运转平稳，装在主轴上的零件都要校静平衡，整个主轴部件还要校动平衡。此外，砂轮必须安装防护罩，以防砂轮意外碎裂时出现安全事故。

（2）内磨装置

内磨装置主要由支架和内圆磨具两部分组成。内圆磨具装在支架的孔中，当需要进行内圆磨削时，将支架翻下。

图4-1-9所示为M1432B型万能外圆磨床内圆磨具。磨削内圆时因砂轮直径较小，为达到一定的磨削速度，要求砂轮轴具有很高的转速，因此内圆磨具除应保证主轴在高转

速下运转平稳，还应具有足够的刚度和抗振性。内圆磨具主轴由平带传动。当被磨削的内孔长度改变时，接长杆 1 可以更换。

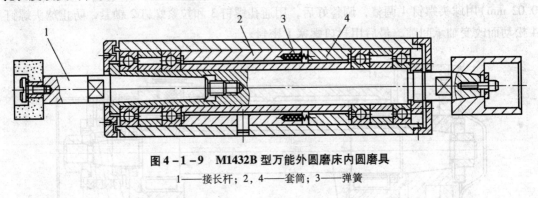

图 4 – 1 – 9　M1432B 型万能外圆磨床内圆磨具
1——接长杆；2，4——套筒；3——弹簧

任务二　磨 削 砂 轮

一、砂轮的主要参数

砂轮是磨削的切削工具，是由结合剂将磨粒固结成一定形状的多孔体，其特性取决于磨料、结合剂、硬度和组织等五个参数。

1. 砂轮磨料

磨料即砂粒，是砂轮的基本材料，直接担负切削工作，故应具有很高的硬度、耐磨性、耐热性和韧性，还必须锋利。目前主要使用的是人造磨料，其性能和适用范围见表 4 – 2 – 1。

表 4 – 2 – 1　　　　　　　　砂轮组成要素、代号、性能和适用范围

系别	名称	代号	特点	适用范围
刚玉	棕刚玉	A	棕褐色，硬度较低，韧性较好	碳钢、合金钢、铸铁
	白刚玉	WA	白色，较 A 硬度高，磨粒锋利，韧性差	淬火钢，高速钢、合金钢
	铬刚玉	PA	玫瑰红色，韧性较 WA 好	高速钢、不锈钢、刀具刃磨
碳化物	黑碳化硅	C	黑色带光泽，比刚玉类硬度高，导热性好，韧性差	铸铁、黄铜、非金属材料
	绿碳化硅	GC	绿色带光泽	硬质合金、宝石、光学玻璃
超硬磨料	人造金刚石	MBD、RVD 等	白色、淡绿、黑色，硬度高，耐热性较差	硬质合金、宝石、光学玻璃、陶瓷
	立方氮化硼	CBN	棕黑色，硬度仅次于 MBD，韧性较 MBD 等好	高速钢、不锈钢、耐热钢

2. 砂轮粒度

粒度是指磨料尺寸的大小。粒度有两种表示方法：对于用筛分法来区分的较大磨粒，以每英寸筛网长度上筛孔的数目来表示。如 46# 粒度表示磨粒刚可通过每英寸长度上有 46 个孔眼的筛网。对于用显微镜测量来区分的微细磨粒（又称微粉或微磨料），是以其最大尺寸（单位为 m）前面加 W 来表示，如某微粉的实际尺寸为 8 m 时，其粒度号标为 W8。常用砂轮粒度号及其使用范围见表 4 - 2 - 2。

表 4 - 2 - 2　　　　　　　　常用砂轮粒度号及其使用范田

类别		粒度号	适用范围
磨粒	粗粒	8#、10#、12#、14#、16#、20#、22#、24#	荒磨
	中粒	30#、36#、40#、46#	一般磨削加工表面粗糙度可达 Ra 0.8 m
	细粒	54#、60#、70#、80#、90#、100#	半精磨、精磨和成形磨削。加工表面粗糙度可达 Ra 0.1 ~ 0.8 m
	微粒	120#、150#、180#、220#、240#	精磨、精密磨、超精磨、成形磨、刀具刃磨
微粉		W60、W50、W40、W28、W20、W14、W10、W7、W5、W3.5、W2.5、W1.5、W1.0、W0.5、W0.1	精磨、精密磨、超精磨、螺纹磨、镜面磨、精研。加工表面粗糙度可达 Ra 0.005 ~ 0.1 μm

微磨料的粒度越小，磨削效果越好，价格也越高，一般来说微磨料用于精磨光整加工。如 W0.1 的微磨料加工后表面粗糙度可达 Ra 0.001，价格昂贵，1 kg 售价在 3 万元左右，而 W1 的微磨料 1 kg 售价仅 30 元。

砂轮不能磨削柔软的有色金属，因为有色金属质地非常软，砂轮磨削时，柔软的磨屑会堵塞砂轮磨粒间的空隙，使砂轮失效。

3. 砂轮结合剂

把磨粒黏在一起的物质叫结合剂。结合剂的性能决定了砂轮的强度、耐冲击、耐腐蚀性和耐热性。此外，它对磨削强度和磨前的表面质量也有一定的影响。表 4 - 2 - 3 为结合剂的种类、性能及适用范围。

表 4 - 2 - 3　　　　　　　常用结合剂的性能及使用范围

结合剂	代号	性能	适用范围
陶瓷	V	耐热、耐腐、气孔率大、易保持廓形，弹性差	最常用，适用于各类磨削加工
树脂	B	强度较 V 高，弹性好，耐热性差	适用于高速磨削、切断、开槽等
橡胶	R	强度较 B 高，更富有弹性，气孔率小，耐热性差	适用于切断、开槽及作无心磨的导轮
青铜	Q	强度最高，导电性好，磨耗少，自锐性差	适用于金刚石砂轮

磨床砂轮是磨粒与结合剂混合后按照需要制成各种形状的，所以砂轮具有自锐性。当外层参与加工的磨粒逐渐钝化脱落，内层的磨粒逐渐露出并参与磨削，反复循环直至到磨损极限。加工时因为工件的硬度不可能完全均匀，所以砂轮会出现形状失真的情况，造成磨削精度下降。因此磨床中，位于砂轮上方都设有时时为砂轮修形的金刚滚轮装置，校正砂轮形状，保证磨削精度。金刚滚轮的主轴上安装有调整垫圈，可在一定范围内调整金刚滚轮的行程，保证金刚滚轮可以将整个砂轮磨削部分修形。

4. 砂轮硬度

砂轮的硬度是指磨料在磨削力的作用下，从砂轮表面脱落的难易程度。它反映结合剂固结磨料的牢固程度。砂轮的硬度与磨料的硬度是两个不同的概念，同一磨料可以制成不同硬度的砂轮。

砂轮硬度对磨削过程影响较大。如果砂轮太硬，磨粒磨钝后不能脱落，会使切削力和切削热增加，切削效率下降，工件表面粗糙，甚至会烧伤工件表面。如果砂轮太软，磨粒未磨钝就会从砂轮上脱落，砂轮损耗大，形状不易保持，影响加工质量。砂轮的硬度合适，磨粒磨钝后因切削力增大而自行脱落，使新的锋利的磨粒露出，砂轮具有自锐性，磨削效率高，工件表面质量好，砂轮的损耗也小。砂轮的硬度等级见表 4 - 2 - 4。

表 4 - 2 - 4　　　　　　　　　　　　　　砂轮的硬度等级

等级	超软		软			中软		中		中硬		硬		超硬
代号	D	E	F	G	H	J	K	L	M	N	P	Q	R	S	T	Y
选择	磨未淬硬钢选用 L ~ N，磨淬火合金钢选用 H ~ K，高表面质量磨削时选用 K ~ L，刃磨硬质合金刀具选用 H ~ L														

5. 砂轮组织

砂轮的组织表示砂轮中的磨料、结合剂和气孔间的体积比例。它反映砂轮结构的松紧程度。根据磨料在砂轮中占有的体积百分数（磨粒率），砂轮可分为 0 ~ 14 组织号，见表 4 - 2 - 5。组织号从小到大，磨粒率由大到小，气孔率从小到大。组织号大，砂轮不易堵塞，切削液和空气容易带入切削区域，可降低磨削区域的温度，减少工件的热变形和烧伤，还可以提高磨削效率。但组织号大，不易保持砂轮的轮廓形状，影响工件的磨削精度和表面粗糙度。

表 4 - 2 - 5　　　　　　　　　　　　　　砂轮的组织号

组织号	0	1	2	3	4	5	6	7	8	9	10	11	12	13	14
磨粒率/%	62	60	58	56	54	52	50	48	46	44	42	40	38	36	34

二、砂轮型号的表达

砂轮型号的标志如下所示，其顺序是：形状（表 4 - 2 - 6）、尺寸、磨料（表 4 - 2 - 1）、粒度(表4-2-2)、硬度(表4-2-4)、组织号(表4-2-5)、结合剂(表4-2-3)和允许的最高线速度。

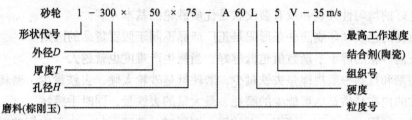

表4-2-6　　　　　　　**常用砂轮的形状代号及主要用途**

代号	名称	断面形状	形状尺寸标记	主要用途
1	平面砂轮		$1 - D \times T \times H$	磨外圆、内孔、平面及刃磨刀具
2	筒形砂轮		$2 - D \times T - W$	端磨平面
4	双边砂轮		$4 - D \times T/U \times H$	磨齿轮及螺纹
6	杯形砂轮		$6 - D \times T \times H - W, E$	端磨平面，刃磨刀具后面
11	碗形砂轮		$11 - D/J \times T \times H$ $- W, E, K$	
12a	蝶形一号砂轮		$12a - D/J \times T/U \times H$ $- W, E, K$	刃磨刀具前面
41	薄片砂轮		$41 - D \times T \times H$	切断及磨槽

注：➡是砂轮的切削工作面。

三、砂轮选择

（1）良好的均匀性外观和没有裂纹状是优质砂轮的基本外观。

（2）精良的包装和印刷防伪条形码是正厂产品不同于假冒货品的区别。

（3）任何砂轮的静不平衡数值越低越好，当然生产难度也就越大。

（4）切割和打磨一般规律是去铁量少，磨耗低是砂轮太硬，去铁量少、磨耗大是用料太差，优质的内在品质是尽可能少的磨耗、最大量的去铁量，同时手感好。

（5）对于碳钢，合金钢、铸钢、不锈钢、铜铝材、玻璃石材，由于它们的组织密度和发热状况不一样，也就决定了要选择砂轮时有所区别：对玻璃石材，市场上有专门的玻璃石材切割打磨工具；铜铝材和不锈钢实心材料应用厚度低一些的或以锆刚玉为基材的切割片或打磨片；对切割碳钢、不锈钢型材（非实心）要求选用硬度高一些的砂轮会大幅度提高寿命；但对实心的圆钢、锻件，又要求砂轮的硬度不能太高，否则会切不动。

（6）如果你的某一种规格砂轮用量很大，市上不可能有最适合你的切断或磨削砂轮，请一定跟经销商联系，提出使用的具体情况，他们能提供让你最大限度地降低使用成本的磨具制品。

任务三　工件的装夹

工件的形状、尺寸加工要求以及生产条件等具体情况不同，其装夹方法也不同。常用的工件装夹方法有以下几种。

一、前、后顶尖装夹

这种方法的特点是安装方便、定位精度高。装夹时，利用工件两端的中心孔，把工件支承在前顶尖和后顶尖之间，工件由头架的拨盘和拨杆带动夹头旋转（图 4 − 3 − 1）。其旋转方向与砂轮旋转方向相同。磨削加工均采用固定顶尖（俗称死顶尖），它们固定在头架和尾座中，磨削时顶尖不旋转。这样头架主轴的径向圆跳动、误差和顶尖

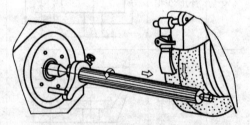

图 4 − 3 − 1　前、后顶尖装夹工件

本身的同轴度误差就不再对工件的旋转运动产生影响。只要中心孔和顶尖的形状正确，安装得当，就可以使工件磨削的旋转轴线始终固定不变，从而获得较高的加工精度。

二、用三爪自定心卡盘或四爪单动卡盘装夹

1. 用三爪自定心卡盘装夹

三爪自定心卡盘能自动定心，工件装夹后一般不需找正，但在加工同轴度要求较高的工件时，也需逐件校正。它适用于装夹外形规则的零件，如外形为圆柱形、正三角形、正六边形等的工件。

三爪自定心卡盘是通过法兰盘装到磨床主轴上的，法兰盘与卡盘通过定心台阶配合，然后用螺钉紧固。法兰盘的结构，根据磨床主轴结构不同而不同。带有锥柄的法兰盘（图4-3-2），它的锥柄与主轴前端内锥孔配合，用通过主轴贯穿孔的拉杆拉紧法兰盘。带有锥孔的法兰盘（图4-3-3）。它的锥孔与主轴的外圆锥面配合，法兰盘用螺钉紧固在主轴前端的法兰上。安装时，需要用百分表检查它的端面圆跳动量，并校正跳动量小于0.015 mm，然后把卡盘安装在法兰盘上。

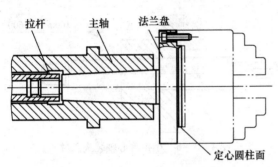

图4-3-2 带锥柄的法兰盘图

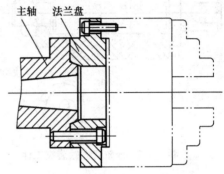

图4-3-3 带锥孔的法兰盘

2. 用四爪单动卡盘装夹

由于四爪单动卡盘四个爪各自独立运动，因此工件装夹时，必须将加工部分的旋转轴线找正到与磨床主轴的旋转轴线重合后才能磨削。

四爪单动卡盘的优点是夹紧力大，因此适用于装夹大型或形状不规则的工件。

四爪单动卡盘与磨床主轴的连接方法和三爪自定心卡盘连接方法相同。

3. 用一夹一顶装夹

如图4-3-4所示，这种方法是一端用卡盘夹住，另一端用后顶尖顶住的方法，装夹牢固、安全、刚性好。但应保证磨床主轴的旋转轴线与后顶尖在同一直线上。

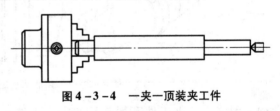

图4-3-4 一夹一顶装夹工件

4. 用心轴和堵头装夹

磨削中有时会碰到一些套类零件，而且多数要求保证内、外圆同轴度。这时一般都是先将工件内孔磨好，然后再以工件内表面为定位基准磨外圆。此时就需要使用心轴装夹工件。

心轴两端做有中心孔，将心轴装夹在机床的前、后顶尖中间，夹头则夹在心轴外圆上，这样就可以进行外圆磨削。心轴一端也可以是与磨床头架主轴莫氏锥度相配合的锥柄，可装夹在磨床头架主轴锥孔中。

应用心轴和堵头装夹磨削，一定要将工件所需加工外圆表面及端面全部磨削完成，才能拆卸，绝对不可以在中途松动心轴和堵头，这样将无法保证加工精度要求。

（1）用台阶式心轴装夹工件（图4-3-5）。这种心轴的圆柱部分与零件孔之间保持较小间隙配合，工件靠螺母压紧，定位精度较低。

（2）用小锥度心轴装夹工件（图 4-3-6）。心轴锥度为 1:100～1:5 000。这种心轴制造简单、定位精度高，靠工件装在心轴上所产生的弹性变形来定位并胀紧工件。缺点是承受切削力小，装夹不太方便。

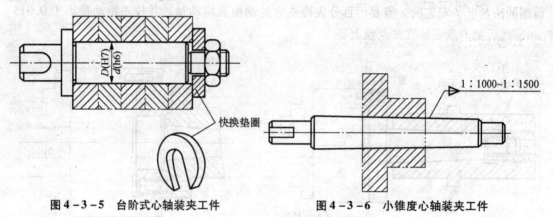

图 4-3-5　台阶式心轴装夹工件　　　　　图 4-3-6　小锥度心轴装夹工件

（3）用胀力心轴装夹工件（图 4-3-7）。胀力心轴依靠材料弹性变形所产生的胀力来固定工件。由于装夹方便，定位精度高，故目前使用较广泛。小批量工件加工时，胀力心轴可采用铸铁做成。

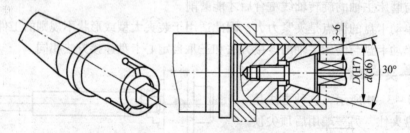

图 4-3-7　用胀力心轴装夹工件

（4）用堵头装夹工件磨削较长的空心工件，不便使用心轴装夹，这时可在工件两端装上堵头。堵头上有中心孔，可代替心轴装夹工件。如图 4-3-8 所示，左端的堵头 1 压紧在工件孔中，右端堵头 2 以圆锥面紧贴在工件锥孔中，堵头上的螺纹供拆卸时用。

图 4-3-9 所示是法兰盘式堵头，适用于装夹两端孔径较大的工件。

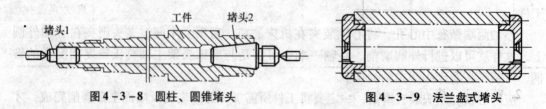

图 4-3-8　圆柱、圆锥堵头　　　　　　　图 4-3-9　法兰盘式堵头

任务四 磨削加工

一、磨削工艺的特点

1. 磨削工件的结构工艺性

磨削加工各表面时，要考虑过渡部位，应设计出砂轮越程槽，保证砂轮自由退出和加工的空间。具体见表4-4-1。

表4-4-1　　　　　　　　　　　　磨削工件的结构工艺性

序号	图例		说明
	改进前	改进后	
1	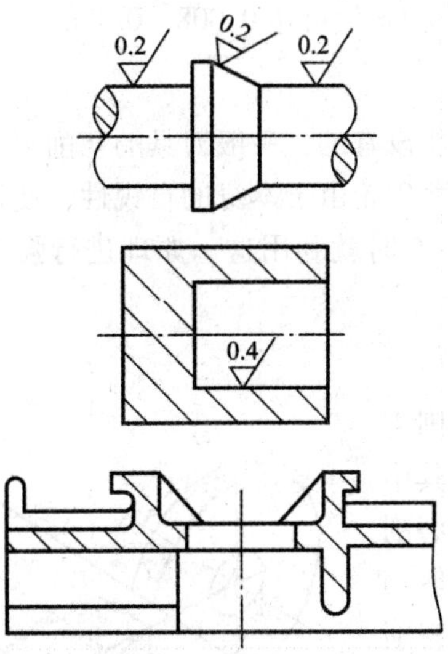	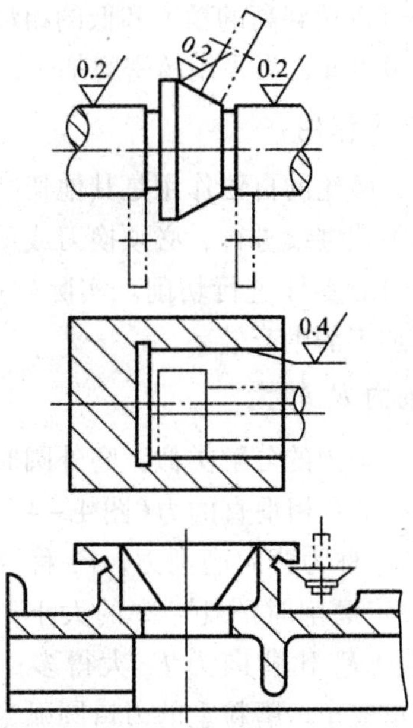	磨削时，各表面圆的过渡部位，应设计出越程槽，保证砂轮自由退出和加工的空间
2	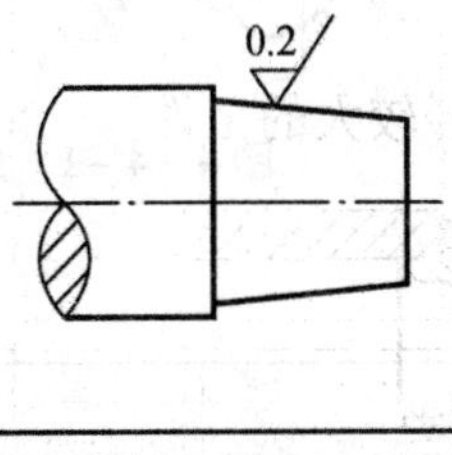	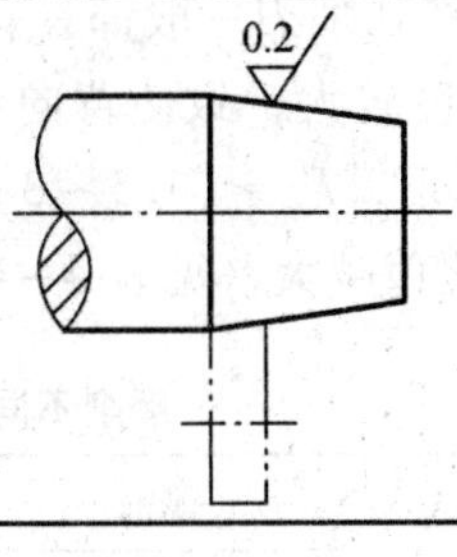	改进前磨削前锥度部分时，由于轴肩关系，使走刀量减小；生产率低

2. 精度高、表面粗糙度值小

磨削时，砂轮表面有极多的切削刃，并且刃口圆弧半径 r_ε 较小。例如粒度为46#的白刚玉磨粒，$r_\varepsilon \approx 0.006 \sim 0.012$ mm，而一般车刀和铣刀的 $r_\varepsilon \approx 0.012 \sim 0.032$ mm。磨粒上较

锋利的切削刃，能够切下一层极薄的金属，切削厚度可以小到数微米，这是精密加工必须具备的条件之一。一般切削刀具的刃口圆弧半径虽然可以磨得小些，但不耐用，不能或难以进行经济的、稳定的精密加工。

磨削所用的磨床，比一般切削加工机床精度高，刚度及稳定性较好，并且具有微量进给机构（表4-4-2），可以进行微量切削，从而保证了精密加工的实现。

表4-4-2　　　　　　　不同机床微切进给机构的刻度值

机床名称	平面磨床	外圆磨床	精密外圆磨床	内圆磨床
刻度值/mm	0.01	0.005	0.002	0.002

磨削时，切削速度很高，如普通外圆磨削 $v_c \approx 30 \sim 35$ m/s，高速磨削 $v_c > 50$ m/s。当磨粒以很高的切削速度从零件表面切过时，同时有很多切削刃进行切削，每个切削刃从零件上切下极少量的金属，残留面积高度很小，有利于降低表面粗糙度。

因此，磨削可以达到高的精度和低的粗糙度。一般磨削精度可达 IT7~IT6，表面粗糙度 Ra 值为 0.2~0.8 m，当采用精密磨削时，粗糙度 Ra 值可达 0.008~0.1 m。

3. 砂轮有自锐作用

磨削过程中，砂轮的自锐作用是其他切削刀具所没有的，一般刀具的切削刃，如果磨钝损坏，则切削不能继续进行，必须换刀或重磨。而砂轮由于本身的自锐性，使得磨粒能够以较锋利的刃口对零件进行切削。实际生产中，有时就利用这一原理进行强力连续磨削，以提高磨削加工的生产效率。

4. 背向磨削力 F_y 较大

与车外圆时切削力的分解类似，磨外圆时总磨削力 F 也可以分解为三个互相垂直的力（图4-4-1），其中 F_z 称为磨削力，F_y 称为背向磨削力，F_x 称为进给磨削力。磨削力 F_z 决定磨削时消耗功率的大小，在一般切削加工中，切削力 F_z 比背向力 F_y 大得多；而在磨削时，由于背吃刀量较小，磨粒上的刃口圆弧半径相对较大，同时由于磨粒上的切削刃一般都具有负前角，砂轮与零件表面接触的宽度较大，致使背向磨削力 F_y 大于磨削力 F_z。一般情况下，$F_y \approx (1.5 \sim 3)F_z$，零件材料的塑性越小，$F_y/F_z$ 之值越大，见表4-4-3。

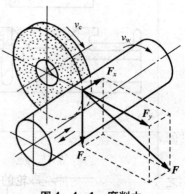

图4-4-1　磨削力

表4-4-3　　　　　　　磨削不同材料时 F_y/F_z 之值

零件材料	碳钢	淬硬钢	铸铁
F_y/F_z	1.6~1.8	1.9~2.6	2.7~3.2

虽然背向磨削力 F_y 不消耗功率，但它作用在工艺系统（机床、夹具、零件、刀具所组成的加工系统）刚度较差的方向上，容易使工艺系统产生变形，影响零件的加工精度。例

如纵磨细长轴的外圆时，由于零件的弯曲而产生腰鼓形，如图4-4-2所示。进给磨削力很最小，一般可忽略不计。另外，由于工艺系统的变形，会使实际的背吃刀量比名义值小，这将增加磨削加工的走刀次数。一般在最后几次光磨走刀中，要少吃刀或不吃刀，以便逐步消除由于弹性变形而产生的加工误差，这就是常说的无进给有火花磨削。但是，这样将降低磨削加工的效率。

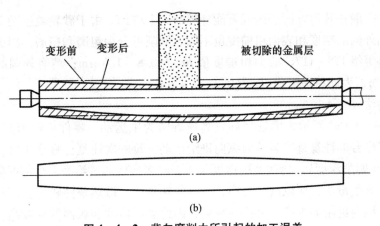

图4-4-2　背向磨削力所引起的加工误差

（a）磨削时工件变形；（b）工件磨削后变形

5. 磨削温度高

磨削时的切削速度为一般切削加工的10~20倍。在这样高的切削速度下，加上磨粒多为负前角切削，挤压和摩擦较严重，磨削时滑擦、刻划和切削三个阶段所消耗的能量绝大部分转化为热量。又因为砂轮本身的传热性很差，大量的磨削热在短时间内传散不出去，在磨削区形成瞬时高温，有时高达800~1 000 ℃，并且大部分磨削热将传入零件。

高的磨削温度容易烧伤零件表面，使淬火钢件表面退火，硬度降低，即使由于切削液的浇注可以降低切削温度，但又可能发生二次淬火，会在零件表层产生拉应力及显微裂纹，降低零件的表面质量和使用寿命。

高温下，零件材料将变软而容易堵塞砂轮，这不仅会影响砂轮的耐用度，也会影响零件的表面质量。

因此，在磨削过程中，应采用大量的切削液。磨削时加注切削液，除了冷却和润滑作用之外，还可以起到冲洗砂轮的作用。切削液将细碎的切屑以及碎裂或脱落的磨粒冲走，避免砂轮堵塞，可有效地提高零件的表面质量和砂轮的耐用度。

磨削钢件时，广泛应用的切削液是苏打水或乳化液。磨削铸铁、青铜等脆性材料时，一般不加切削液，而用吸尘器清除尘屑。

6. 表面变形强化和残余应力严重

磨削与刀具切削相比，磨削的表面变形强化层和残余应力层要浅得多，但危害程度却更为严重，对零件的加工工艺、加工精度和使用性能均有一定的影响。例如，磨削后的机床导轨面，刮削修整比较困难。残余应力使零件磨削后变形，丧失已获得的加工精度，还可导致细微裂纹，影响零件的疲劳强度。及时修整砂轮、施加充分的切削液、增加光磨次数，都可在一定程度上减少表面变形强化和残余应力。

二、基本磨削方法

1. 外圆磨削

外圆磨削一般在普通外圆磨床或万能外圆磨床上进行。由于砂轮粒度及采用的磨削用量不同，磨削外圆的精度和表面粗糙度也不同。磨削可分为粗磨和精磨，粗磨外圆的尺寸精度可达公差等级 IT8 ~ IT7，表面粗糙度值 Ra 为 0.8 ~ 1.6 μm；精磨外圆的尺寸精度可达公差等级 IT6，表面粗糙度值 Ra 为 0.2 ~ 0.4 μm。

（1）纵磨法

如图 4 - 4 - 3（a）所示，磨削时砂轮高速旋转为主运动，零件旋转为圆周进给运动，零件随磨床工作台的往复直线运动为纵向进给运动。每一次往复行程终了时，砂轮做周期性的横向进给（磨削深度）。每次磨削深度很小，经多次横向进给磨去全部磨削余量。

由于每次磨削量小，所以磨削力小，产生的热量小，散热条件较好。同时，还可以利用最后几次无横向进给的光磨行程进行精磨，因此加工精度和表面质量较高。此外，纵磨法具有较大的适应性，可以用一个砂轮加工不同长度的零件。但是，它的生产效率较低，广泛用于单件、小批量生产及精磨，特别适用于细长轴的磨削。

（2）横磨法

如图 4 - 4 - 3（b）所示，又称切入磨削法，零件不做纵向往复运动，而由砂轮做慢速连续的横向进给运动，直至磨去全部磨削余量。

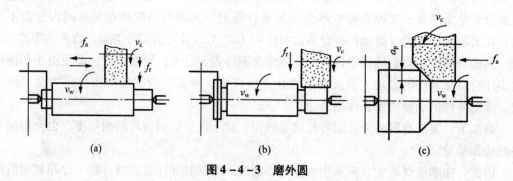

图 4 - 4 - 3　磨外圆

（a）纵磨法；（b）横磨法；（c）深磨法

横磨法生产率高，但由于砂轮与零件接触面积大，磨削力较大，发热量多，磨削温度高，零件易发生变形和烧伤。同时，砂轮的修正精度以及磨钝情况均直接影响到零件的尺寸精度和形状精度。所以横磨法适用于成批及大量生产中加工精度较低、刚性较好的零件。尤其是零件上的成形表面，只要将砂轮修整成形，就可直接磨出，较为简便。

（3）深磨法

如图 4 - 4 - 3（c）所示，磨削时用较小的纵向进给量（一般取 1 ~ 2 mm/r）、较大的背吃刀量（一般为 0.1 ~ 0.35 mm），在一次行程中磨去全部余量，生产率较高。需要把砂轮

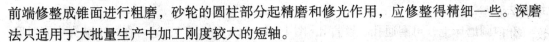

前端修整成锥面进行粗磨，砂轮的圆柱部分起精磨和修光作用，应修整得精细一些。深磨法只适用于大批量生产中加工刚度较大的短轴。

（4）在无心外圆磨床上磨外圆

无心外圆磨削是一种生产率很高的精加工方法，如图4-4-4所示。磨削时，零件置于磨轮和导轮之间，下方靠托板支承，由于不用顶尖支承，所以称为无心磨削。零件以外圆柱面自身定位，其中心略高于磨轮和导轮中心连线。磨轮以一般的磨削速度($v_{轮}=30\sim40$ m/s)旋转，导轮以较低的速度同向旋转($v_c=0.16\sim0.5$ m/s)。由于导轮是用橡胶结合剂做成的，磨粒较粗，零件与导轮之间的摩擦较大，所以零件由导轮带动旋转。导轮轴线相对于零件轴线倾斜一定角度($\alpha=1°\sim5°$)，故导轮与零件接触点的线速度可以分解为v_{wr}和v_{wa}两个分量。v_{wr}为零件旋转速度，即圆周进给速度；v_{wa}为零件轴向移动速度，即纵向进给速度，v_{wa}使零件沿轴向做自动进给。导轮倾斜α角后，为了使导轮表面与零件表面仍能保持线接触，导轮的外形应修整成单叶双曲面。无心外圆磨削时，零件两端不需预先打中心孔，安装也较方便，并且机床调整好之后，可连续进行加工，易于实现自动化，生产效率较高。零件被夹持在磨轮与导轮之间，不会因背向磨削力而被顶弯，有利于保证零件的直线度，尤其是对于细长轴类零件的磨削，优点更为突出。但是，无心外圆磨削要求零件的外圆面在圆周上必须是连续的，如果圆柱表面上有较长的键槽或平面等，导轮将无法带动零件连续旋转，故不能磨削。又因为零件被托在托板上，依靠本身的外圆面定位，若磨削带孔的零件，则不能保证外圆面与孔的同轴度。另外，无心外圆磨床的调整比较复杂。因此，无心外圆磨削主要适用于大批量生产的销轴类零件，特别适合于磨削细长的光轴。

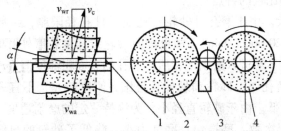

图4-4-4 无心外圆磨削示意图
1——零件；2——磨轮；3——托板；4——导轮

2. 孔的磨削

磨孔是用高速旋转的砂轮精加工孔的方法。其尺寸公差等级可达IT7，表面粗糙度值Ra为$0.4\sim1.6$ μm。孔的磨削可以在内圆磨床上进行，也可以在万能外圆磨床上进行。磨孔时，砂轮旋转为主运动，零件低速旋转为圆周进给运动（其旋转方向与砂轮旋转方向相反）；砂轮直线往复为轴向进给运动；切深运动为砂轮周期性的径向进给运动。

（1）孔的磨削方法

与外圆磨削类似，内圆磨削也可以分为纵磨法和横磨法。横磨法仅适用于磨削短孔及内成形面。鉴于磨内孔时受孔径限制，砂轮轴比较细，刚性较差，所以多数情况下是采用纵磨法。

在内圆磨床上，可磨通孔、磨盲孔[图4-4-5(a)、(b)]，还可在一次装夹中同时磨出内孔的端面[图4-4-5(c)]，以保证孔与端面的垂直度和端面圆跳动公差的要求。在外圆磨床上，除可磨孔、端面外，还可在一次装夹中磨出外圆，以保证孔与外圆的同轴度公差的要求。若要磨圆锥孔，只需将磨床的头架在水平方向偏转半个锥角即可。

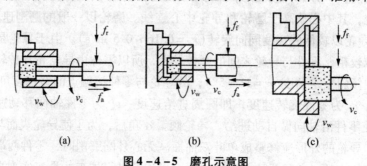

图4-4-5　磨孔示意图
(a) 磨通孔；(b) 磨盲孔；(c) 磨孔内端

(2) 磨孔与铰孔或拉孔比较的特点

① 可磨削淬硬的零件孔，这是磨孔的最大优势。

② 不仅能保证孔本身的尺寸精度和表面质量，还可以提高孔的位置精度和轴线的直线度。

③ 用同一个砂轮可以磨削不同直径的孔，灵活性较大。

④ 生产率比铰孔低，比拉孔更低。

(3) 磨孔与磨外圆比较的特点

① 表面粗糙度较大。由于磨孔时砂轮直径受零件孔径限制，一般较小，磨头转速又不可能太高(一般低于20 000 r/min)，故磨削时砂轮线速度较磨外圆时低。加上砂轮与零件接触面积大，切削液不易进入磨削区，所以磨孔的表面粗糙度值 Ra 较磨外圆时大。

② 生产率较低。磨孔时，砂轮轴悬伸长且细，刚度较差，不宜采用较大的背吃刀量和进给量，故生产率较低。由于砂轮直径小，为维持一定的磨削速度，转速要高，增加了单位时间内磨粒的切削次数，磨损快；磨削力小，降低了砂轮的自锐性，且易堵塞。因此，需要经常修整砂轮和更换砂轮，增加了辅助时间，使磨孔生产率进一步降低。

3. 平面磨削

平面磨削是在铣、刨基础上的精加工。经磨削后平面的尺寸精度可达公差等级 IT6 ~ IT5，表面粗糙度值 Ra 达0.2~0.8 μm。

平面磨削的机床，常用的有卧轴、立轴柜台平面磨床和卧轴、立轴圆台平面磨床，其主运动都是砂轮的高速旋转，进给运动是砂轮、工作台的移动，如图4-4-6所示。

与平面铣削类似，平面磨削可以分为周磨和端磨两种方式。周磨是在卧轴平面磨床上利用砂轮的外圆柱面进行磨削，如图4-4-6(a)、(b)所示，周磨时砂轮与零件的接触面积小，磨削力小，磨削热少，散热、冷却和排屑条件好，砂轮磨损均匀，所以能获得高的精度和低的表面粗糙度，常用于各种批量生产中对中小型零件的精加工。端磨则是在立轴平面磨床上利用砂轮的端面进行磨削，如图4-4-6(c)、(d)所示，端磨平面时砂轮与零件的接触面积大，磨削力大，磨削热多，散热、冷却和排屑条件差，砂轮端面沿径向各点圆周速度不同，砂轮磨损不均匀，所以端磨精度不如周磨。但是，端磨磨头悬伸长度较短，又垂直于工作台面，承受的主要是轴向力，刚度好，加之这种磨床功率较大，故可采用较大的磨削用量，生产率较高，常用于大批量生产中代替铣削和刨削进行粗加工。磨削铁磁性零件(钢、铸铁等)时，多利用电磁吸盘将零件吸住，装卸很方便。对于某些不允许带有磁性的零件，磨完平面后应进行退磁处理。因此，平面磨床附有退磁器，可以方便地将零件的磁性退掉。

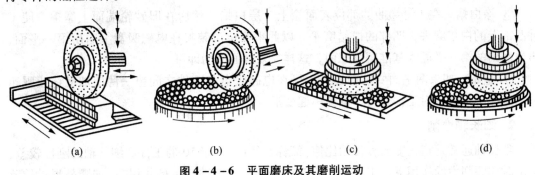

图4-4-6 平面磨床及其磨削运动

(a) 卧式柜台磨床磨削；(b) 圆台平面磨床磨削；(c) 立式柜台磨削；(d) 圆台平面磨床磨削

三、典型工件磨削

1. 薄片工件磨削

垫圈、摩擦片、样板等厚度较薄或比较狭长的工件均称为薄片、薄板工件。这类工件刚度差、磨削时很容易产生受热变形和受力变形。尤其工件在磨削前有翘曲变形[图4-4-7(a)]，这时如果用电磁吸盘进行装夹，在吸力作用下产生很大的弹性变形，翘曲暂时消失[图4-4-7(b)]，但去除吸紧力、放松工件后，弹性变形消失，工件又恢复成原来的翘曲形状[图4-4-7(c)]。

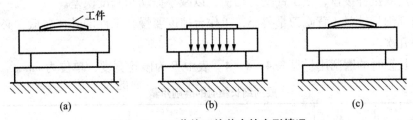

图4-4-7 薄片工件装夹的变形情况

针对薄片工件磨削的特点，可采用一些措施来减小工件因受热或受力产生的变形。

(1) 磨削加工前的上道工序(如车、刨、铣)，要严格保证平面的各项精度要求。

(2) 应选择硬度较低、粒度较粗、组织疏松的白刚玉砂轮进行磨削，并应及时对砂轮进行修正，保持砂轮的锋利。

(3) 磨削时应采用较小的背吃刀量和较高的工作台纵向行程速度。

（4）应供应充分的切削液，改善磨削条件。

（5）改进装夹方法，减小工件的受力变形，可采用如下措施：

① 垫弹性垫片。在工件与电磁吸盘之间垫一层很薄的橡胶垫（0.5～3 mm）或是有密集孔的海绵垫。利用弹性垫片的可压缩性，使工件的弹性变形减小，磨出的工件比较平直。将工件反复翻面磨削几次，在工件平面度得到改善后，可直接将工件吸在电磁吸盘上磨削。

② 垫纸。先将工件放在平板上，检查确定出凹凸两面，将凹面用纸垫平作定位基准面，放在电磁吸盘上磨削，这样磨出的第一个平面比较平，再将磨好的平面直接放在电磁吸盘上磨另一面，这样反复翻面磨削即可。

③ 涂白蜡。在工件翘曲的部位表面涂上一层白蜡，然后在旧砂轮端面上摩擦，使工件凸部上的白蜡磨去，凹部的白蜡磨平，以此平面定位装夹在电磁吸盘上磨出第一平面，再以磨出的第一平面为基准磨第二面，这样反复翻面磨削即可。

④ 垫布。如果两平面要求精度高，可在电磁吸盘和工件之间垫一薄层油毛毡或呢布料，这样可以减少对工件磁力，避免引起变形。

2. 细长轴磨削

细长轴通常是指长度与直径的比值（简称长径比）大于 10 的工件。细长轴的刚性较差，磨削时在磨削力的作用下，工件会产生弯曲变形，使工件产生形状误差（如腰鼓形、竹节形、椭圆形和锥形等）、多角形振痕和径向圆跳动误差等。

因此，磨削细长轴的关键是减小磨削力和提高工件支承的刚度，具体应注意以下几点：

（1）工件在磨削前，应增加校直和消除应力的热处理工序，避免磨前时由于应力变形而使工件弯曲。

（2）应选用粒度较粗、硬度较低的砂轮，以提高砂轮的自锐性。为了减少磨削阻力，还应选用宽度较窄的砂轮，或将宽砂轮前端修窄。

（3）要保证两顶尖的同轴度。顶尖孔应经过修研，保证与顶尖有良好的接触面。尾座顶尖的压力应适当，以减小顶紧力所引起的弯曲变形及因加工中产生的热膨胀伸长所引起的弯曲变形，并保证顶尖孔有良好的润滑。

（4）采用双拨杆拨盘，使工件受力均衡，以减小振动和圆度误差。

（5）磨削细长轴时，背吃刀量要小，工作台速度要慢，工件的转速要低，必要时在精磨时可空磨几次。

磨削细长轴时的磨削用量见表 4-4-4。表中 B 为砂轮宽度，单位为 mm。

表 4-4-4　　　　　　　　　磨削细长轴时的磨削用量

磨削用量＼磨削方式	粗磨	精磨
背吃刀量 a_p/mm	0.005～0.015	0.002 5～0.005
纵向进给量 f/(mm/r)	0.5B	(0.2～0.3)B
工件圆周速度 V_v/(m/min)	3～6	2～5
砂轮圆周速度 v_c/(m/s)	25～30	30～40

（6）磨削过程中，要经常使砂轮保持锋利状态，并注意充分冷却润滑，以减小磨削热的影响。

（7）当工件长径比较大，而加工精度又要求较高时，可采用中心架支承（开式中心架），如图4-4-8所示。为了保证中心架上垂直支承块和水平撑块与工件成一个理想外圆接触，可在工件支承部位先用切入法磨出一小段外圆，然后以此段外圆作为中心架的支承圆。此段外圆要磨得圆并留有适当的精磨余量。磨好支承圆后，就可以调整中心架，使垂直支承块和水平撑块轻轻接触工件表面（防止工件受力太大）。当支承圆和工件全长接刀磨平后，随着工件直径的继续磨小，这时就需要周期调整中心架。

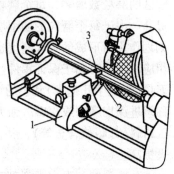

图4-4-8　用中心架支承工件
1——中心架；2——垂直支承块；
3——水平撑块

四、磨削的应用及发展

磨削过去一般常用于半精加工和精加工，随着机械制造业的发展，磨床、砂轮、磨削工艺和冷却技术等都有了较大的改进，磨削已能经济地、高效地切除大量金属。又由于日益广泛地采用精密铸造、模锻、精密冷拔等先进的毛坯制造工艺，毛坯的加工余量较小，可不经车削、铣削等粗加工，直接利用磨削加工就可达到较高的精度和表面质量要求。因此，磨削加工获得了越来越广泛的应用和迅速的发展。

磨削可以加工的零件材料范围很广，既可以加工铸铁、碳钢、合金钢等一般结构材料，也能够加工高硬度的淬硬钢、硬质合金、陶瓷和玻璃等难切削的材料。但是，磨削不宜精加工塑性较大的有色金属零件。

磨削可以加工外圆面、内孔、平面、成形面、螺纹和齿轮齿形等各种各样的表面，还常用于各种刀具的刃磨。

近年来，磨削正朝着两个方向发展：一个是高精度、低粗糙度磨削；另一个是高效磨削。

1. 高精度、低粗糙度磨削

包括精密磨削（Ra 为 $0.05 \sim 0.1~\mu m$）、超精磨削（Ra 为 $0.012 \sim 0.025~\mu m$）和镜面磨削（Ra 为 $0.008~\mu m$ 以下），可以代替研磨加工，以节省工时和减轻劳动强度。

进行高精度、小粗糙度磨削时，除对磨床精度和运动平稳性有较高要求外，还要合理地选用工艺参数，对所用砂轮要经过精细修整，以保证砂轮表面的磨粒具有等高性很好的微刃。磨削时，磨粒的微刃在零件表面上切下微细切屑，同时在适当的磨削压力下，借助半钝状态的微刃，对零件表面产生摩擦抛光作用，从而获得高的精度和低的表面粗糙度。

2. 高效磨削

包括高速磨削、强力磨削和砂带磨削，主要目标是提高生产效率。高速磨削是指磨削速度 v_c（即砂轮线速度） $>50~m/s$ 的磨削加工，即使维持与普通磨削相同的进给量，也会因提高零件速度而增加金属切削率，使生产率提高。由于磨削速度高，单位时间内通过磨削区的磨粒数增多，每个磨粒的切削层厚度将变薄，切削负荷减小，砂轮的耐用度可显著提高。由于每个磨粒的切削层厚度小，零件表面残留面积的高度小，并且高速磨削时磨粒刻划作用所形成的隆起高度也小，因此磨削表面的粗糙度较小。高速磨削的背向力 F_y 将相应减小，有利于保证零件(特别是刚度差的零件)的加工精度。强力磨削就是以大的背吃刀量(可达十几毫米)和小的纵向进给速度(相当于普通磨削的 $1/100 \sim 1/10$)进行磨削，又称缓进深切磨削或深磨。强力磨削适用于加工各种成形面和沟槽，特别能有效地磨削难加工材料(如耐热合金等)，并且它可以从铸、锻件毛坯直接磨出合乎要求的零件，生产率大大提高。

高速磨削和强力磨削都对机床、砂轮及冷却方式提出了较高的要求。砂带磨削，如图 4-4-9 所示是一种新的高效磨削方法。砂带磨削的设备一般都比较简单。砂带回转为主运动，零件由传送带带动做进给运动，零件经过支承板上方的磨削区，即完成加工。砂带磨削的生产率高，加工质量好，能加工外圆、内孔、平面和成形面，有很强的适应性，因而成为磨削加工的发展方向之一，其应用范围越来越广。目前，工业发达国家的磨削加工中，约有 1/3 为砂带磨削，可以预计今后它所占的比例还会增大。

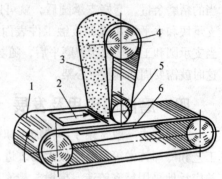

图 4-4-9 砂带磨削
1——传送带；2——零件；3——砂带；
4——张紧轮；5——接触轮；6——支承板

课后思考与练习

1. 查阅国标《金属切削机床 型号编制方法》(GB/T 15375—2008)，标注下列机床型号的含义：M1432B、M7120。

2. M1432B 型磨床液压系统有什么特点？

3. 磨削砂轮的选择有哪些？

4. 磨削加工的工件装夹方法有哪几种？

5. 磨削加工可达到的精度等级和表面粗糙度值是多少？

6. 简述磨削加工的工艺特点。

7. 简述外圆磨削的基本方法。

8. 针对薄片工件磨削的特点，采用哪些措施来减小工件因受热或受力产生的变形？

项目 5
典型表面的机械加工方法

本项目学习要点：

1. 掌握外圆表面的加工方法。
2. 掌握内孔表面的加工方法。
3. 掌握平面的加工方法。
4. 直齿圆柱齿轮齿廓表面的加工方法。

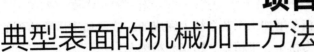

任务一　外圆表面加工方法

机械零件的表面尽管千变万化，但都可以归结为一些基本表面组合而成。最常见的基本表面有以下几种：外圆表面、内孔表面、平面、成形表面和螺纹表面。这些表面根据其在机器或部件中的作用不同，可以分为功能表面和非功能表面。功能表面与其他零件表面有配合要求，它的精度和表面质量决定机器的使用性能及寿命，设计时需要根据功能要求确定合理的精度和表面质量要求；非功能表面与其他零件表面无配合要求，它的精度和表面质量要求往往较低。

以上典型表面是通过机械加工工艺系统的主运动和进给运动来实现的，因此主运动和进给运动是实现切削加工的最基本运动。

外圆表面是轴、套、轮、盘等类零件的主要表面，这类零件在机器中占有相当大的比例。由于各种不同零件上的外圆表面或同一零件上不同部位的外圆表面所起的作用不同，技术要求也不一样，拟订的合理加工方案也就不应相同。

一、外圆表面的技术要求

外圆表面的技术要求有以下几项：

（1）尺寸精度：指外圆表面直径和长度的尺寸精度。

（2）形状精度：指外圆表面的圆度、圆柱度、素线和轴线的直线度。

（3）位置精度：指外圆表面或与外圆表面或内孔表面间的同轴度、径向跳动、端面跳动；外圆表面端面垂直度或倾斜度。

（4）表面质量：指对主要表面的表面粗糙度及表面层的物理力学性能要求。

二、外圆表面的加工方法

外圆表面最常用的切削加工方法有车削、磨削；当精度及表面质量要求很高时，还要进行光整加工。

1. 外圆表面的车削加工

外圆表面的车削加工是在车削加工工艺系统上完成的，按照加工后要达到的精度和表面粗糙度的不同，可以划分为粗车、半精车、精车和精细车。

（1）粗车

目的：尽快地去除多余材料，使其接近工件的形状和尺寸。

特点：采用大的背吃刀量、较大的进给量及中等或较低的切削速度，以提高生产率。

精度：粗车能够达到的尺寸精度为 IT11 ~ IT13，表面粗糙度值 Ra 为 10 ~ 50 μm。对于加工精度要求不高的非功能表面，粗车可以作为最终加工；而对于要求加工精度高的功能表面，粗车作为后续工序的预加工，应留有足够的半精车和精车的加工余量。

（2）半精车

目的：在粗车的基础上，进一步提高外圆表面的尺寸精度、形状及位置精度，降低表面粗糙度，使其更接近工件的形状及尺寸。

特点：背吃刀量、进给量均小于粗车阶段，中等或较低的切削速度，以提高生产率。

精度：半精车能够达到的尺寸精度为 IT9 ~ IT10，表面粗糙度值 Ra 为 2.5 ~ 10 μm。半精车可以作为中等精度表面的最终加工，也可以作为高精度外圆表面磨削或其他精加工的预加工，应留有足够的加工余量。

（3）精车

目的：达到零件表面加工要求。

特点：要求使用高精度的车床，选择合理的车刀几何角度和切削用量；采用的背吃刀量和进给量比半精车还小，为避免产生积屑瘤，常采用高速精车或低速精车。

精度：尺寸精度可达 IT7 ~ IT8，表面粗糙度值 Ra 达 1.25 ~ 5 μm。

（4）精细车

目的：实现有色金属及不宜采用磨削的单件、小批外圆表面的最终加工。

特点：要求使用精度和刚度都非常好的车床，同时采用高耐磨的刀具，如金刚石车刀等。

精度：尺寸精度可达 IT5 ~ IT6，表面粗糙度值 Ra 为 0.01 ~ 0.63 μm。

2. 外圆表面的磨削加工

磨削加工属于工件外圆表面精加工的主要方法。磨削可以不经过车削加工工序直接加工精确坯料，如精密铸件、精密锻件和精密冷轧件。

（1）粗磨

目的：提高生产效率。

特点：粗磨采用较粗磨粒的砂轮和较大的背吃刀量及进给量。

精度：尺寸精度可达 IT8 ~ IT9，表面粗糙度值 Ra 为 1.25 ~ 10 μm。

（2）半精磨

目的：获得较高的精度及较小的表面粗糙度值。

特点：采用较细磨粒的砂轮和较小的背吃刀量及进给量。

精度：尺寸精度可达 IT7～IT8，表面粗糙度值 Ra 为 0.63～2.5 μm。

（3）精磨

目的：获得更高的精度及更小的表面粗糙度值。

特点：采用很细磨粒的砂轮和小的背吃刀量及进给量。

精度：尺寸精度可达 IT6～IT7，表面粗糙度值 Ra 为 0.16～1.25 μm。

（4）光整加工

目的：进一步获得超高的精度及极细小的表面粗糙度值。

特点：采用较细磨粒微粉磨料，包括研磨、超级光磨和抛光。光整加工加工余量极小，不能修正表面形状及位置误差。

精度：尺寸精度可达 IT5，表面粗糙度值 Ra 为 0.2 μm 以下。

外圆表面的磨削可在普通外圆磨床、万能外圆磨床或无心磨床上进行。

三、外圆表面加工方案分析

（1）低精度外圆表面的加工

对于加工精度要求较低、表面粗糙度值较大的各种零件的外圆表面（淬火钢件除外），经粗车即可达到要求。

（2）中等精度外圆表面的加工

对于非淬火件的外圆表面，粗车一次后半精车即可达到要求。

（3）较高精度外圆表面的加工

根据工件材料技术要求不同可以有两种加工方案：

① 粗车→半精车→精车：此方案适用于加工淬火钢件以外的各种金属外圆表面。

② 粗车→半精车→粗磨：此方案适用于加工精度要求较高的淬火钢件、非淬火钢件等外圆表面，不宜加工有色金属。

（4）高精度外圆表面的加工

① 粗车→半精车→粗磨→精磨：此方案适用于加工精度要求很高的淬火钢件、非淬火钢件等外圆表面，不宜加工有色金属。

② 粗车→半精车→精车→精细车（金刚石车）：此方案适用于加工精度高的有色金属。

（5）精密外圆表面的加工

粗车→半精车→粗磨→精磨→精密加工（或光整加工）：此方案适用于加工精度要求极高的外圆表面，不宜加工有色金属。

任务二 内孔表面加工方法

内孔表面是零件上的主要表面之一。根据零件在机器中的作用不同，内孔有不同的精度、表面质量和结构尺寸要求。根据孔的轴线垂直于工件表面方向上的通透性可分为通孔、盲孔；根据直径发生变化的角度可分为阶梯孔和圆锥孔；孔的长径比 $L/D > 5 \sim 10$ 的是深孔，否则为浅孔。

内孔加工时，可根据零件结构类型不同，采用不同的机床、不同的刀具加工。当被加工的孔是回转体零件上的孔，并且该孔的轴线与回转体零件轴线重合时，通常采用车床加工。如果被加工孔是非回转体零件上的孔，如箱体、机座、支架等零件上的孔，通常在立式钻床、摇臂钻床及镗床上加工。对于加工表面多的中小批零件，为提高生产效率，可采用数控机床或加工中心加工。大批量生产还可以在拉床上拉孔。

在这里仅以圆柱孔为例介绍孔的加工方法。由于孔的种类很多，结构各异，作用不同，技术要求也不同，所以在生产实际中还要根据生产条件制订合理的加工方案。

一、内孔表面的技术要求

内孔表面的技术要求有以下几项：

（1）尺寸精度：指孔径和孔长的尺寸精度及孔系中孔与孔、孔与相关表面之间的位置尺寸精度。

（2）形状精度：指内孔表面的圆度，圆柱表面、素线和轴线的直线度。

（3）位置精度：指孔与孔（或孔与外圆表面）之间的同轴度、径向跳动、位置度；孔与孔（或孔轴线与相关平面）垂直度或倾斜度。

（4）表面质量：指内孔表面的表面粗糙度及表面层物理力学性能要求。

二、内孔表面的加工方法

内孔表面与外圆表面切削加工原理基本相似，但具体的加工条件却相差较大。加工内孔表面时，由于尺寸受到被加工孔径的限制，刀杆细、刚性差，不宜采用较大的切削用量；同时刀具处于被加工孔的包围之中，切削液很难进入切削区域，散热、冷却、排屑的条件都很差。对于孔的尺寸测量也不方便。因此，在同等加工精度要求时，内孔表面的加工要难于外圆表面，需要的工序要多，相应的成本也会提高。根据孔的结构不同、尺寸大小不同、孔所起的作用不同等，在采用加工方法及加工刀具等方面也有一定的区别。目前，在机械加工中常用的孔加工方法有以下几种：

1. 钻孔、扩孔、锪孔、铰孔

钻孔、扩孔、锪孔、铰孔是在钻床上对内孔表面进行粗、精加工的主要方法。通常用于实心材料孔加工，所用机床通常是立式钻床、摇臂钻床，如图 5 - 2 - 1、图 5 - 2 - 2 所示。

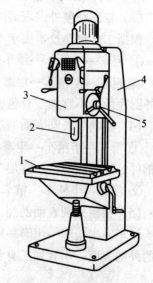

图 5 - 2 - 1 立式钻床

1——工作台；2——主轴；3——主轴箱；
4——立柱；5——进给箱操纵手柄

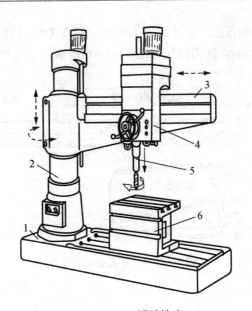

图 5 - 2 - 2　摇臂钻床

1——底座；2——立柱；3——摇臂；4——主轴箱；5——主轴；6——工作台

　　常用的刀具有麻花钻、扩孔钻、锪钻和铰刀。麻花钻是孔加工中应用最广泛的刀具之一，主要用于孔的粗加工阶段，加工精度一般在 IT12 左右，表面粗糙度值 Ra 为 6.3 ~ 12.5 μm，钻孔直径 $\phi 0.1 ~ 80$ mm。麻花钻结构如图 5 - 2 - 3 所示。

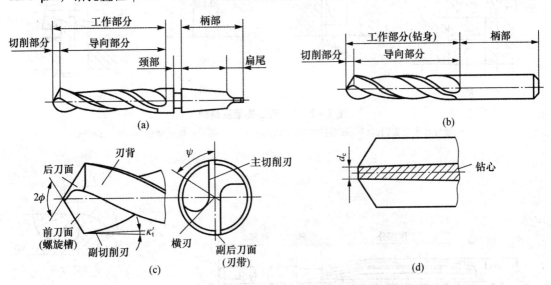

图 5 - 2 - 3　麻花钻结构组成

（a）锥柄麻花钻结构组成；（b）直柄麻花钻结构组成；（c）麻花钻切削部分的结构组成；（d）麻花钻心断面图

　　扩孔钻主要用于扩大孔径，提高孔的表面质量，加工精度一般在 IT9 ~ IT10，表面粗糙度值 Ra 为 3.2 ~ 6.3 μm，它可以用于孔的最终加工或铰孔、磨孔前的预加工。扩孔钻结构如图 5 - 2 - 4 所示。锪钻用于螺纹连接的沉孔、锥孔、台阶孔的加工，其结构如图 5 - 2 - 5 所示。铰刀用于中小孔（$< \phi 40$ mm）的半精加工和精加工，加工余量小，可以加工

圆柱孔、圆锥孔、通孔和盲孔。铰孔的加工精度一般在 IT6～IT7，甚至 IT5 左右，表面粗糙度值 Ra 为 1.6～3.2 μm。铰刀结构如图 5 - 2 - 6 所示。

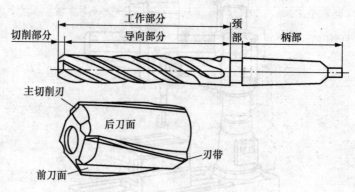

图 5 - 2 - 4　扩孔钻结构组成

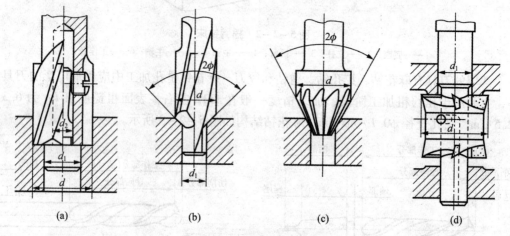

图 5 - 2 - 5　锪钻类型及结构

（a）带导柱平底锪钻；（b）带导柱 90°锥面锪钻；（c）不带导柱锥面锪钻；（d）端面锪钻

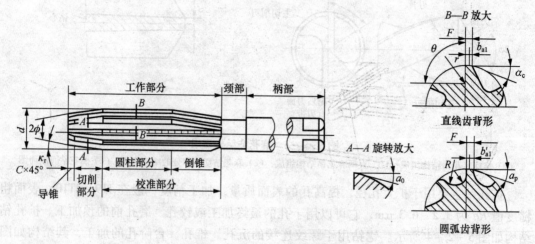

图 5 - 2 - 6　铰刀结构组成

2. 镗孔

　　主要用于直径大(不便于用钻头加工)或具有位置精度要求的孔系的粗、精加工,如箱体件上的平行、同轴孔系等。加工系统为镗削加工工艺系统。根据镗床主轴的方位划分,常见的镗床有卧式坐标镗床和立式坐标镗床,如图5-2-7、图5-2-8所示。

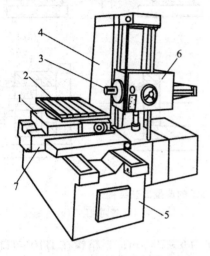
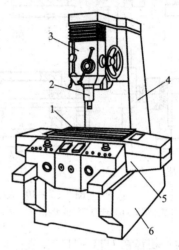

图5-2-7　卧式坐标镗床

1——上滑座;2——工作台;3——主轴;
4——立柱;5——床身;6——主轴箱;7——下滑座

图5-2-8　立式单柱坐标镗床

1——工作台;2——主轴;3——主轴箱;
4——立柱;5——床鞍;6——床身

　　图5-2-9所示为卧式铣镗床,图5-2-10所示为卧式铣镗床上加工的典型工艺结构。其中,镗刀做回转主运动,工件做直线进给运动。镗孔是很经济的孔加工方法。它不但可以实现孔的粗、精加工,还可以修正孔中心的偏斜,保证孔的位置精度。镗孔加工精

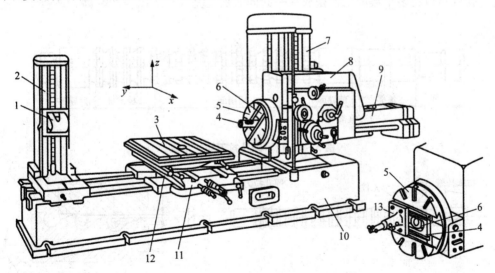

图5-2-9　卧式铣镗床

1——后支撑架;2——后立柱;3——工作台;4——镗轴;5——平旋盘;6——径向刀具溜板;
7——前立柱;8——主轴箱;9——后尾筒;10——床身;11——下滑座;12——上滑座;13——刀架

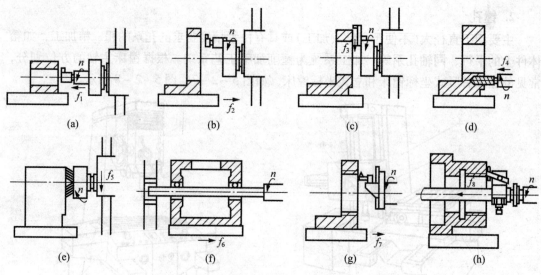

图 5 - 2 - 10   卧式铣镗床上加工的典型工艺结构

（a）悬伸刀杆镗小孔；（b）悬伸刀杆镗大孔；（c）铣端面；（d）钻孔；（e）铣平面；（f）镗同轴孔；（g）车螺纹；（h）车螺纹

度一般为：粗镗在 IT11～IT12，表面粗糙度值 Ra 为 5～10 μm；半精镗在 IT10～IT11，表面粗糙度值 Ra 为 2.5～10 μm；精镗在 IT7～IT9，表面粗糙度值 Ra 为 0.63～5 μm。细精镗在 IT6～IT7，表面粗糙度值 Ra 为 0.16～1.25 μm。

3. 拉孔

如图 5 - 2 - 11、图 5 - 2 - 12、图 5 - 2 - 13 所示，拉孔是利用多刃刀具，通过刀具相对于工件的直线运动完成加工工件的工作。拉孔对圆柱孔、花键孔、成形孔等进行粗、精加工。拉孔可以将多个被加工件摆放在一起同时加工完成，所以生产率高，适合于大批量生产。

图 5 - 2 - 11   圆孔拉刀结构组成

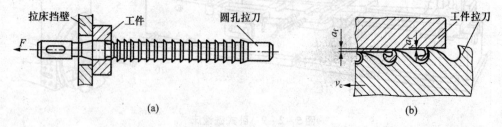

图 5 - 2 - 12   拉削过程

（a）拉刀与工件的位置关系；（b）拉削运动与拉削参数

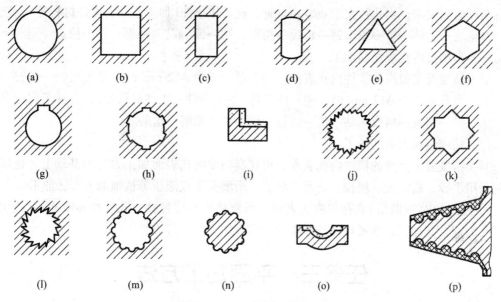

图5-2-13 拉削工艺类型

(a) 圆孔；(b) 方孔；(c) 长方孔；(d) 鼓形孔；(e) 三角孔；(f) 六角孔；(g) 键槽；(h) 花键槽；(i) 相互垂直平面；
(g) 齿纹孔；(k) 多边形孔；(l) 棘爪孔；(m) 内齿轮孔；(n) 外齿轮孔；(o) 成形表面；(p) 涡轮叶片根部的槽形

4. 磨孔

磨孔是精度高、淬硬内孔的主要加工方法，其基本加工方式有内圆磨削、无心磨削和行星磨削。精度一般为：粗磨在 IT8~IT9，表面粗糙度值 Ra 为 1.25~10 μm；半精磨在 IT7~IT8，表面粗糙度值 Ra 为 0.63~5 μm；精磨在 IT7，表面粗糙度值 Ra 为 0.16~1.25 μm。

5. 珩磨孔

在珩磨头上镶嵌有若干砂条，通过可胀机构使砂条径向胀开压向孔内表面。珩磨头在旋转的同时做轴向进给运动，实现对孔的低速磨削和摩擦抛光。珩磨可实现较高的尺寸精度和形状精度及较高的表面质量，生产率较高。精度一般为 IT6，表面粗糙度值 Ra 为 0.1~0.63 μm。珩磨不能修正被加工孔的位置偏差。

珩磨主要用于加工铸铁、淬硬钢和不淬硬钢，不宜加工韧性金属材料。不适合加工带槽的内孔表面。

三、内孔表面的加工方案分析

（1）低精度内孔表面的加工

对于精度要求不高的淬硬钢件、铸铁件及有色金属，经一次钻孔即可达到要求。

（2）中等精度内孔表面的加工

对于精度要求中等的淬硬钢件、铸铁件及有色金属，当孔径小于 ϕ40 mm 时，钻孔后扩孔即可达到要求；当孔径大于 ϕ40 mm 时，采用钻孔后粗镗即可达到要求。

（3）较高精度内孔表面的加工

对于精度要求较高的除淬硬钢件外的零件内孔表面，当孔径小于 ϕ20 mm 时，钻孔后铰孔即可达到要求；当孔径大于 $\phi20$ mm 时，视具体条件(加工条件、工件材料等)，选择下列方案之一：钻→扩→铰、钻→粗镗→精镗、钻→镗(或扩)→磨、钻→拉。

(4) 高精度内孔表面的加工

对于精度要求很高的零件内孔表面，当孔径小于中 $\phi12$ mm 时，可采用钻—粗铰—精铰方案；当孔径大于 $\phi12$ mm 时，视具体条件(加工条件、工件材料等)，选择下列方案之一：钻→扩→粗铰→精铰、钻→拉→精拉、钻→扩→粗磨→精磨。

(5) 精密内孔表面的加工

对于精度要求更高的精密内孔表面，可在高精度内孔表面加工方案的基础上，视情况分别采用手铰、精细镗、精拉、精磨、研磨、珩磨挤压或滚压等精细加工方法加工。

对于已铸出(或锻出)底孔的内孔表面，可直接扩孔或镗孔，孔径在 $\phi40$ mm 以上时，以镗孔为宜。其加工方案视具体条件参考上述方案灵活拟订。

任务三　平面加工方法

平面是箱体、机座类零件的主要加工表面，零件上常见的各种槽：直槽、T 形槽、V 形槽、燕尾槽等沟槽均可以看成是由平面组合而成的。根据平面的作用可分为以下几类：

(1) 结合平面：一般情况下，对结合平面的精度和表面质量要求较高，因为多数用于零件的连接面，如车床主轴箱的箱体与箱盖，齿轮油泵和泵体及泵盖等。

(2) 非结合平面：非结合平面不与任何零件配合，一般无加工精度要求，只有在为了增加外观美观和抗腐蚀性时才对其进行加工。

(3) 导向平面：如各类机床导轨，对其精度和表面质量要求很高。

量具的表面，如钳工的平台、平尺的测量面和计量用量块的测量平面等，对其精度和表面质量要求也很高。

一、平面的技术要求

对平面的技术要求有以下几项：

(1) 形状精度：主要是指平面本身的平面度。

(2) 位置精度：指平面与其他表面之间的平行度、垂直度。

(3) 尺寸精度：指平面与其他表面之间的尺寸公差。

(4) 表面质量：指表面粗糙度、表面硬度、残余应力和表面加工硬化等。

二、平面的加工方法

机械加工中常用的平面加工方法包括：车削、铣削、刨削、磨削、刮削、研磨和抛光等。

1. 平面的车削加工

平面的车削加工一般用于加工回转体类零件的端面。因为回转体类零件的端面一般对其外圆表面、内孔表面有垂直度的要求，而车削可以在一次安装中将这些表面全部加工完成，这样有利于保证它们之间的位置要求。车平面的表面粗糙度 Ra 一般可达 1.6 ~

6.3 μm，精车后的平面度误差在 φ100 mm 的端面上最小可达 0.005 ~ 0.008 mm。中小型零件的端面一般在普通车床上加工；大型零件的平面可在立式车床上完成。

2. 平面的铣削加工

铣削是加工平面的主要方法之一，平面铣削方法有端铣和周铣两种。周铣又分为逆铣与顺铣两种铣削方式。目前多采用端铣加工平面，因为端铣的加工质量和生产率都比周铣高。铣削平面一般用于加工各种不同形状的沟槽及平面的粗、精加工。

平面铣削加工常用的设备有：卧式铣床、立式铣床、万能升降台铣床、龙门铣床等。中小型工件的平面加工常在卧式铣床、立式铣床、万能升降台铣床进行；大型工件表面的铣削加工可在龙门铣床上加工；精度要求很高的平面可以在高速、大功率的高精度铣床上采用高速精铣新工艺加工。

3. 平面的刨削加工

常用的平面加工方法还有刨削。刨削加工分为粗刨和精刨，精刨后平面的表面粗糙度 Ra 一般可达 1.6 ~ 3.2 μm，两平面之间的尺寸精度可达 IT7 ~ IT9，直线度为 0.04 ~ 0.12 mm/m。刨削加工是在牛头刨床和龙门刨床上进行的。刨刀可以分为普通刨刀和宽刃细刨刀，它们的结构与车刀有些相似，其几何角度的选取也与车刀基本相同。由于刨削加工在加工过程中受到冲击力，所以刨刀的前角应选小些，刃倾角也应取负值，使冲击载荷远离刀尖。此外，为了避免刨刀扎入工件，从而保证已加工面质量和精度，一般将刨刀的刀杆做成弯头结构，如图 5 – 3 – 1 所示。

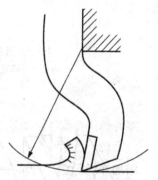

图 5 – 3 – 1　刨刀结构

刨削加工通常是刀具做主运动，工件做进给运动。牛头刨通常适合于中小型零件的加工，龙门刨则用于大型零件的加工或多个零件同时加工。图 5 – 3 – 2、图 5 – 3 – 3 所示为牛头刨和龙门刨的结构外形，图 5 – 3 – 4 为牛头刨的加工类型。

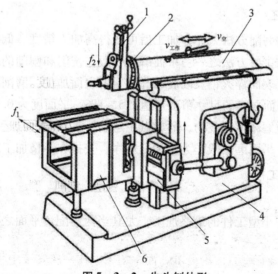

图 5 – 3 – 2　牛头刨外形

1——刀架；2——转盘；3——滑枕；4——床身；5——横梁；6——工作台

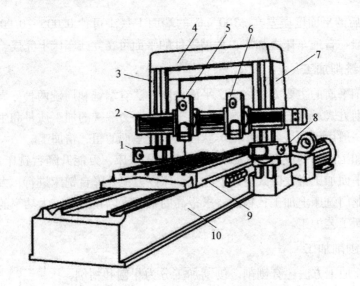

图 5 – 3 – 3　龙门刨外形

1——左侧刀架；2——横梁；3——左立柱；4——顶梁；5——左垂直刀架；

6——右垂直刀架；7——右立柱；8——右侧刀架；9——工作台；10——床身

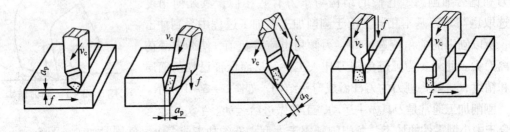

图 5 – 3 – 4　牛头刨的加工类型

4. 平面的磨削加工

平面磨削和其他的磨削方法一样，加工后可获得高加工精度、低表面粗糙度，所以平面磨削是平面精加工的主要方法之一。平面磨削一般在铣削和刨削的基础之上进行，主要用于中小型零件高精度表面淬火钢及硬度较高材料的表面加工。磨削后表面粗糙度一般可达 $0.2 \sim 0.8~\mu m$，两平面之间的尺寸精度可达 IT5 ~ IT6，平面度为 $0.01 \sim 0.03$ mm/m。

平面磨削是在平面磨床上完成的，砂轮做主运动，工件做进给运动。平面磨削分端面磨削和圆周磨削两种。平面磨一般作为精加工工序，安排在半精加工之后进行。

5. 平面的光整加工

（1）平面的研磨

平面研磨多用于中小型工件的最终加工，尤其当两个配合平面之间要求很高的密合性时，常采用研磨法加工。

（2）平面的刮削

平面刮削常用于工具、量具、机床导轨、滑动轴承的最终加工。

（3）平面的抛光

这是在平面上进行了精刨、精铣、精车、磨削后进行的表面加工。经抛光后，可将前道工序的加工痕迹去掉，从而获得光洁的表面。抛光一般只降低表面粗糙度，不能提高加工精度。

6. 平面的其他加工方法

（1）平面的拉削加工

平面的拉削加工是在拉床上进行的，主要完成平面、沟槽等的加工，效率高，适合于大批量生产。较小尺寸的平面用卧式拉床，大型的平面用立式拉床。

（2）平面的宽刃精刨加工

宽刃精刨是在精刨的基础上，使用高精度的龙门刨和宽刃细刨刀，以低切削速度和大进给量在工件表面切去一层极薄的金属。由于切削力、切削热和工件变形均很小，因而可以获得比普通精刨更高的加工质量。宽刃细刨表面粗糙度值可达 $0.8 \sim 1.6 \ \mu m$，直线度为 $0.02 \ mm/m$。

宽刃精刨主要用来代替手工刮研各种导轨平面，可以使生产率提高几倍，应用较为广泛。宽刃精刨对机床、刀具、工件材料和结构、加工余量、切削用量和切削液都有严格要求。

任务四　圆柱齿轮齿形表面加工方法

齿轮齿形加工指的是具有各种齿形形状零件的加工。在机械产品中，具有齿形形状的零件有多种类型，如各种渐开线内（外）圆柱齿轮、锥齿轮、蜗轮、蜗杆、圆弧齿、摆线齿齿轮、各种齿形的花键和链轮等。其中，以渐开线齿轮应用最广。齿轮的切削加工方法主要包括铣齿、滚齿、插齿、刨齿、磨齿、剃齿和珩齿等。

一、齿形加工原理

按照齿形的成形原理不同，齿轮加工可分为成形法和展成法两种。

1. 成形法

成形法最常用的是在普通铣床上用成形铣刀铣削齿形。例如，将齿轮毛坯安装在分度头上，铣刀对工件进行加工时，工作台带动工件做直线运动，加工完一个齿槽后将工件分度转过一个齿，再加工另一个齿槽，依次加工出所有齿形。

成形法铣齿可以在普通铣床上加工，但由于刀具近似齿形和分齿转角过程的误差，会导致齿形加工精度低，一般为 IT9 ~ IT12，表面粗糙度值 Ra 为 $6.3 \sim 3.2 \ \mu m$。成形法铣齿效率不高，一般用于单件小批生产加工直齿、斜齿和人字齿圆柱齿轮。

如图 5 - 4 - 1 所示，成形法铣齿的刀具有盘形铣刀、指形铣刀。前者适用于中小模数（$m < 8 \ mm$）的直齿、斜齿圆柱齿轮，后者适用于大模数（$m = 8 \sim 40 \ mm$）的直齿、斜齿、人字圆柱齿轮。同一模数的齿轮齿数不同，齿形曲线也不相同，而为了加工出准确的齿形，需要准备很大数量的齿形不同的成形铣刀，这样是不经济的。因此，为了减少刀具的数

量，同一模数的齿轮铣刀按其所加工的齿数通常制成8把一套（精确的为15把一套），每种铣刀用于加工一定齿数范围的一组齿轮。表5-4-1列出了8把一套的盘形铣刀刀号及加工齿数范围。

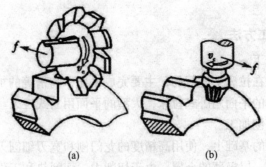

图5-4-1 成形铣刀

（a）盘形齿轮铣刀铣削；（b）指形齿轮铣刀铣削

表5-4-1 盘形铣刀刀号及加工齿数范围

刀号	1	2	3	4	5	6	7	8
齿数范围	12~13	14~16	17~20	21~25	26~34	35~54	55~134	135以上

每种刀号的齿轮铣刀刀齿形状均按加工齿数范围中最少齿数的齿形设计。所以，在加工该范围内其他齿数的齿轮时，会产生一定的齿形误差。

当加工斜齿圆柱齿轮且要求精度不高时，可以借用加工直齿圆柱齿轮的铣刀，但此时铣刀的号数应按照法向截面内的当量齿数 Z_d 来选择。斜齿圆柱齿轮的当量齿数 Z_d 可按以下公式求出：

$$Z_d = Z/\cos^3 \beta$$

式中 Z——斜齿圆柱齿轮的齿数；

β——斜齿圆柱齿轮的螺旋角。

2. 展成法

展成法是目前主要的齿轮加工方法之一，滚齿、插齿、剃齿、磨齿、珩齿都属于展成法加工。展成法的基本原理是一对齿轮相互啮合，如图5-4-2所示。

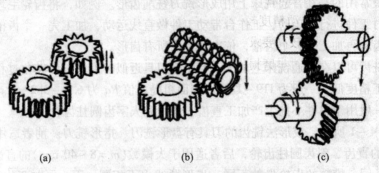

图5-4-2 展成法成形原理

（a）插齿加工；（b）滚齿加工；（c）剃齿加工

刀具相当于一把与被加工齿轮具有相同模数的特殊齿形的齿轮。加工时刀具与工件按照一对齿轮(或齿轮齿条)的啮合传动关系(展成运动)做相对运动。在运动过程中,刀具齿形的运动轨迹逐步包络出工件的齿形。同一模数的刀具,可以在不同的展成运动关系下,加工出不同的工件齿形。所以,一把刀可以加工出同一模数而齿数不同的各种齿轮。展成法加工时能连续分度,具有较高的加工精度和生产效率。

二、齿轮结构和技术要求

1. 齿轮结构

齿轮是由齿圈和轮体构成的。在齿圈上均匀地分布着直齿、斜齿等;轮体上有轮辐、轮毂、孔等。一个圆柱齿轮可以有单个或多个齿圈,单齿圈盘类齿轮也被称为单联齿轮,它的结构工艺性最好,双齿圈或多齿圈的齿轮也被称为双联或多联齿轮,小齿圈加工受齿圈距的限制,其齿形加工方法的选择受到限制,加工工艺性差,因此有时需要将多齿圈齿轮做成单齿圈齿轮的组合结构。

2. 齿轮技术要求

(1) 对齿轮传动精度的要求

齿轮本身的制造精度对整个机器的工作性能、承载能力及使用寿命都有很大的影响。根据其使用条件,齿轮传动应满足以下几个方面的要求:

① 传递运动准确性:要求齿轮较准确地传递运动,传动比恒定。即要求齿轮在一转中的转角误差不超过一定的范围。

② 传递运动平稳性:要求齿轮传递运动平稳,以减小冲击、振动和噪声。即要求限制齿轮转动时瞬时速比的变化。

③ 载荷分布均匀性:要求齿轮工作时,齿面接触要均匀,以使齿轮在传递动力时不致因载荷分布不匀而使接触应力过大,引起齿面过早磨损。接触精度除了包括齿面接触均匀性以外,还包括接触面积和接触位置。

④ 传动间隙的合理性:要求齿轮工作时,非工作齿面间留有一定的间隙,以储存润滑油,补偿因温度、弹性变形所引起的尺寸变化和加工、装配时的一些误差。

齿轮的制造精度和齿侧间隙主要根据齿轮的用途和工作条件而定。对于分度传动用的齿轮,主要要求齿轮的运动精度较高;对于高速动力传动用的齿轮,为了减少冲击和噪声,对工作平稳性精度有较高要求;对于重载低速传动用的齿轮,则要求齿面有较高的接触精度,以保证齿轮不致过早磨损;对于换向传动和读数机构用的齿轮,则应严格控制齿侧间隙,必要时须消除间隙。

(2) 齿轮材料的选择

38CrMoAl 渗氮钢,硬度高,比渗碳后的材料具有更高的耐磨性和耐腐蚀性,热处理变形小。适合应用于线速度高、受力后齿面易产生疲劳蚀点的齿轮。

18CrMnTi 经渗碳淬火,芯部具有良好的韧性、硬度(可达 56~62HRC)、机械强度等综合力学性能。适用于低速重载的传力齿轮、有冲击载荷的传力齿轮齿面受压产生塑性变形或磨损，且易折断的齿轮。

非淬火钢、铸铁、夹布胶木、尼龙适用于非传力齿轮。

45 号钢等中碳结构钢和低碳结构钢(如 20Cr、40cr、20CrMnTi)适用于一般用途的齿轮。

（3）齿轮毛坯种类及选择

常见毛坯的种类有棒料、锻件和铸件。钢制齿轮的毛坯选择取决于齿轮的选材、结构形状、尺寸大小、使用条件及生产批量等因素。

① 尺寸较小且性能要求不高，可直接采用热轧棒料。

② 直径较大且性能要求高，一般都采用锻造毛坯。生产批量较小或尺寸较大的齿轮，采用自由锻造。生产批量较大的中小尺寸的齿轮，采用模锻造。

③ 对于直径比较大、结构比较复杂，不便于锻造的齿轮，采用铸钢或焊接组合毛坯。

（4）齿轮的热处理

齿轮加工中根据不同的目的，安排两类热处理工序：

① 毛坯热处理：在齿坯加工前、后安排预备热处理——正火或调质。其主要目的是消除锻造及粗加工所引起的残余应力，改善材料的切削性能，提高综合力学性能。

② 齿面热处理：齿形加工完毕后，为提高齿面的硬度和耐磨性，常进行渗碳淬火、高频淬火、碳氮共渗和氮化处理等热处理工序。

三、齿轮齿形加工及加工方案分析

1. 滚齿

（1）滚齿运动

滚齿加工是在滚齿机上进行的。图 5 - 4 - 3 所示为 Y3150E 型滚齿机外形图。滚刀安装在刀架的滚刀杆上，刀架可沿着立柱垂直导轨上下移动，工件则安装在心轴上。

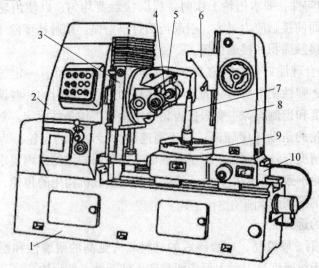

图 5 - 4 - 3　Y3150E 型滚齿机外形图

1——床身；2——立柱；3——刀架溜板；4——刀杆；5——刀架体；6——支架；7——心轴；

8——后立柱；9——工作台；10——床鞍

滚齿时滚齿机必须有以下几个运动：

① 切削运动（主运动）：即滚刀的旋转运动，其切削速度由变速齿轮的传动比决定。

② 分齿运动：即工件的旋转运动，其运动的速度必须和滚刀的旋转速度保持齿轮与齿条的啮合关系。其运动关系由分齿挂轮的传动比来实现。对于单线滚刀，当滚刀每转一转时，齿坯须转过一个齿的分度角度，即 $1/Z$ 转（Z 为被加工齿轮的齿数）。

③ 垂直进给运动：即滚刀沿工件轴线自上而下的垂直移动，这是保证切出整个齿宽所必需的运动，由进给挂轮的传动比再通过与滚刀架相连接的丝杠螺母来实现。

（2）滚齿加工方案分析

图 5-4-4 所示为在滚齿机上用齿轮滚刀加工齿轮的原理，它相当于一对螺旋齿轮做无侧隙强制性的啮合，滚齿加工的通用性较好，既可加工圆柱齿轮，又能加工蜗轮；既可加工渐开线齿形，又可加工圆弧、摆线等齿形；既可加工大模数齿轮，又可加工大直径齿轮。滚齿可直接加工 IT8～IT9 精度齿轮，也可用作 IT7 以上齿轮的粗加工及半精加工。滚齿可以获得较高的运动精度，但因滚齿时齿面是由滚刀的刀齿包络而成，参加切削的刀齿数有

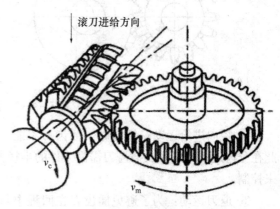

图 5-4-4　滚齿工作原理

限，因而齿面的表面粗糙度较高。为了提高滚齿的加工精度和齿面质量，宜将粗、精滚齿分开。

2. 插齿

（1）插齿运动

它是利用一对轴线相互平行的圆柱齿轮的啮合原理进行加工的。插齿刀的外形像一个齿轮，在每一个齿上磨出前角和后角以形成刀刃，切削时刀具做上下往复运动，从工件上切下切屑。为了保证在齿坯上切出渐开线的齿形，在刀具做上下往复运动时，通过机床内部的传动系统强制要求刀具和被加工齿轮之间保持着一对渐开线齿轮啮合的传动关系。在刀具的切削运动和刀具与工件之间的啮合运动的共同作用下，工件齿槽部位的金属被逐步切去而形成渐开线齿形。插齿加工是在插齿机上进行的。图 5-4-5 所示为插齿原理图。

插削圆柱直齿轮时，插齿机必须有以下几个运动：

① 切削运动（主运动）：插齿刀的往复运动，通过改变插齿机上不同齿轮的搭配获得不同的切削速度。

② 周向进给运动：又称圆周进给运动，它控制插齿刀转动的速度。

③ 分齿运动：保证刀具转过一齿时工件也相应转过一齿的展成运动，它是实现渐开线啮合原理的关键。如插齿刀的齿数为 Z_1，被切齿轮的齿数为 Z_2，插齿刀的转速为 n_1（r/min），被切齿轮的转速为 n_2（r/min），则它们之间应保证如下的传动关系：

$$n_2/n_1 = Z_1/Z_2$$

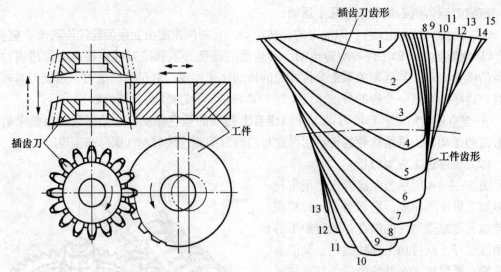

图 5 - 4 - 5　插齿原理

④ 径向进给运动：插齿时，插齿刀不能一开始就切至齿全深，需要逐步地切入，因此在分齿运动的同时，插齿刀需沿工件的半径方向做进给运动，径向进给运动由专用凸轮来控制。

⑤ 退刀运动：为了避免插齿刀在回程中与工件的齿面发生摩擦，由工作台带动工件做水平退让运动；当插齿刀工作行程开始前，工作台又带动工件复位的运动。

（2）插齿加工方案分析

在插齿加工中，一种模数的插齿刀可以加工出模数相同而齿数不同的各种齿轮。插齿多用于内齿轮、双联齿轮、三联齿轮等其他齿轮加工机床难于加工的齿轮加工工作。插齿加工的精度一般为 IT7 ~ IT8 级，表面粗糙度约为 1.6 μm。一次可以完成齿槽的粗加工和半精加工，齿形精度比滚齿高，运动精度低于滚齿，齿向偏差比滚齿大，生产效率比滚齿低。

3. 剃齿

（1）剃齿原理及运动

剃齿加工相当于一对螺旋齿轮做双面无齿侧间隙啮合过程。其中一个是剃齿刀具，它是一个沿齿面齿高方向上开有很多容屑槽形成切削刃的斜齿圆柱齿轮；另一个被加工的是齿轮。

剃齿需要具备以下运动：

① 主运动：剃齿刀高速正、反转运动。

② 进给运动：工件每往复一次后的径向进给运动，剃出全齿深；工件沿轴线往复运动，剃出全齿宽。

（2）剃齿加工方案分析

图 5 - 4 - 6 所示为剃齿原理图，常用于未淬火圆柱齿轮的精加工，生产效率很高，是软齿面精加工最常见的加工方法之一。精度取决于剃齿刀，精度一般为 IT6 ~ IT7，表面粗

糙度为 0.32 ~ 1.25 μm。剃齿齿形误差和基节误差修正能力强，齿轮切向修正能力差。剃齿效率高，一般 2 ~ 4 min 便可完成一个齿轮的加工，平均加工成本比磨齿低 90%，剃齿刀刃磨一次可加工 1 500 多个齿轮，一把剃齿刀大约可以加工 10 000 个齿轮。

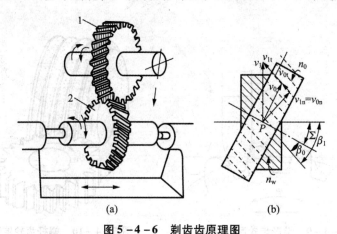

图 5 – 4 – 6　剃齿齿原理图

（a）剃齿刀与工件位置关系；（b）齿面法向示意图

4. 磨齿

（1）磨齿原理及运动

磨削方法有成形法和展成法，展成法在生产中常用。它是利用齿轮与齿条啮合原理进行加工的方法，由砂轮的工作面构成假想齿条的单侧或双侧齿面，在砂轮与工件的啮合运动中砂轮的磨平面包络出齿轮的渐开线齿面。双碟片形砂轮磨齿、锥形砂轮磨齿、蜗杆砂轮磨齿等磨齿方法都是按展成法原理加工轮齿的。砂轮做主运动，齿轮做进给运动，如图 5 – 4 – 7 ~ 图 5 – 4 – 10 所示。

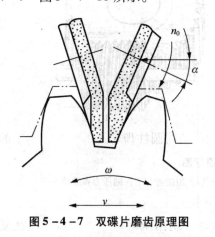

图 5 – 4 – 7　双碟片磨齿原理图

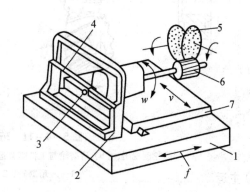

图 5 – 4 – 8　双碟片形砂轮磨齿

1——工作台；2——框架；3——滚圆盘；4——钢带；
5——碟形砂轮；6——被磨削齿轮；7——滑座

（2）磨齿加工方案分析

磨齿加工适用于淬硬齿面的精加工，是齿形精加工中精度最高的一种方法。一般条件下加工精度可达 IT4 ~ IT6，最高可达 IT3。表面粗糙度为 0.2 ~ 0.8 μm。由于采用的是强制啮合的方式，对磨前齿形误差和热处理变形有较强的修正能力，故多用于高精度硬齿面齿轮、插齿刀、剃齿刀的加工。同时它存在生产效率低、机床复杂、调整困难、加工成本高等缺点。

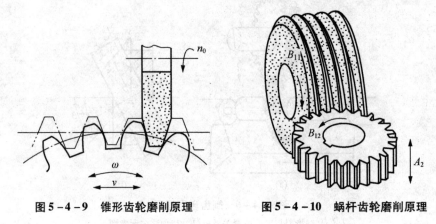

图 5 - 4 - 9　锥形齿轮磨削原理　　　　图 5 - 4 - 10　蜗杆齿轮磨削原理

5. 珩齿

（1）珩齿原理及运动

图 5 - 4 - 11 所示为珩齿原理图。珩齿也是用于加工淬硬齿面的齿轮光整加工方法，加工原理及运动与剃齿基本相同，其不同之处在于珩齿刀具（珩轮）是含有磨料的塑料齿轮。切削是在珩轮与齿轮之间的"自由啮合"过程中，靠齿面间的压力和相对滑动来进行的。

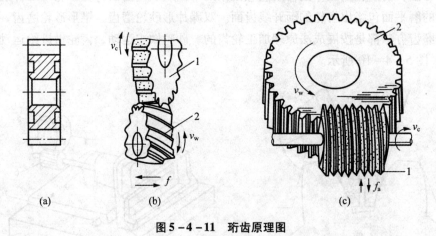

(a)　　　　　　(b)　　　　　　　　　　(c)

图 5 - 4 - 11　珩齿原理图

（a）珩磨轮剖视图；（b）珩磨轮与工件啮合运动；（c）珩磨轮与工件的压力和滑动

1——珩磨轮；2——工件

（2）珩齿加工方案分析

珩齿的修正能力不强，主要用来去除齿轮热处理后齿面的氧化皮及毛刺，降低表面粗糙度，一般为 0.4 ~ 1.6 μm，加工精度等级 IT6 ~ IT8。通常，珩齿用于大批量淬火齿轮精加工。由于珩齿加工具有表面质量好、效率高、成本低、设备简单、操作方便等优点，因此，目前齿轮加工工艺常采用"滚齿→热处理→珩齿"。

课后思考与练习

一、填空题

1. 零件的典型表面包括_____、_____、_____和_____。

2. 齿轮的切削加工方法主要包括_____、_____、_____、_____、_____和_____等多种方法。

3. 插齿运动包括_____、_____、_____和_____。

4. 外圆表面最常用的切削加工方法是_____和_____；当精度及表面质量要求很高时，还要进行_____。

5. 机械加工中常用的平面加工方法包括_____、_____、_____、_____、_____、_____和_____等。

6. 精密外圆表面的加工：粗车→半精车→粗磨→精磨→精密加工（或光整加工）。此方案适用于_____的外圆表面，不宜用于_____。

7. 珩磨主要用于加工_____、_____和_____，不宜加工_____金属材料。不适合加工带槽的_____表面。

8. 内孔表面的形状精度包括_____、_____、_____和轴线的_____。

二、简答题

1. 机械加工中的典型表面有怎样的技术要求？

2. 典型表面在加工过程中为什么要粗、精分开？

3. 外圆表面的车削加工方法有几种？各有什么特点？

4. 外圆表面的加工精度与加工方案有什么关系？

5. 内孔表面的加工方法有几种？各有什么特点？

三、实训题

加工模数 $m = 3$ mm 的直齿圆柱齿轮，齿数 $Z_1 = 26$、$Z_2 = 34$，试选择盘形齿轮铣刀的刀号。在相同切削条件下，哪个齿轮的加工精度高？为什么？

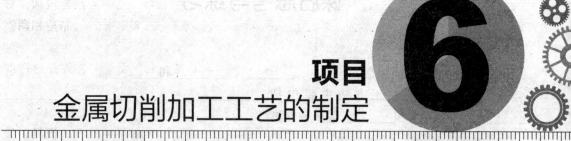

项目 6
金属切削加工工艺的制定

机械加工工艺过程卡和工艺规程卡是制造企业重要的技术文件之一。工艺规程是长期生产实践和科学实验的总结，是依据科学理论和必要的工艺试验来制定。

本项目学习要点：

1. 熟悉各类加工工艺特点，掌握各种加工表面的基本工艺方法。
2. 了解工艺过程卡、工艺规程卡的作用。
3. 了解工艺尺寸链的解算。
4. 掌握工艺规程卡的制定过程。

任务一　机械制造工艺基本术语

（1）机械制造工艺：各种机械的制造方法过程的总称。

（2）典型工艺：根据零件的结构和工艺特征进行分类、分组，对同组零件制定的统一加工方法和过程。

（3）零件结构的工艺性：所设计的零件在能满足使用要求的前提下，制造的可行性和经济性。

（4）工艺性审查：在产品工作图设计阶段，工艺人员对产品和零件结构工艺性进行全面审查并提出意见或建议的过程。

（5）生产过程：将原材料转变为成品的全过程。

（6）工艺过程：改变生产对象的形状、尺寸、相对位置和性质等，使其成为成品或半成品的过程。

（7）工艺文件：指导工人操作和用于生产、工艺管理等的各种技术文件。

（8）工艺方案：根据产品设计要求、生产类型和企业的生产能力，提出工艺技术准备工作具体任务和措施的指导性文件。

（9）工艺路线：产品或零部件在生产过程中，由毛坯准备到成品包装入库，经过企业各有关部门或工序的先后顺序。

（10）工艺规程：规定产品或零部件制造工艺过程和操作方法等的工艺文件。

（11）工艺设计：编制各种工艺文件和设计工艺装备等过程。

（12）工艺参数：为了达到预期的技术指标，工艺过程中所需选用或控制的有关量。

（13）工艺准备：产品投产前所进行的一系列工艺工作的总称，其主要内容包括：对产品图样进行工艺性分析和审查，拟订工艺方案，编制各种工艺文件，设计、制造和调整工艺设备，设计合理的生产组织形式等。

（14）工艺试验：为考查工艺方法、工艺参数的可行性或材料的可加工性等而进行的试验。

（15）工艺验证：通过试生产检验工艺设计的合理性。

（16）工艺装备：产品制造过程中所用的各种工具总称，包括刀具、夹具、模具、量具、检具、辅具、钳工工具和工位器具等。

（17）工艺系统：在机械加工中由机床、刀具、夹具和工件所组成的统一体。

（18）成组技术：将企业的多种产品、部件和零件，按一定的相似性准则分类编组，并以这些组为基础，组织生产各个环节，从而实现多种品种中小批量生产的产品设计、制造和管理的合理化。

（19）生产纲领：企业在计划期内应当生产的产品产量和进度计划。

（20）生产类型：企业（或车间、工段、班组、工作地）生产专业化程度的分类。一般分为大量生产、成批生产或单件生产三种类型。

（21）生产批量：一次投入或产出的同一产品（或零件）的数量。

（22）生产节拍：流水生产中，相继完成两件制品之间的时间间隔。

（23）毛坯：根据零件（或产品）所要求的形状、工艺尺寸等而制成的供进一步加工用的生产对象。

（24）工件：加工过程中的生产对象。

（25）工艺关键件：技术要求高、工艺难度大的零部件。

（26）机械加工：利用机械力对各种工件进行加工的方法。

（27）切削加工：利用切削工具从工件上切除多余材料的加工方法。

（28）工序：一个或一组工人在一个地点对同一个或同时对几个工件所连续完成的那一部分工艺过程。

（29）安装：工件（或装配单元）经一次装夹后所完成的那一部分工序。

（30）工步：在加工表面（或装配时的连接表面）和加工（或装配）工具不变的情况下，所连续完成的那一部分工序。

（31）工位：为了完成一定的工序部分，一次装夹工件后，工件（或装配单元）与夹具或设备的可动部分一起相对刀具或设备的固定部分所占据的每一个位置。

（32）工艺基准：在工艺过程中采用的基准。

（33）工序基准：在工序图上用来确定本工序被加工表面加工后的尺寸、形状、位置的基准。

（34）辅助基准：为满足工艺需要，在工件上专门设计的定位面。

（35）工艺尺寸：根据加工的需要，在工艺附图或工艺规程中所给出的尺寸。

（36）工序尺寸：某工序加工应达到的尺寸。

（37）加工总余量（毛坯余量）：毛坯尺寸与零件图的设计尺寸之差。

（38）工序余量：相邻两工序的尺寸之差。

（39）工艺留量：为工艺需要而增加的工件（或毛坯）的长度。

（40）加工误差：零件加工后的实际几何参数（尺寸、形状和位置）对理想几何参数的偏离程度。

（41）加工精度：零件加工后的实际几何参数（尺寸、形状和位置）与理想几何参数的符合程度。

（42）加工经济精度：在正常加工条件下（采用符合质量标准的设备、工艺装备和标准技术等级的工人，不延长加工时间）所能保证的加工精度。

（43）工艺过程卡片：以工序为单位简要说明产品或零部件的加工（或装配）过程的一种工艺文件。

（44）工艺卡片：按产品的零部件的某一工艺阶段编制的一种工艺文件。它以工序为单元，详细说明产品（或零部件）在某一工艺阶段中的工序号、工序名称、工序内容、工艺参数、操作要求以及采用的设备和工艺装备等。

（45）工序卡片：在工艺过程卡片或工艺卡片的基础上，按每道工序所编制的一种工艺文件。一般具有工艺简图，并详细说明该工序的每个工步的加工（或装配）内容、工艺参数、操作要求以及所用设备和工艺装备等。

（46）调整卡片：对自动、半自动机床或某些齿轮加工机床等进行调整用的一种工艺文件。

（47）工艺附图：附在工艺规程上用以说明产品或零部件加工或装配的简图或图表。

（48）夹具：用以装夹工件（和引导刀具）的装置。

（49）装夹：将工件在机床上或夹具中定位、夹紧的过程。

（50）对刀：调整刀具切削刃相对工件或夹具的正确位置的过程。

（51）粗加工：从坯料上切除较多的余量，所能达到的精度比较低，加工表面粗糙度数值比较大的过程。

（52）半精加工：在粗加工和精加工之间所进行的切削加工过程。

（53）精加工：从工件上切除较少余量，所得精度比较高，表面粗糙度数值比较小的加工过程。

（54）光整加工：精加工后，从毛件上不切除或切除极薄金属层，用以降低工件表面粗糙度值或强化其表面的加工过程。

（55）超精密加工：按照超稳定、超微量切除等原则，实现加工尺寸误差和形状误差在 $0.1\ \mu m$ 以下的加工技术。

（56）试切法：通过试切→测量→调整→再试切，反复进行到被加工尺寸达到要求为止的加工方法。

（57）调整法：先调整好刀具和工件在机床上的相对位置，并在一批零件的加工过程中保持这个位置不变，以保证工件被加工尺寸的方法。

（58）定尺寸刀具法：用刀具的相应尺寸来保证工件被加工部位尺寸的方法。

（59）典型工艺过程卡片：具有相似结构和工艺特征的一组零部件所能通用的工艺过程卡片。

（60）典型工艺卡片：具有相似结构和工艺特征的一组零部件所能通用的工艺卡片。

（61）典型工序卡片：具有相似结构和工艺特征的一组零部件所能通用的工序卡片。

（62）计算机辅助工艺规程编制：通过向计算机输入被加工零件的原始数据、加工条件和加工要求，由计算机自动地进行编码、编程直到最后输出经过优化的工艺规程卡片的过程。

（63）计算机辅助制造：利用计算机分级结构将产品的设计信息自动地转换成制造信息，以控制产品的加工、装配、检验、试验、包装等全过程以及与这些过程有关的全部物流系统和初步的生产调度。

（64）柔性制造系统：利用计算机控制系统和物料输送系统，把若干台设备联系起来，形成没有固定加工顺序和节拍，在加工完一定批量的某种工件后，能在不停机调整的情况下，自动地向另一种工件转化的自动化制造系统。

（65）无人化制造系统：从毛坯制造到成品包装入库全部生产过程都由计算机控制的全盘自动化制造系统。

任务二　工艺规程的编制

一、机械加工工艺规程的作用

正确的机械加工工艺规程是在总结长期的生产实践和科学实验的基础上，依据科学理论和必要的工艺试验而制定的，并通过生产过程的实践不断得到改进和完善。机械加工工艺规程的作用有如下三个方面：

（1）机械加工工艺规程是组织车间生产的主要技术文件

机械加工工艺规程是车间中一切从事生产的人员都要严格、认真贯彻执行的工艺技术文件，按照它组织生产，就能做到各工序科学地衔接，实现优质、高产和低消耗。

（2）机械加工工艺规程是生产准备和计划调度的主要依据

有了机械加工工艺规程，在产品投入生产之前就可以根据它进行一系列的准备工作，如原材料和毛坯的供应、机床的调整、专用工艺装备（如专用夹具、刀具和量具）的设计与制造、生产作业计划的编排、劳动力的组织及生产成本的核算等。有了机械加工工艺规程，就可以制订所生产产品的进度计划和相应的调度计划，使生产均衡、顺利地进行。

（3）机械加工工艺规程是新建或扩建工厂、车间的基本技术文件

在新建或扩建工厂、车间时，只有根据机械加工工艺规程和生产纲领，才能准确确定生产所需机床的种类和数量，工厂或车间的面积，机床的平面布置，生产工人的工种、等级、数量，以及各辅助部门的安排等。

制定机械加工工艺规程时，必须充分考虑采用确保产品质量并以最经济的办法达到所要求的生产纲领的必要措施，即应做到技术上先进、经济上合理。

二、机械加工工艺规程的制定

制定机械加工工艺规程的原始资料主要是产品图纸、生产纲领、生产类型、现场加工设备及生产条件等。生产类型的划分见表6-2-1，表中生产类型的年产量应根据各企业产品具体情况而定。

1. 分析加工零件的工艺性

（1）了解零件的各项技术要求，提出必要的改进意见。分析产品的装配图和零件的工作图，熟悉该产品的用途、性能及工作条件，明确被加工零件在产品中的位置和作用，进而了解零件上各项技术要求制定的依据，找出主要技术要求和加工关键，以便在拟定工艺规程时采取适当的工艺措施加以保证，对图纸的完整性、技术要求的合理性以及材料选择是否恰当等提出意见。

（2）审查零件结构的工艺性。参考其他部分等关于加工结构工艺性内容。

2. 选择毛坯

选择毛坯的种类和制造方法时应全面考虑机械加工成本和毛坯制造成本，以达到降低零件生产总成本的目的。影响毛坯选择的因素是：生产规模、工件结构形状和尺寸，零件的机械性能要求，现有设备和技术水平。毛坯的种类、制造方法和应用范围见表6-2-2。

表6-2-1 生产类型的划分

（1）按工作地所担负的工序数划分

生产类型	工作地每月担负的工序数
单件生产	不作规定
小批生产	>20~40
中批生产	>10~20
大批生产	>1~10
大量生产	1

（2）按生产产品的年产量划分

生产类型	年产量/台
单件生产	1~10
小批生产	>10~150
中批生产	>150~500
大批生产	>500~5 000
大量生产	>5 000

表6-2-2　　毛坯的种类、制造方法和应用范围

种类	制造方法		主要特点	应用范围
型材				单件、小批生产
铸件	手工造型	砂箱造型	在专用的砂箱内造型，造型、起模、修型等操作方便	各种铸件成批或单件生产
		叠箱造型	将几个或十几个铸型箱叠摞起来浇注，可节约金属，充分利用生产面积	中小件成批生产，多用于小型铸钢件
		组芯造型	在砂箱、地坑中，用多块砂芯组装成铸型，可用夹具组装铸型	单件或成批生产结构复杂的铸件
	一般机械造型	振击式	靠造型机的震击来紧实铸型，结构简单，制造成本低，但噪声大，生产率低，对厂房基础要求高	大量或成批生产的大中型铸件
		压实式	用较低的比压压实铸型，机械结构简单，噪声较小，生产率较高	大量或成批生产较小的铸件

续表 6 – 2 – 2

种类	制造方法		主要特点	应用范围
铸件	特种铸造	熔模铸造	用蜡模，在蜡模外制出整体的耐火质薄壳铸型，加热融掉蜡模后，用重力浇注。蜡模制造费高，工序繁多，生产率较低。手工操作时，劳动条件差。铸件表面粗糙度 12.5 ~ 1.6 m，结晶较粗	各种生产批量，以碳钢、合金钢为主的各种合金和难于加工的高熔点合金复杂零件。一般铸件重量小于 10 kg。用于刀具、刀杆、叶片、风动工具等
		金属模铸造	用金属铸型，在重力下浇注成形。对非铁合金铸件有细化组织的作用，灰铸铁件易出白口。生产率高，无粉尘，设备费用高。铸件表面粗糙度达 12.5 ~ 6.3 m，结晶细，加工余量小	成批量生产，以非铁合金为主，也可用于铸钢、铸铁的厚壁、简单或中等复杂的中小铸件，也可用于数吨大件。多用于铝活塞、水暖器材、水轮机叶片等
		壳型铸造	铸件尺寸精度高，表面粗糙度数值小，易于实现生产过程的自动化，节省车间面积	成批量生产，适用铸造各种材料，多用于泵体、壳体、轮毂等金属型或砂型铸造零件的内腔
锻件	自由锻造		原材料为锭料或轧材，人工掌握完成各道工序，形状复杂的零件要多次加热，宜于锻造形状简单的零件以及大的环形、盘形零件，适用于锭料开坯、模锻前制坯、新产品试制	单件小批生产
	热模锻压力机上模锻		金属在每一模腔中一次成形，不宜拔长、滚压，但可用于挤压，锻件精度较高，一般要求联合模锻及无氧化加热或严格清理氧化皮。适用于短轴类锻件	成批量生产
	热精压		与热模锻工艺相比，通常要增加精压工序，要有制造精密的锻模和无氧化、少氧化加热和冷却的手段，加热温度低，变形量小。适用于叶片等精密模锻	成批量生产
冲压件			有一定的尺寸精度和形状精度，可以满足一般的装配要求，重量轻，刚度好，工件的尺寸可小可大，工件形状可以简单，亦可以比较复杂，便于采用冲压与焊接、冲压与胶接等复杂工艺	批量生产
焊接件			可以全用轧制的板材、型材、管材焊接，也可以用轧材、铸件、锻件拼焊而成，给结构设计提供了很大的灵活性，与锻铸件相比，省掉了木模或锻模的制造工时和费用，对于单件小批生产的零部件，采用焊接结构可缩短生产周期，减轻重量，降低成本	单件生产

3. 拟定工艺过程

包括划分工艺过程的组成、选择定位基准、选择零件表面的加工方法、安排加工顺序和组合工序等。

4. 工序设计

包括选择机床和工艺装备、确定切削用量及计算工时定额等。

5. 编制工艺文件

按照一定的格式和要求编制工艺文件。

三、工艺过程设计

1. 定位基准的选择

定位基准在最初的工序中是铸造、锻造或轧制等得到的表面,这种未经加工的基准称为粗基准。用粗基准定位加工出光洁的表面以后,就应该用加工过的表面作以后工序的定位表面。加工过的基准称为精基准。为了便于装夹和易于获得所需的加工精度,在工件上特意做出的定位表面称为辅助基准。

(1)粗基准的选择原则

① 如果必须首先保证工件上加工表面与不加工表面之间的位置要求,应以不加工表面作为粗基准。如果在工件上有很多不需加工的表面,则应以其中与加工面的位置精度要求较高的表面作粗基准。

② 如果必须首先保证工件某重要表面的余量均匀,应选择该表面作粗基准。

③ 选作粗基准的表面,应平整,没有浇口、冒口或飞边等缺陷,以便定位可靠。

④ 粗基准一般只能使用一次,特别是主要定位基准,以免产生较大的位置误差。

(2)精基准的选择原则

① 所选定位基准应便于定位、装夹和加工,要有足够的定位精度。

② 遵循基准统一原则。当工件以某一组精基准定位,可以比较方便地加工其余多数表面时,应在这些表面的各加工工序中,采用这同一组基准来定位。这样,减少工装设计和制造,避免基准转换误差,提高生产率。

③ 遵循基准重合原则。表面最后精加工需保证位置精度时,应选用设计基准为定位基准的方法,称为基准重合原则。在用基准统一原则定位,而不能保证其位置精度的那些表面的精加工时,必须采用基准重合原则。

④ 自为基准原则。当有的表面精加工工序要求余量小而均匀时,可利用被加工表面本身作为定位基准的方法,称为自为基准原则。此时的位置精度要求由先行工序保证。

2. 零件表面加工方法的选择

零件表面的加工方法,首先取决于加工表面的技术要求,这些技术要求还包括由于基准不重合而提高对某些表面的加工要求,由于被作为精基准而可能对其提出更高的加工要求。根据各加工表面的技术要求,首先选择能保证该要求的最终加工方法,然后确定各工序、工步的加工方法。

（1）加工方法选择的原则

① 所选加工方法应考虑每种加工方法的加工经济精度范围，要与加工表面的精度要求和表面粗糙度要求相适应。

② 所选加工方法能确保加工面的几何形状精度、表面相互位置精度的要求。

③ 所选加工方法要与零件材料的可加工性相适应。例如，淬火钢、耐热钢等材料的硬度高，应采用磨削方法加工。

④ 加工方法要与生产类型相适应。大批量生产时，应采用高效的机床设备和先进的加工方法。在单件小批量生产中，多采用通用机床和常规加工方法。

⑤ 所选加工方法要与企业现有设备条件和工人技术水平相适应。

（2）各类表面的加工方案及适用范围

① 外圆表面加工

外圆表面的加工工艺过程和适用范围参考表6－2－3。

表6－2－3　　　　　　　　　　　　　外圆表面加工方案

序号	加工方法	经济加工精度等级（IT）	加工表面粗糙度 Ra/mm	适用范围
1	粗车	11～12	50～12.5	适用于淬火钢以外的各种金属
2	粗车→半精车	8～10	6.3～3.2	
3	粗车→半精车→精车	6～7	1.6～0.8	
4	粗车→半精车→精车→滚压（抛光）	5～6	0.2～0.025	
5	粗车→半精车→磨削	6～7	0.8～0.4	主要用于淬火钢，也可用于未淬火钢，但不宜加工非铁金属
6	粗车→半精车→粗磨→精磨	5～6	0.4～0.1	
7	粗车→半精车→粗磨→精磨→超精加工（轮式超精磨）	5～6	0.1～0.012	
8	粗车→半精车→精车→金刚石车	5～6	0.4～0.025	主要用于要求较高的非铁金属的加工
9	粗车→半精车→粗磨→精磨→超精磨（镜面磨）	5级以上	<0.025	极高精度的钢或铸铁的外圆加工
10	粗车→半精车→粗磨→精磨→研磨	5级以上	<0.1	

② 孔加工

孔的加工工艺过程和适用范围参考表6－2－4。

③ 平面加工

平面的加工工艺过程和适用范围参考表6－2－5。

表 6 – 2 – 4 　　　　　　　　　　　　孔加工方案

序号	加工方案	经济加工精度等级（IT）	加工表面粗糙度 Ra/mm	适用范围
1	钻	11 ~ 12	12.5	加工未淬火钢及铸铁的实心毛坯，也可用于加工非铁金属（但粗糙度稍高），孔径 < 20 mm
2	钻→铰	8 ~ 9	3.2 ~ 1.6	
3	钻→粗铰→精铰	7 ~ 8	1.6 ~ 0.8	
4	钻→扩	11	12.5 ~ 6.3	加工未淬火钢及铸铁的实心毛坯，也可用于加工非铁金属（但粗糙度稍高），但孔径 > 20 mm
5	钻→扩→铰	8 ~ 9	3.2 ~ 1.6	
6	钻→扩→粗铰→精铰	7	1.6 ~ 0.8	
7	钻→扩→机铰→手铰	6 ~ 7	0.4 ~ 0.1	
8	钻→（扩）→拉（或推）	7 ~ 9	1.6 ~ 0.1	大批量生产的中小零件的通孔
9	粗镗（或扩孔）	11 ~ 12	12.5 ~ 6.3	
10	粗镗（粗扩）→半精镗（精扩）	9 ~ 10	3.2 ~ 1.6	
11	粗镗（粗扩）→半精镗（精扩）→精镗（铰）	7 ~ 8	1.6 ~ 0.8	除淬火钢外的各种材料，毛坯有铸出孔或锻出孔
12	粗镗（扩）→半精镗（精扩）→精镗→浮动镗刀块精镗	6 ~ 7	0.8 ~ 0.4	
13	粗镗（扩）→半精镗→磨孔	7 ~ 8	0.8 ~ 0.2	主要用于加工淬火钢，也可用于加工未淬火钢，但不宜用于加工非铁金属
14	粗镗（扩）→半精镗→粗磨→精磨	6 ~ 7	0.2 ~ 0.1	
15	粗镗→半精镗→精镗→金刚镗	6 ~ 7	0.4 ~ 0.05	主要用于精度要求较高的非铁金属加工
16	钻→（扩）→粗铰→精铰珩磨 钻→（拉）→拉→珩磨粗镗→半精镗→精镗→珩磨	6 ~ 7	0.2 ~ 0.025	精度要求很高的孔
17	以研磨代替上述方案中的珩磨	5 ~ 6	< 0.1	
18	钻（或粗镗）→扩（半精镗）→精镗→金刚镗→脉冲滚挤	6 ~ 7	0.1	成批、大量生产的非铁金属零件中的小孔，铸铁箱体上的孔

3. 加工顺序的安排

（1）加工阶段的划分

按加工性质和作用的不同，工艺过程一般可划分为三个加工阶段：

① 粗加工阶段。主要是切除各加工表面上的大部分余量，所用精基准的粗加工在本阶段的最初工序中完成。

表6-2-5　　　　　　　　　平面加工方案

序号	加工方案	经济加工精度等级(IT)	加工表面粗糙度 Ra/mm	适用范围
1	粗车→半精车	8~9	6.3~3.2	端面
2	粗车→半精车→精车	6~7	1.6~0.8	
3	粗车→半精车→磨削	7~9	0.8~0.2	
4	粗刨(或粗铣)→精刨(或精铣)	7~9	6.3~1.6	一般不淬硬的平面(端铣表面粗糙度可较低)
5	粗刨(或粗铣)→精刨(或精铣)→刮研	5~6	0.8~0.1	精度要求较高的不淬硬平面批量较大时,宜采用宽刃精刨方案
6	粗刨(或粗铣)→精刨(或精铣)→宽刃精刨	6~7	0.8~0.2	
7	粗刨(或粗铣)→精刨(或精铣)→磨削	6~7	0.8~0.2	精度要求较高的淬硬平面或不淬硬平面
8	粗刨(或粗铣)→精刨(或精铣)→粗磨→精磨	5~6	0.4~0.25	
9	粗铣→拉	6~9	0.8~0.2	大量生产、较小的平面
10	粗铣→精铣→磨削→研磨	5级以上	<0.1	高精度平面

② 半精加工阶段。为各主要表面的精加工做好准备(达到一定精度要求,并留有精加工余量),并完成一些次要表面的加工。

③ 精加工阶段。使各主要表面达到规定的质量要求。

此外,某些精密零件加工时,还有精整(超精磨、镜面磨、研磨和超精加工等)或光整(滚压、抛光等)加工阶段。

有些情况可以不划分加工阶段。例如,加工质量要求不高,或虽然加工质量要求较高,但毛坯刚性好、精度高的零件,就可以不划分加工阶段。在用加工中心加工时,对于加工要求不太高的大型、重型工件,在一次装夹中完成粗加工和精加工,也往往不划分加工阶段。

划分加工阶段的作用有以下几点:

① 避免毛坯内应力重新分布而影响获得的加工精度。

② 避免粗加工时,较大的夹紧力和切削力所引起的弹性变形和热变形对精加工的影响。

③ 粗、精加工阶段分开,可及时地发现毛坯的缺陷,避免不必要的损失。

④ 可以合理使用机床,使精密机床能较长期地保持其精度。

⑤ 适应加工过程中安排热处理的需要。

(2)工序的合理组合

确定加工方法以后,就要按生产类型、零件的结构特点、技术要求和机床设备等具体生产条件,确定工艺过程的工序数。确定工序数有两种基本原则可供选择:

① 工序分散原则

其特点为:工序多、工艺过程长,每个工序所包含的加工内容很少,极端情况下每个工序只有一个工步,所使用的工艺设备与装备比较简单,易于调整和掌握,有利于选用合理的切削用量，减少单一工序用时，设备数量多，生产面积大。

② 工序集中原则

零件各表面的加工集中在几个工序内完成，每个工序的内容和工步都较多，有利于采用高效的数控机床，生产计划和生产组织工作得到简化，生产面积和操作工人数量减少，工件装夹次数减少，辅助时间缩短，各加工面间的位置精度易于保证，设备、工装投资大，调整、维护复杂，生产准备工作量大。

批量小时，往往采用在通用机床上按工序集中的原则进行生产；批量大时，既可按工序分散原则组织流水线生产，也可利用高生产率的通用设备，按工序集中原则组织生产。

（3）工序的安排

零件加工工序的安排可根据企业的生产条件确定，工序的安排原则可参考表6-2-6。

表6-2-6　　　　　　　　工序安排原则

工序类别	工序	安排原则
机械加工		① 对于形状复杂、尺寸较大的毛坯，或尺寸偏差较大的毛坯，应首先安排划线工序，为精基准加工提供找正基准； ② 按"先基面后其他"的顺序，首先加工精基准面； ③ 在重要表面加工前应对精基准进行修正； ④ 按"先主后次、先粗后精"的顺序，对精度要求较高的各主要表面进行精加工、半精加工和精加工； ⑤ 对于与主要表面有位置精度要求的次要表面，应安排在主要表面加工之后加工； ⑥ 一般情况，主要表面的精加工和光整加工应放在最后阶段进行，对于易出现废品的工序，精加工和光整加工可适当提前
热处理	退火与正火	属于毛坯预备性热处理，应安排在机械加工之前进行
	时效	为了消除残余应力，对于尺寸大、结构复杂的铸件，需在粗加工前、后各安排一次时效处理；对于一般铸件，在铸造或粗加工后，安排一次时效处理；对于精度要求高的铸件，在半精加工前、后各安排一次时效处理；对于精度高、刚度差的零件，在粗车、粗磨、半精磨后，各需安排一次时效处理
	淬火	淬火后工件硬度提高且易变形，应安排在精加工阶段的磨削加工前进行
	渗碳	渗碳易产生变形，应安排在精加工前进行。为控制渗碳层厚度，渗碳前需要安排精加工
	渗氮	一般安排在工艺过程的后部，且在表面的最终加工之前。渗氮处理前应调质
辅助工序	中间检验	一般安排在粗加工全部结束之后、精加工之前，送往外车间加工的前后（特别是热处理前后），花费工时较多和重要工序的前后
	特种检验	荧光检验、磁力探伤主要用于表面质量的检验，通常安排在精加工阶段；荧光检验如用于检查毛坯的裂纹，则安排在加工前
	表面处理	电镀、涂层、发蓝、阳极氧化等表面处理工序，一般安排在工艺过程的最后进行

4. 工序制定

工序制定包括工序基准的选择、工序尺寸的确定、加工余量的确定、机床的选择、工艺装备的选择、切削用量的选择和时间定额的确定。

（1）工序基准的选择

工序基准是在工序图上标定被加工表面位置尺寸和位置精度的基准。所标定的位置尺寸和位置精度分别称为工序尺寸和工序技术要求。工序尺寸和工序技术要求的内容，在加工后应进行测量。测量时所用的基准称为测量基准。通常工序基准应与测量基准重合。

对于设计基准尚未最后加工完毕的中间工序，应选各工序的定位基准作为工序基准和测量基准。

在各表面进行最后精加工时，若定位基准与设计基准重合，显然工序基准和测量基准就应选用这个重合的基准；若所选定位基准未与设计基准重合，在这两种基准都能作为测量基准的情况下，工序基准的选择应注意以下三点：

① 选设计基准作为工序基准时，对工序尺寸的检验就是对设计尺寸的检验，有利于减少检验工作量。

② 若工序中的位置精度由夹具保证而不需进行试切、调整时（如用钻模、镗模等），应使工序基准与设计基准重合。按工序尺寸进行试切、调整，将工序基准与定位基准重合，能简化刀具位置的调整工作。

③ 对一次安装下所加工出来的各个表面，各加工面之间的工序尺寸应与设计尺寸一致。

（2）确定工序尺寸的方法

① 对外圆和内孔等简单加工的情况，工序尺寸可由后续加工的工序尺寸，加上（对被包容面）或减去（对包容面）公称工序余量而求得。工序公差按所用加工方法的经济精度选定。

② 当工件上的位置尺寸精度或技术要求，在工艺过程中是由两个甚至更多的工序间接保证时，需通过尺寸链计算，来确定有关工序尺寸、公差及技术要求。

③ 对于同一位置尺寸方向有较多尺寸，加工时定位基准又需多次转换的工件（如轴类、套筒类等），由于工序尺寸相互联系的关系较复杂（如某些设计尺寸作为封闭环被间接保证，加工余量有误差累积），就需要从整个工艺过程的角度，用工艺尺寸链作综合计算，以求出各工序尺寸、公差及技术要求。

（3）加工余量的确定

① 基本术语

a. 加工总余量（毛坯余量）：毛坯尺寸与零件图设计尺寸之差。

b. 基本余量：设计时给定的余量。

c. 工序间加工余量（工序余量）：相邻两工序尺寸之差。

d. 工序余量公差：本工序的最大余量与最小余量之代数差的绝对值，等于本工序的公差与上工序公差之和。

e. 单面加工余量：加工前、后的半径之差，以及平面余量为单面余量。

f. 双面加工余量：加工前、后的直径之差。

② 影响加工余量的因素(表6-2-7)

表6-2-7 影响加工余量的因素

影响因素	说明
加工前(如毛坯)的表面质量(表面缺陷层深度 H 和表面粗糙度)	① 铸件的冷硬、气孔和夹渣层,锻件和热处理件的氧化皮、脱碳层、表面裂纹等表面缺陷层,以及切削加工后的残余应力层; ② 前工序加工后的表面粗糙度
前工序的尺寸公差 T_a	① 前工序加工后的尺寸误差和形状误差,其总和不超过前工序的尺寸公差 T_a; ② 当加工一批零件时,若不考虑其他误差,本工序的加工余量不应小于 T_a
前工序的形状与位置公差 ρ_a	① 前工序加工后产生的形状与位置误差,二者之和一般小于前工序的形状与位置公差; ② 当不考虑其他误差的存在,本工序的加工余量不应小于 ρ_a; ③ 当存在两种以上形状与位置误差时,其总误差为各误差的矢量和
本工序加工时的安装误差 ε_b	安装误差等于定位误差和夹紧误差的矢量和

③ 用查表法确定机械加工余量

总余量和半精加工、精加工工序余量,可从有关标准工艺手册查得,并应结合实际情况加以修正。粗加工工序余量,由总余量减去各半精加工和精加工工序余量而得到。

(4)机床的选择

① 机床的加工尺寸范围应与加工零件要求的尺寸相适应。

② 机床的工作精度应与工序要求的精度相适应。

③ 机床的选择还应与零件的生产类型相适应。

(5)工艺装备的选择

① 夹具的选择

在单件、小批量生产中,应选用通用夹具和组合夹具;在大批量生产中,应根据工序加工要求设计制造专用夹具。

② 刀具的选择主要依据加工表面的尺寸、工件材料、所要求的加工精度、表面粗糙度及选定的加工方法等选择刀具。一般采用标准刀具,必要时采用组合刀具及专用刀具。

③ 量具的选择主要依据生产类型和零件加工所要的精度等选择量具。一般在单件、小批量生产时,采用通用量具、量仪;在大批量生产时,采用各种量规、量仪和专用量具等。

(6)切削用量的选择

选择切削用量,就是在已经选择好刀具材料和刀具几何角度的基础上,确定背吃刀量 a_p、进给量 f 和切削速度 v。选择切削用量的原则有以下几点:

① 在保证加工质量、降低成本和提高生产率的前提下,使 a_p、f 和 v 的乘积最大。当 a_p、f 和 v 的乘积最大时,工序的切削工时最少。切削工时 t_m 的计算公式如下:

$$t_m = \frac{l}{nf} \frac{A}{a_p} = \frac{lA\pi d}{1\,000\,vfa_p}$$

式中　l——每次进给的行程长度，mm；

　　　n——转速，r/min；

　　　A——每边加工总余量，mm；

　　　d——工件直径，mm。

② 提高切削用量要受到工艺装备(机床、刀具)与技术要求(加工精度、表面质量)的限制。所以，粗加工时，一般是先按刀具寿命的限制确定切削用量，之后再考虑整个工艺系统的刚性是否允许，对切削用量加以调整；精加工时，则主要依据零件表面粗糙度和加工精度确定切削用量。

③ 根据切削用量与刀具寿命的关系可知，对刀具寿命影响最小的是 a_p，其次是 f，最大是 v。这是因为 v 对切削温度的影响最大。温度升高，刀具磨损加快，寿命明显下降。所以，确定切削用量次序：首先尽量选择较大的 a_p；其次按工艺装备与技术条件的允许选择最大的 f；最后再根据刀具寿命的允许确定 v。这样可在保证一定刀具寿命的前提下，使 a_p、f 和 v 的乘积最大。

（7）时间定额

① 时间定额的组成

时间定额是在一定生产条件下，规定生产一件产品或完成一道工序所需消耗的时间，用 t_t 表示。时间定额是安排生产计划、成本核算的主要依据。在设计新厂时，时间定额是计算设备数量、布置车间、计算工人数量的依据。

成批生产时的时间定额：

$$t_t = t_m + t_a + t_s + t_r + \frac{t_e}{N} = (t_m + t_a)\left(1 + \frac{\alpha + \beta}{100}\right) + \frac{t_e}{N}$$

大量生产时的时间定额：

$$t_t = (t_m + t_a)\left(1 + \frac{\alpha + \beta}{100}\right)$$

式中　N——零件批量。

时间定额的组成见表 6 – 2 – 8。

表 6 – 2 – 8　　　　　　　　　　　　时间定额的组成

时间定额组成	代号	含义
基本时间	t_m	直接改变生产对象的尺寸、形状、相对位置、表面状态或材料性质等工艺过程所消耗的时间
辅助时间	t_a	为实现工艺过程所必须进行的各种辅助动作所消耗的时间；基本时间和辅助时间的总和称为作业时间(t_b)，即直接用于制造产品零部件所消耗的时间，$t_b = t_m + t_a$
布置工作地时间	t_s	为使加工正常进行，工人布置工作地(如更换刀具、润滑机床、清理切屑、收拾工具等)所消耗的时间，一般按作业时间的百分数 α 计算
休息需要时间	t_r	工人在工作班内，为恢复体力所消耗的时间，一般按作业时间的百分数 β 计算
准备与终结时间	t_e	工人为了生产一批产品和零部件，进行准备和结束工作所消耗的时间

② 缩减单件时间的措施

a. 缩减基本时间的措施：提高切削用量，减少切削行程长度，合并工步，采用多件加工（顺序多件加工，平行多件加工，平行、顺序多件加工），改变加工方法，采用新工艺、新技术。

b. 缩减辅助时间的措施：采用先进夹具，采用转位工作台、直线往复式工作台等，采用连续加工，采用自动、快速换刀装置，采用主动检验或数字显示自动测量装置。

c. 缩减准备、终结时间的措施：使夹具和刀具调整通用化，采用可换刀架或刀夹，采用刀具的微调和快调，减少夹具在机床上的装夹找正时间，采用准备、终结时间极少的先进加工设备。

5. 工艺尺寸链

（1）尺寸链的定义

在工件加工和机器装配过程中，由相互联系的尺寸，按一定顺序排列成的封闭尺寸组，称为尺寸链。

如图 6 - 2 - 1 所示的工件，如先以 A 面定位加工 C 面，得尺寸 A_1，然后再以 A 面定位，用调整法加工台阶面 B，得尺寸 A_2，要求保证 B 面与 C 面间尺寸 A_0。A_1、A_2 和 A_0 这三个尺寸构成了一个封闭尺寸组，就成了一个尺寸链。组成尺寸链的各尺寸称为尺寸链的环。

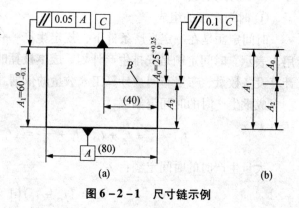

图 6 - 2 - 1　尺寸链示例

① 封闭环

在加工过程中间接获得的尺寸，称为封闭环。在图 6 - 2 - 1 所示尺寸链中，A_0 是间接得到的尺寸，它就是图 6 - 2 - 1(b) 所示尺寸链的封闭环。

② 组成环

在加工过程中直接获得的尺寸，称为组成环。图 6 - 2 - 1 所示的尺寸链中 A_1 与 A_2 都是组成环。它又分为：

a. 增环

在尺寸链中，自身增大或减小，会使封闭环随之增大或减小的组成环，增环字母上面用 $\overrightarrow{A_i}$ 表示。如图 6 - 2 - 1(b) 所示，A_2 不变，A_1 增大引起 A_0 增大，所以 A_1 为增环。

b. 减环

在尺寸链中，自身增大或减小，会使封闭环反而随之减小或增大的组成环，减环字母上面用 $\overleftarrow{A_i}$ 表示。如图 6 - 2 - 1(b) 所示，A_1 不变，A_2 增大引起 A_0 减小，所以 A_2 为减环。

（2）工艺尺寸链的建立

① 封闭环的确定

在工艺尺寸链中，封闭环是加工过程中自然形成的尺寸。

② 组成环的查找

从构成封闭环的两表面开始，按工艺过程的顺序，分别向前查找该表面最近一次加工的加工尺寸，之后再进一步查找此加工尺寸的工序基准的最近一次加工时的加工尺寸，如此继续查找，直到两条路线最后得到加工尺寸的工序基准重合。

③ 增、减环的判断

对环数较少的尺寸链可按增、减环的定义来判别是增环还是减环。当环数较多时，有时很难确定，可采用单向箭头循环图来判别。在尺寸链简图中，先给封闭环 A_0 任定一个方向并画出箭头（假设 A_0 向左），然后沿着此箭头方向顺着尺寸链回路依此画出每一组成环的箭头方向，形成封闭环形式。凡是组成环的箭头方向与封闭环箭头方向相反的为增环，方向相同的为减环。如图 6-2-2 所示尺寸

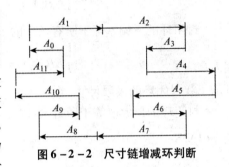

图 6-2-2　尺寸链增减环判断

链，增环为 A_1、A_2、A_4、A_6、A_9、A_{11}，减环是 A_3、A_5、A_7、A_8、A_{10}。线性尺寸链采用此种方法能方便地确定增、减环。

（3）工艺尺寸链计算的基本公式

尺寸链的计算是指计算封闭环与组成环的基本尺寸、公差及极限偏差之间的关系，其计算方法有极值法和概率法。生产中多采用极值法，下面介绍极值法计算的基本公式。

机械制造中的尺寸公差通常用基本尺寸（A）、上偏差（ES）、下偏差（EI）表示，还可以用最大极限尺寸（A_{max}）与最小极限尺寸（A_{min}）或基本尺寸（A）、中间偏差（Δ）与公差（T）表示，它们的关系如图 6-2-3 所示。

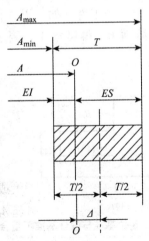

图 6-2-3　基本尺寸、极限偏差、公差与中间偏差

① 封闭环基本尺寸

封闭环基本尺寸 A_0 等于所有增环基本尺寸（$\overrightarrow{A_i}$）之和减去所有减环基本尺寸（$\overleftarrow{A_i}$）之和。

$$A_0 = \sum_{i=1}^{m} \overrightarrow{A_i} - \sum_{i=1}^{n} \overleftarrow{A_i} \qquad (6-2-1)$$

式中　m——组成环数；

　　　　n——增环数。

② 封闭环的上、下偏差

封闭环的上偏差等于所有增环的上偏差之和减去所有减环下偏差之和：

$$ES(A_0) = \sum_{i=1}^{m} ES(\overrightarrow{A_i}) - \sum_{i=1}^{n} EI(\overleftarrow{A_i}) \qquad (6-2-2)$$

封闭环的下偏差等于所有增环的下偏差之和减去所有减环上偏差之和：

$$EI(A_0) = \sum_{i=1}^{m} EI(\overrightarrow{A_i}) - \sum_{i=1}^{n} ES(\overleftarrow{A_i}) \qquad (6-2-3)$$

③ 封闭环的极限尺寸

封闭环的最大值等于所有增环的最大值之和减去所有减环最小值之和：

$$A_{0max} = \sum_{i=1}^{m} \overrightarrow{A}_{imax} - \sum_{i=1}^{n} \overleftarrow{A}_{imin} \qquad (6-2-4)$$

封闭环的最小值等于所有增环的最小值之和减去所有减环最大值之和：

$$A_{0min} = \sum_{i=1}^{m} \overrightarrow{A}_{imin} - \sum_{i=1}^{n} \overleftarrow{A}_{imax} \qquad (6-2-5)$$

④ 封闭环的公差

封闭环公差等于所有组成环公差之和：

$$T_0 = \sum_{i=1}^{m+n} T_i \qquad (6-2-6)$$

（4）工艺尺寸链的分析和解算

① 定位基准与设计基准不重合时工序尺寸及其公差的确定

【例 6-2-1】　图 6-2-4 所示的工件，如先以 A 面定位加工 C 面，得尺寸 A_1；然后再以 A 面定位用调整法加工台阶面 B，得尺寸 A_2，要求保证 B 面与 C 面间尺寸 A_0。试求工序尺寸 A_2。

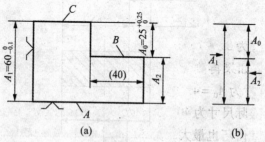

图 6-2-4　定位基准与设计基准不重合的尺寸换算

解： 当以 A 面定位加工 B 面时，将按工序尺寸 A_2 进行加工，设计尺寸 A_0 是本工序间接保证的尺寸，为封闭环，尺寸链如图 6-2-4(b)所示。A_1 为增环，A_2 为减环。

基本尺寸：　　　　　　$25 = 60 - A_2$；　　$A_2 = 35$ mm

下偏差：　　　　　　　$+0.25 = 0 - EI(A_2)$；　　$EI(A_2) = -0.25$ mm

上偏差：　　　　　　　$0 = -0.1 - ES(A_2)$；　　$ES(A_2) = -0.1$ mm

所以测量尺寸 $A_2 = 35_{-0.25}^{-0.1}$。

② 测量基准与设计基准不重合时的尺寸换算

在零件加工中，有时按设计尺寸测量时不方便，需在零件上另选一个易于测量的表面作为测量基准，以控制加工尺寸，从而间接保证设计尺寸的要求。

【例6－2－2】　如图6－2－5所示的套筒零件，根据装配要求，标注了尺寸 $50_{-0.17}^{0}$ mm 和尺寸 $10_{-0.36}^{0}$ mm，大孔深度无明确要求。加工时直接测量 $10_{-0.36}^{0}$ mm 比较困难，而常用深度游标卡尺直接测量大孔深度，间接保证尺寸 $10_{-0.36}^{0}$ mm，这时出现了测量基准与设计基准不重合，需进行工艺尺寸链换算大孔深度这一工序尺寸。

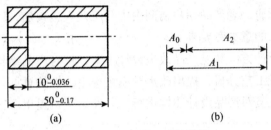

图6－2－5　测量尺寸的计算

解： 画尺寸链图如图6－2－5(b)所示

基本尺寸：　　　　　　　$10 = 50 - A_2$；　　$A_2 = 40$ mm；

下偏差：　　　　　　　$0 = 0 - EI(A_2)$；　　$EI(A_2) = 0$ mm

上偏差：　　　　$-0.36 = -0.17 - ES(A_2)$；　　$ES(A_2) = +0.19$ mm

所以测量尺寸 $A_2 = 40_{0}^{+0.19}$ mm。

通过分析以上计算结果，由于基准不重合而进行尺寸换算，将带来两个问题：

a. 提高了组成环尺寸的测量精度要求和加工精度要求。

b. 假废品问题。

如在例6－2－2中，对零件测量时，A_2 的实际尺寸在 $40_{0}^{+0.19}$ mm 范围内，A_1 的实际尺寸在 $50_{-0.17}^{0}$ mm 之间时，A_0 必然在设计尺寸 $10_{-0.36}^{0}$ mm 以内，零件为合格产品。

如果 A_2 的实际尺寸为 39.83 mm，比换算的最小尺寸 40 mm 还小 0.17 mm，这时这个工件将被认为是废品。如果再测量一下 A_1，假如 A_1 的实际尺寸恰巧也最小，为 49.83 mm，此时 A_0 的实际尺寸为 $A_0 = 49.83 - 39.83 = 10$ （mm），零件实际是合格品。

同样，如果 A_2 的实际尺寸为 40.36 mm，比换算的最小尺寸 40.19 mm 还大 0.17 mm，如果这时 A_1 的实际尺寸恰巧也最大，为 50 mm，此时 A_0 的实际尺寸为 $A_0 = 50 - 40.36 = 9.64$ （mm），零件实际仍是合格品。

通过上述两种情况分析可以看出，只有实测尺寸的超差量小于另一组成环的公差时，就可能出现假废品。因此，对换算后的测量尺寸超差的零件，应重新测量其他组成环的尺寸，再计算出封闭环的尺寸，以判断是否为废品。

③ 中间工序的工序尺寸换算

在零件加工中，有些加工表面的定位基准或测量基准是一些尚需继续加工的表面。当加工这些表面时，不仅要保证本工序对该加工表面的尺寸要求，同时还要保证原加工表面的要求，即一次加工后要同时保证两个尺寸的要求，此时需进行工序尺寸换算。

任务三 工艺工作程序及工艺文件

一、工艺工作程序

1. 工艺性调研和工艺性审查

（1）新产品设计调研，老产品用户访问由主管工艺人员参加，以便了解国内外同类产品情况及用户对该产品的意见和要求。

（2）讨论新产品设计方案和老产品改进设计方案，针对产品结构、性能、精度的特点和企业的技术水平进行工艺分析，提出改进产品结构工艺性的意见。

（3）由有关工艺人员对产品设计图样进行工艺性审查，提出工艺性审查意见，并应在设计图样上签字。

2. 编制工艺方案

工艺方案是工艺技术准备工作的重要指导性文件，由主管工艺人员负责编写。

（1）编制工艺方案的依据。产品图样及有关技术文件和企业生产大纲，总工艺师（或有关技术领导）对该产品工艺工作的指示，以及有关科室和车间的意见，产品的生产性质和生产类型；有关工艺资料（如企业的设备能力、设备精度、工人级别和技术水平等）；有关同类产品的国内外情报。

（2）工艺方案内容。根据产品的生产性质、生产类型规定工艺文件的种类，提出专用设备、关键设备的购置、改装、设计意见；提出关键工装设计项目和特殊的外购工具、刀具、量具、目录；提出新工艺、新材料在本产品上的实施意见；提出工艺关键件（或部分工艺关键件）工艺方案和工艺试验项目，并进行必要的技术经济分析；提出主要外制件和外协件项目；提出确保产品质量的特殊工艺要求；提出装配方案、装配方式、场地、产品验收的工艺准备；提出产品工艺关键件制造周期和生产进度的安排意见；提出对材料和毛坯的特殊要求；针对产品提出生产组织和生产路线（设备）调整意见；等等。

（3）设计关键工装。参加制造服务和装调、验证，对关键工艺进行试验。

（4）编制工艺路线表和有关明细表：

① 编制产品零件工艺路线表或产品零（部）件分工明细表。

② 编制产品工艺关键件明细表。

③ 编制外制件明细表。

（5）编制工艺文件：

① 根据产品零（部）件工艺路线表或产品零（部）件分工明细表，由各专业工艺人员编制冷、热加工及装配等工艺规程卡片。

② 提出专用工艺装备和专用设备、关键设备的设计任务书。

③ 冷、热加工提出的特殊技术要求。

④ 加工和装配提出的特殊技术要求。

⑤ 编制各种零件明细表(视各厂需要)。

⑥ 编制外购工具明细表。

⑦ 编制厂标准工具明细表。

⑧ 编制专用工艺装备明细表。

⑨ 编制组合夹具明细表。

(6) 工装设计。人员按工装设计任务书进行工装设计。

(7) 编制各种材料定额明细表和汇总表。

(8) 复校各种图样、表格和卡片。

(9) 开展对车间的工艺服务工作。

(10) 工艺总结。对各种生产类型的产品,当生产一个循环后都要进行工艺总结,内容包括工艺准备阶段小结,投产后工艺、工装验证情况,产品在生产中发生的工艺问题及其解决情况,对今后工艺改进意见,为工艺整顿提出初步设想。

(11) 根据工艺总结进行工艺整顿。

二、工艺文件

1. 机械加工工艺过程卡片

机械加工工艺过程卡片是以工序为单位简要说明零(部)件的加工过程的一种工艺文件,是编制其他工艺文件的基础,也是生产准备、编制作业计划和组织生产的依据。工艺过程卡片仅在单件小批生产中指导工人的加工操作,具体示例见表6-3-1。

表6-3-1　　　　　　　　机械加工工艺过程卡片

×××公司		产品图号		零(部)件图号			第　页	
		产品名称		零(部)件图号			共　页	
机械加工工艺过程卡片		毛坯外形尺寸		毛坯件数			数量	
毛坯种类		材料牌号		质量			备注	
工序号	工序名称	工序内容	车间	工段	设备	工艺装备	工时/h	
							准终	单件
编制		校核		批准		会签(日期)		

2. 机械加工工艺卡片

机械加工工艺卡片是按产品或零件的某一工艺阶段编制的工艺文件。它以工序为单元，详细说明产品(或零部件)在某一工艺阶段中的工序号、工序名称、工序内容、工艺参数操作要求以及采用的设备和工艺装备等。工艺卡片是指导工人生产和帮助车间技术人员掌握零件加工过程的一种主要工艺文件。广泛用于成批生产或重要零件的单件小批生产中，具体示例见表6-3-2。

表6-3-2　　　　　　　　　机械加工工艺卡片

××××厂	产品型号			零部件型号				第　页	
	产品名称			零部件名称				共　页	
机械加工工艺卡片	毛坯外形尺寸			每毛坯可制件数			数量		
毛坯种类		材料牌号			质量		备注		
工序	安装	工步		切削用量			工艺装备		工时/h
				最大切深/(mm)	切速/(m/min)	转速/(r/min)	进给量/(mm/r)	设备名称	刀具夹具量具	准终	单件
更改内容											
编制		校核		批准		会签(日期)					

3. 机械加工工序卡片

机械加工工序卡片是在工艺过程卡片或工艺卡片的基础上，按每道工序所编制的一种工艺文件。一般具有工序简图，并详细该工序的每个工步的加工内容、工艺参数、操作要求以及所有设备和工艺装备。多用于大批量生产及重要零件的成批生产，具体示例见表6-3-3。

表6-3-3　　　　　　　　　　　　机械加工工序卡片

×××厂	产品名称及型号	零件名称	零件图号	工序名称	工序号	第　页
						共　页

机械加工工序卡片	车间	工段	材料名称	材料牌号	机械性能
	同时加工件数	每料件数	件数等级	单位时间/min	准终时间/min
工序图					
	设备名称	设备编号	夹具名称	夹具编号	冷却液
	更改内容				

工步	工步内容	计算数据			走刀次数	切削用量				工时定额			刀具及辅具				
		直径或长度	走刀长度	单边余量		切深/(mm)	进给量/(mm/r)	转速/(r/min)	切速/(m/min)	基本时间	辅助时间	布置时间	工具号	名称	规格	编号	数量

编号		校核		批准		会签(日期)	

三、工艺卡编制举例

如图 6-3-1 所示的某传动轴,编制机械加工工艺过程卡和部分工艺卡片、工序卡片。

(1) 按照表 6-3-1 格式,编制传动轴加工工艺过程卡,见表 6-3-4。

(2) 按照表 6-3-2 格式,编制工艺过程中的工序 2 工艺卡片,见表 6-3-5。

(3) 按照表 6-3-3 格式,编制工艺过程中的工序 3 的工序卡片,见表 6-3-6。

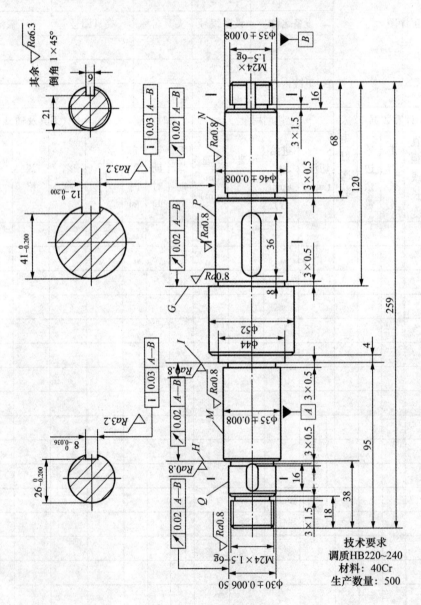

图 6-3-1　传动轴工作图

表6-3-4

传动轴机械加工工艺过程卡

		机械加工工艺过程卡片	产品图号		零(部)件图号		第　页
×××公司			产品名称		零(部)件图号		共　页
毛坯种类			毛坯外形尺寸		每毛坯件数	1	数量	
			材料牌号				备注	

工序号	工序名称	工序内容	车间	工段	设备	工艺装备	工时/h 准终	工时/h 单件
1	下料	圆钢 φ60×265 mm	综合	下料				
2	粗车	车一端面见平;钻中心孔;车右端三个台阶	机加	小车	CA6140			
3	粗车	调头,车另一端面保证长259 mm;钻中心孔;车另一端四个台阶	机加	小车	CA6140			
4	热处理	调质处理 HB220~240	热处理					
5	钳制	修研两端中心孔	机加	钳工				
6	半精车	双顶尖装夹,半精车三个台阶,切槽3×0.5 mm,倒角	机加	小车	CA6140			
7	半精车	调头,双顶尖装夹,半精车五个台阶,切槽3×0.5 mm,倒角	机加	小车	CA6140			
8	车	双顶尖装夹,车一端螺纹 M24×1.5-6g	机加	小车	CA6140			
9	车	调头,双顶尖装夹,车另一端螺纹 M24×1.5-6g	机加	小车	CA6140			
10	钳	划键槽及一个止动垫圈槽加工线	机加	钳工				
11	铣	铣两个键槽及一个止动垫圈槽,键槽深度尺寸比图样标注尺寸多铣0.25 mm,作为磨削余量	机加	铣工	X6032			
12	钳	修研两端中心孔	机加	钳工				
13	磨	磨外圆 Q,M,并用砂轮端面靠磨台肩 N,P,调头,磨外圆 N,P,靠磨台肩 H,I,调头,磨外圆台肩 G	机加	磨工	M1432B			
14	检验			质检				

编制	校核	批准	会签(日期)

表6-3-5

传动轴机械加工工艺卡

×××× 厂　机械加工工艺卡片

产品型号		零部件型号		第　页　共　页
产品名称		零部件名称　传动轴	数量　1	
毛坯外形尺寸　φ60×265	每毛坯可制件数	质量　500	备注	
材料牌号　40Cr				

毛坯种类

工序图

工序	安装	工步	工步内容	切削用量				设备名称	工艺装备 刀具,夹具,量具	工时/h	
				最大切深/mm	切速/(m/min)	转速/(r/min)	进给量/(mm/r)			准终	单件
2	三爪夹盘	1	车端面	3	37.68	200	0.20	CA6140	45°端面车刀		
	三爪夹盘	2	钻中心孔			50	手动		90°外圆车刀		
	一夹一顶	3	车 φ46±0.008 mm,留余量,至 φ48 mm	4	37.68	200	0.2		三爪夹盘		
	一夹一顶	4	车 φ35±0.008 mm,留余量,至 φ38 mm	4	30.14	200	0.2		活顶顶尖		
	一夹一顶	5	车 M24×1.5-6g,留余量,至 φ26 mm	4	23.86	200	0.2				

更改内容

编制	校核	批准	会签(日期)

表6－3－6

传动轴机械加工工序卡

×××厂　机械加工工序卡片

产品名称及型号	零件名称	零件图号	工序号 3	第　页　共　页
	车间 机加	工序名称 粗车	材料牌号 40Cr	机械性能
		材料名称 40Cr	件数等级	单位时间/min　准终时间/min
	同时加工件数 500	工段 小车　每料件数 1	夹具名称 三爪夹盘 尾座活顶尖　夹具编号	冷却液 乳化液
	设备名称 CA6140	设备编号		
	更改内容			

刀具及辅具

名称	规格	编号	数量
45°端面车刀	02R2020		
B型中心钻	B2.5/10		
90°外圆车刀			

工步	工步内容	直径或长度	走刀长度	单边余量	走刀次数	切深/mm	进给量/(mm/r)	转速/(r/min)	切速/(m/min)	基本时间	辅助时间	布置时间	工具号
		计算数据			切削用量					工时定额/min			
1	车端面	259	30	3	1	3	0.20	300	56.5	0.40		3	3
2	钻中心孔	B型			1		手动	50	33.9	1.20		3	3
3	车外圆	φ54	141	3	2	1/2	0.3	200	33.9	2.5	2.5	2	2
4	车外圆	φ37	93	8.5	2	5/3.5	0.3	200	23.2	1.67			
5	车外圆	φ32	36	2.5	1	2.5	0.3	200	20.1	0.67			
6	车外圆	φ26	16	3	1	3	0.3	200	16.3	0.33			
编号				校核			批准			会签（日期）			

零件图尺寸：259　93　36　16　φ54　φ37　φ32　φ26　12.5

课后思考与练习

一、简答题

1. 机械制造工艺术语解释:

零件结构工艺性　　工艺过程　　工艺路线　　工艺规程　　工艺装备　　工艺关键件

工艺基准　　工序基准　　辅助基准　　工艺尺寸　　工序尺寸　　工艺留量　　加工经济精度

2. 机械加工工艺规程有什么作用?

3. 粗基准、精基准选择的原则是什么?

4. 零件表面加工方法的选择原则有哪些?

5. 加工工序的安排原则有哪些?

6. 影响加工余量的因素有哪些? 加工余量是如何确定的?

7. 选择切削用量的原则有哪几点?

8. 缩减单件加工的时间,采取哪些措施?

9. 何谓增环、减环? 增环、减环如何判断?

二、实训题

1. 加工如题图 6-1 所示零件时,图样要求保证尺寸 (6 ± 0.1) mm,但这一尺寸不便直接测量,要通过测量尺寸 L 来间接保证,试求工序尺寸 L 及其上、下偏差。

2. 如题图 6-2 所示零件以 A 面定位,用调整法铣平面 C、D 及槽 E,已知 $L_1 = (60 \pm 0.2)$ mm,$L_2 = (20 \pm 0.4)$ mm,$L_3 = (40 \pm 0.8)$ mm,试确定其工序尺寸及偏差。

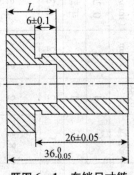

题图 6-1　车销尺寸链

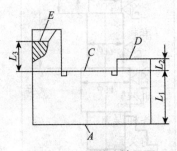

题图 6-2　调整法铣平面

项目 7
零件机械加工精度和表面质量

机械加工产品的寿命、性能、可靠性取决于产品零件的加工质量和装配质量。本项目主要讨论加工质量的影响因素。零件的加工质量是保证机械产品质量的基础。

本项目的学习要点：

1. 熟悉机械加工精度和表面质量的基本概念。

2. 掌握影响机械加工精度的各种因素及其存在的规律，从而找出减小加工误差、提高加工精度的合理途径。

任务一 概 述

一、机械加工精度的概念

机械产品的质量与零件的质量和装配质量有密切的关系，它直接影响着机械产品的使用性能和寿命。零件的加工质量包括加工精度和表面质量两个方面。

机械加工精度是指零件加工后的实际几何参数（尺寸、形状和位置）与理想几何参数的符合程度。符合程度越高，加工精度越高。一般机械加工精度是在零件工作图上给定的。实际几何尺寸与理想几何尺寸的偏离程度称为加工误差。

随着机器速度的提高、负载的增加以及自动化生产的需要，对机器性能的要求也在不断提高，因此保证机器零件具有更高的加工精度也越来越重要。研究机械加工精度的目的是研究加工系统中各种误差的物理实质，掌握其变化的基本规律，分析工艺系统中各种误差与加工精度之间的关系，寻求提高加工精度的途径，以保证零件的机械加工质量。

二、获得机械加工精度的方法

工件规定的加工精度包括尺寸精度、几何形状精度和表面间相互位置精度三个方面。

1. 获得尺寸精度的方法

（1）试切法

通过试切→测量→调整刀具→再试切，反复进行，直到符合规定尺寸，然后以此尺寸切出要加工的表面。

（2）定尺寸刀具法

使用具有一定形状和尺寸精度的刀具对工件进行加工，并以刀具相应尺寸获得规定尺寸精度。例如用麻花钻头、铰刀、拉刀、槽铣刀和丝锥等刀具加工，以获得规定的尺寸精度。

（3）调整法

按零件图规定的尺寸和形状，预先调整好机床、夹具、刀具与工件的相对位置，经试加工测量合格后，再连续成批加工工件。目前广泛应用于半自动机床、自动机床。

（4）主动测量法

在加工过程中，采用专门的测量装置主动测量工件的尺寸并控制工件尺寸精度的方法。在外圆磨床和珩磨机上采用主动测量装置以控制加工的尺寸精度。

2. 获得几何形状精度的方法

（1）轨迹法

轨迹法是依靠刀具与工件的相对运动轨迹来获得工件形状，如图 7 – 1 – 1 所示。

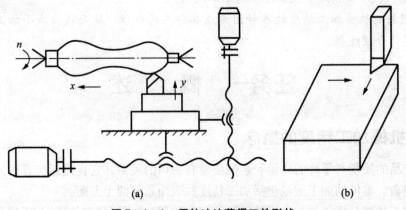

图 7 – 1 – 1　用轨迹法获得工件形状

（a）车削成形表面；（b）侧平面

（2）成形法

成形法是采用成形刀具加工工件的成形表面以得到所需求的形状精度。

（3）展成法

展成法主要用于齿轮上各种齿形的加工，如滚齿、插齿。

3. 获得相互位置精度的方法

工件加工表面相互位置的精度主要与机床、夹具及工件的定位精度有关。

任务二　影响加工精度的因素

机械加工中，零件的尺寸、形状和表面相互位置的形成，归根到底取决于工件与刀具在切削过程中的相互位置关系。而工件和刀具又分别安装在夹具和机床上，因此机械加工时，机床—夹具—刀具—工件组成了一个加工系统，称工艺系统。工艺系统会有各种各样的误差产生，这些误差在各种不同的具体工作条件下都会以各种不方式（或扩大，或缩小）反映为工件的加工误差。

工艺系统中凡是能直接引起加工误差的因素都称为原始误差。原始误差包括以下三种：

（1）加工前的误差：原理误差、调整误差、工艺系统的几何误差和定位误差。

（2）加工过程中的误差：工艺系统的受力、受热变形引起的加工误差，刀具磨损引起的加工误差。

（3）加工后的误差：工件内应力重新分布引起的变形以及测量误差等。

下面分别研究它们的特点、产生的根源以及它们与加工误差的关系。

一、原理误差

由于采用近似的加工运动或近似的刀具轮廓所产生的加工误差，为加工原理误差。

（1）采用近似的刀具轮廓形状：如用模数铣刀铣齿轮。

（2）采用近似的加工运动：如车削蜗杆时，由于蜗杆螺距 $P_s = \pi m$，而 π 是无限不循环的无理数，所以螺距值只能用近似值代替。因此，刀具与工件之间的旋轨迹是近似的加工运动。

二、工艺系统的几何误差

加工中刀具相对于工件的成形运动一般都是通过机床完成的，因此，工件的加工精度在很大程度上取决于机床的精度。机床制造误差对工件加工精度影响较大的有主轴回转误差、导轨导向误差和传动链传动误差。

（1）主轴回转误差

机床主轴是装夹工件或刀具的基准，并将运动和动力传给工件或刀具，主轴回转误差将直接影响被加工工件的精度。

主轴回转误差是指主轴各瞬间的实际回转轴线相对其平均回转轴线的变动量。它可分解为径向跳动、轴向窜动和角度摆动三种基本形式。

产生主轴径向回转误差的主要原因有：主轴几段轴颈的同轴度误差、轴承本身的各种误差、轴承之间的同轴度误差、主轴挠度等。它们对主轴径向回转精度的影响大小随加工方式的不同而不同。

图 7-2-1 所示为主轴回转误差的三种形式。

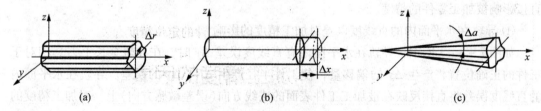

图 7-2-1　主轴回转误差的三种形式
（a）径向跳动；（b）轴向跳动；（c）角度摆动

① 主轴纯径向跳动：主轴回转轴线相对于平均回转轴线在径向的变动量。车外圆时它使加工面产生圆度和圆柱度误差。产生径向圆跳动误差的主要原因是主轴支撑轴颈的圆度误差、轴承工作表面的圆度误差等。

例如，在采用滑动轴承结构车削外圆时，切削力 F 的作用方向可认为大体上是不变的，如图 7-2-2 所示。在切削力 F 的作用下，主轴颈以不同的部位和轴承内径的某一固定部位相接触，此时主轴颈的圆度误差对主轴径向回转精度影响较大，而轴承内径的圆度误差对主轴径向回转精度的影响不大；在镗床上镗孔时，由于切削力 F 的作用方向随着主轴的回转而回转，在切削力 F 的作用下主轴总是以其轴颈某一固定部位与轴承内表面的不同部位接触，因此，轴承内表面的圆度误差对主轴径向回转精度影响较大，而对主轴颈圆度误差的影响不大。图 7-2-3 中的 δ_d 表示径向跳动量。

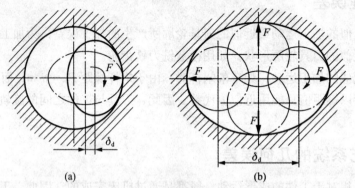

图 7-2-2　采用滑动轴承时主轴的径向跳动
(a) 工件回转类机床；(b) 刀具回转类机床

② 主轴轴线轴向窜动：主轴回转轴线沿平均回转轴线方向的变动量。车端面时它使工件端面产生垂直度和平面度误差。产生轴向窜动的原因是主轴轴肩端面和推力轴承载端面对主轴回转轴线有垂直度误差。

③ 角度摆动：主轴回转轴线相对平均回转轴线成一倾斜角度的运动。车削时，它使加工表面产生圆柱度误差和端面的形状误差。

提高主轴及箱体轴承孔的制造精度，选用高精度的轴承，提高主轴部件的装配精度，对主轴部件进行平衡，对滚动轴承进行预紧等，均可提高机床主轴的回转精度。

（2）导轨误差

导轨是机床中确定各主要部件相对位置关系的基准，也是运动的基准，它的各项误差直接影响被加工零件的精度。

① 导轨在水平面内的直线度误差对加工精度的影响

如图 7-2-3 所示，导轨在水平面内有直线度误差 Δy 时，在导轨全长上刀具相对于工件的正确位置将产生 Δy 的偏移量，使工件半径产生 $\Delta R = \Delta y$ 的误差。导轨在水平面内的直线度误差将直接反映在被加工工件表面的法线方向（误差敏感方向）上，对加工精度的影响最大。

② 导轨在垂直平面内的直线度误差对加工精度的影响

如图7-2-4所示，导轨在垂直平面内有直线度误差 Δz 时，也会使车刀在水平面内发生位移，使工件半径产生误差 ΔR。与 Δz 值相比，ΔR 属微小量，由此可知，导轨在垂直平面内的直线度误差对加工精度影响很小，一般忽略不计。

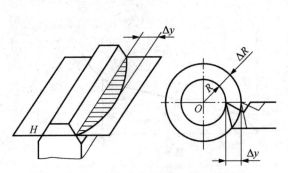

图7-2-3 导轨在水平面内的直线度误差
对加工精度的影响

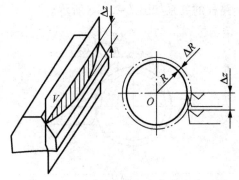

图7-2-4 导轨垂直平面内的直线度误差
对加工精度的影响

③ 导轨间的平行度误差对加工精度的影响

如图7-2-5所示，当前、后导轨在垂直平面内有平行度误差(扭曲误差)时，刀架将产生摆动，刀架沿床身导轨做纵向进给运动时，刀尖的运动轨迹是一条空间曲线，使工件产生圆柱度误差。导轨间在垂直方向有平行度误差时，将使工件与刀具的正确位置在误差敏感方向产生偏移量，对加工精度影响较大。

除了导轨本身的制造误差之外，导轨磨损是造成机床精度下降的主要原因。选用合理的导轨形状和导轨组合形式，采用耐磨合金铸铁导轨、镶钢导轨、贴塑导轨、滚动导轨以及对导轨进行表面淬火处理等措施均可提高导轨的耐磨性。

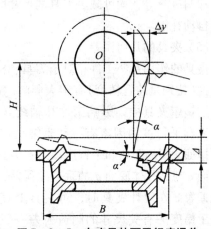

图7-2-5 车床导轨面平行度误差

（3）传动链误差

传动链误差是指传动链始末两端传动元件相对运动的误差。一般用传动链末端元件的转角误差来衡量。机床传动链误差是影响表面加工精度的主要原因之一。例如，车削钢螺纹的加工，主轴与刀架的相对运动关系不能严格保证时，将直接影响螺距的精度。

减小传动链传动误差的措施有：提高传动元件的制造精度和装配精度；减少传动件的数目，缩短传动链；传动比越小，传动元件的误差对传动精度的影响越小。

（4）刀具的几何误差

刀具误差对加工精度的影响随刀具种类的不同而不同。采用定尺寸刀具(如钻头、铰刀、键槽铣刀、圆拉刀等)加工时，刀具的尺寸误差和磨损将直接影响工件尺寸精度。采用成形刀具(如成形车刀、成形铣刀、齿轮模数铣刀、成形砂轮等)加工时,刀具的形状误差和磨损将直接影响工件的形状精度。对于一般刀具(如车刀、刨刀、铣刀等),其制造误差对工件加工精度无直接影响。

刀具的尺寸磨损量 NB 是在被加工表面的法线方向上测量的。刀具的尺寸磨损量与切削路程的关系如图 $7-2-6$ 所示。

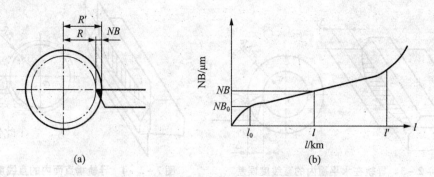

(a)　　　　　　　　　　　　　(b)

图 7 - 2 - 6　刀具的尺寸磨损与切削路程的关系图

(a) 刀具磨损量示意图;(b) 刀具的磨损与切削路程的函数关系

选用新型耐磨刀具材料、合理选用刀具几何参数和切削用量、正确刃磨刀具、正确采用冷却润滑液等,均可减少刀具的尺寸磨损。必要时,还可采用补偿装置对刀具尺寸磨损进行自动补偿。

(5)夹具的几何误差

夹具的作用是使工件相对于刀具和机床占有正确的位置,夹具的几何误差对工件的加工精度(特别是位置精度)有很大影响。在图7 - 2 - 7所示的钻床夹具中,影响工件孔轴线 a 与底面 B 间尺寸 L 和平行度的因素有:钻套轴线与夹具定位元件支撑面 c 间的距离和平行度误差;夹具定位元件支撑平面 c 与夹具体底面 d 的垂直度误差;钻套孔的直径误差等。在设计夹具时,对夹具上直接接影响工件加工精度的有关尺寸的制造公差一般取为工件上相应尺寸公差的 $1/5 \sim 1/2$。

夹具元件磨损将使夹具的误差增大。为保证工件加工精度,夹具中的定位元件、导向元件、对刀元件等关键易损元件均需选用高性能耐磨材料制造。

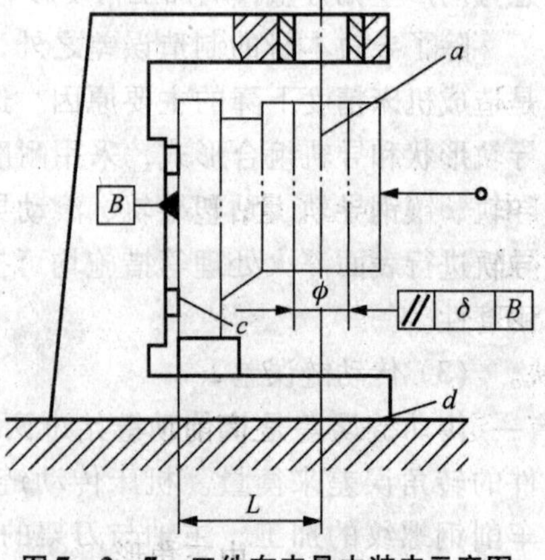

(6)调整误差

零件加工的每一道工序中,为了获得被加工表面的形状、尺寸和位置精度,必须对机床、夹具和刀具进行调整。而采用任何调整方法及使用任何工具都难免带来一些原始误差,这就是调整误差。

图 7 - 2 - 7　工件在夹具中装夹示意图

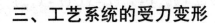

三、工艺系统的受力变形

1. 工艺系统刚度

机械加工中，工艺系统在切削力、夹紧力、传动力、惯性力和重力等的作用下，将产生相应变形，使工件产生加工误差。工艺系统在外力作用下产生变形的大小，不仅取决于作用力的大小，还取决于工艺系统的刚度。

垂直作用于工件加工表面的背向力 F_p 与工艺系统在该方向上的变形 $y_{系统}$ 的比值，称为工艺系统刚度 $k_{系统}$，即：

$$k_{系统} = F_p / y_{系统} \tag{7-2-1}$$

工艺系统在某一位置受力作用产生的变形量 $y_{系统}$ 应为工艺系统各组成环节在此位置受该力作用产生的变形量的代数和，即：

$$y_{系统} = y_{机床} + y_{刀具} + y_{夹具} + y_{工件} \tag{7-2-2}$$

而 $k_{系统} = F_p / y_{系统}$；$k_{机床} = F_p / y_{机床}$；$k_{刀具} = F_p / y_{刀具}$；$k_{夹具} = F_p / y_{夹具}$；$k_{工件} = F_p / y_{工件}$

故 $$1/k_{系统} = 1/k_{机床} + 1/k_{刀具} + 1/k_{夹具} + 1/k_{工件} \tag{7-2-3}$$

由式(7-2-3)知，工艺系统刚度的倒数等于系统各组成环节刚度的倒数之和。若已知各组成环节的刚度，即可由式(7-2-3)求得工艺系统刚度。工艺系统刚度主要取决于薄弱环节的刚度。

2. 工艺系统刚度对加工精度的影响

(1) 加工过程中由于工艺系系统刚度发生变化引起的误差

例如，在车床上用两顶尖装夹棒料车外圆，工件的变形可按简支梁计算，如图7-2-8(a)所示。

根据材料力学计算公式，这时有 $y_{工件} = F_p (L-x)^2 x^2 / 3EI$，则 $K_{工件} = 3EI/(L-x)^2 x^2$。其中，E 为弹性模量；I 为惯性矩。对于车刀，因变形甚微，可忽略不计。夹具按机床部件处理，不再单独计算。考虑机床床身及工件、刀具的刚度很大，受力后变形位移量可忽略不计，故机床总变形位移量将是机床的主轴箱、尾座及刀架等部件变形位移量的综合反映。当刀尖切至图7-2-8(b)所示位置时，在切削力的作用下，主轴箱、尾座和刀架都有一定的位移量，在离前顶尖 x 处系统的总位移：

$$y_{系统} = y_{刀架} + y_x \tag{7-2-4}$$

而 $y_x = y_{轴} + \delta_x$，由三角形相似原理得：

$$\delta_x = (y_{尾座} - y_{主轴})x/L \tag{7-2-5}$$

故 $$y_{系统} = y_{刀架} + y_{主轴} + (y_{尾座} - y_{主轴})x/L \tag{7-2-6}$$

若作用在刀架上的力为 F_p，由力的平衡关系得 $F_{主轴}$（即 F_A）$= F_p(L-x)/L$，$F_{尾座}$（即 F_B）$= F_p x/L$。而刀架、主轴、尾座的位移量分别为 $y_{刀架} = F_p / k_{刀架}$，$y_{主轴} = F_{主轴}/k_{主轴}$，$y_{尾座} = F_{尾座}/k_{尾座}$

将它们代入式(7-2-6)，可得工艺系统的位移量为：

$$y_{\text{系统}} = F_P/k_{\text{刀架}} + F_P(L-x)/(L \cdot k_{\text{主轴}}) + x/L[F_P x/(L \cdot k_{\text{尾座}}) - F_P(L-x)/(L \cdot k_{\text{主轴}})]$$

将上式代入式(7－2－1)便可得系统刚度。

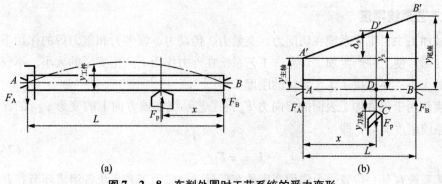

图7－2－8 车削外圆时工艺系统的受力变形

(a) 车细长轴; (b) 车粗短轴

可知, 工艺系统的刚度随进给位置 x 的改变而改变: 刚度大则位移小, 刚度小则位移大。由于工艺系统的位移量是 x 的二次函数, 故车成的工件母线不直, 两头大、中间小, 呈鞍形。

假设工件细长、刚度很低, 工艺系统的刚度完全等于工件的变形量。由此可见, 工艺系统的刚度随切削力作用点的位置变化而变化, 加工后的工件各截面的直径也不相同, 可能造成锥形、鞍形、鼓形等形状误差。

(2) 由于切削力变化引起的误差

加工过程中, 由于毛坯加工余量和工件材质不均等因素, 会引起切削力变化, 使工艺系统变形发生变化, 从而产生加工误差。车削一个具有锥形误差的毛坯, 加工表面上必然有锥形误差; 待加工表面上有什么样的误差, 加工表面上必然也有同样性质的误差, 这就是切削加工中的误差复映现象。加工前、后误差之比值, 称为误差复映系数, 它代表误差复映的程度。

如图7－2－9所示, 车削一个有圆度误差的毛坯, 将刀尖调整到要求的尺寸(图中双点画线圆), 在工件每一转过程中, 刀具切削深度不同, 引起的位移量也不同, 这就使毛坯的圆度误差复映到工件已加工表面上。

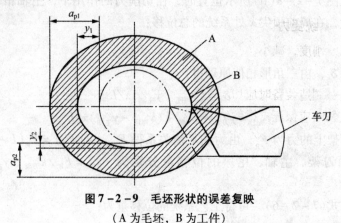

图7－2－9 毛坯形状的误差复映

(A 为毛坯, B 为工件)

尺寸误差和形位误差都存在复映现象。如果我们知道某加工工序的复映系数，就可以通过测量待加工表面的误差统计值来估算加工后工件的误差统计值。

当工件表面加工精度要求高时，须经多次切削才能达到加工要求。第一次切的复映系数 $\varepsilon_1 = \varepsilon_{加工表面1} / \varepsilon_{待加工表面}$；第二次切削的复映系数 $\varepsilon_2 = \varepsilon_{加工表面2} / \varepsilon_{待加工表面1}$……则该加工表面总的复映系数 $\varepsilon_总 = \varepsilon_1 \varepsilon_2 \varepsilon_3 \ldots \varepsilon_n$。因为每个复映系数均小于 1，故总的复映系数将是一个很小的数值。

（3）惯性力、重力、夹紧力引起的加工误差

离心力在每一转中不断改变方向。当与切削力同向时，工件被推离刀具，减少了实际切深；当与切削力反向时，工件被推向刀具，增加了实际切深，结果造成工件产生圆度误差。生产中常采用"配重平衡法"来消除惯性力对加工精度的影响。工艺系统有关零件的自身质量（特别是重型机床）以及它们在加工中位置的移动，也可引起相应的变形，造成加工误差。例如，摇臂钻床在主轴箱自重影响下发生变形，导致主轴轴线与工作台不垂直，则加工后轴线与定位面不垂直。

工件或夹具刚度过低或夹紧力作用方向、作用点选择不当，都会使工件或夹具产生变形，造成加工误差。如图 7－2－10 所示，用三爪自定心卡盘装夹薄壁套筒镗孔时，夹紧前薄壁套筒的内、外圆是圆的，夹紧后工件呈三棱圆形；镗孔后，内孔呈圆形；但松开三爪卡盘后，外圆弹性恢复为圆形，所加工孔变成为三棱圆形，使镗孔孔径产生加工误差。为减少由此引起的加工误差，可在薄壁套筒外面套上一个开口薄壁过渡环，使夹紧力沿工件圆周均匀分布。

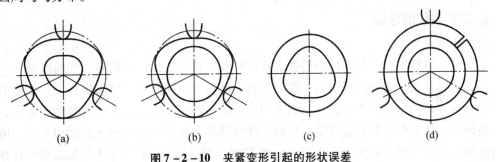

图 7－2－10 夹紧变形引起的形状误差

（a）工件被夹紧；（b）工件被镗孔；（c）工件镗孔后被松开；（d）工件被套上开口过渡环加工后

3. 减小工艺系统受力变形的途径

提高工艺系统刚度，减小切削力及其变化可以减少工艺系统变形。具体可归纳为以下几个方面：

（1）设计机械制造装备时应切实保证关键零部件的刚度

在机床和夹具中应保证支撑件（如床身、立柱、横梁、夹具体等）、主轴部件有足够的刚度。

（2）提高接触刚度

提高接触刚度是提高工艺系统刚度的关键。减少组成件数，提高接触面的表面间隙，均可减少接触变形，提高接触刚度。对于相配合零件，可以通过适当预紧消除间隙，增大

实际接触面积。

（3）采用合理的装夹方式和加工方法

提高工件的装夹刚度，应从定位和夹紧两个方面采取措施。例如，在卧式铣床上铣一个三角形零件的端面，若采用图 7 – 2 – 11（a）所示的方法，工艺系统刚度较差；若将零件倒放，改用端铣刀加工，如图 7 – 2 – 11（b）所示，则工艺系统刚度提高。

（4）减小切削力及其变化

改善毛坯制造工艺，减小加工余量，适当增大前角和后角，改善工件材料的切削性能等

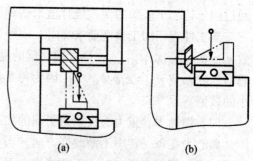

图 7 – 2 – 11　零件的两种安装方法
（a）卧铣；（b）端铣

均可减小切削力。为控制和减小切削力的变化幅度，应尽量使一批工件的材料性能和加工余量保持均匀。

四、工艺系统受热变形引起的误差

工艺系统在热作用下产生的局部变形，会破坏刀具与工件的正确位置关系，使工件产生加工误差。热变形对加工精度影响较大，特别是在精密加工和大件加工中，热变形所引起的加工误差通常会占到工件加工总误差的 40%~70%。随着高精度、高效率及自动化加工技术的发展，工艺系统热变形问题日益突出。

1. 工艺系统的热源

（1）切削热

切削加工过程中，消耗于切削层弹塑性变形及刀具与工件、切屑间摩擦的能量，绝大部分转化为切削热。切削热将传入工件、刀具、切屑和周围介质。切削热是工艺系统中工件和刀具热变形的主要热源。在车削加工中，传给工件的热量占总切削热的 30% 左右，切削速度越高，切屑带走的热量越多，传给工件的热量就越少；在铣削、刨削加工中，传给工件的热量占总切削热的比例小于 30%；在钻削和刨削加工中，因为大量的切屑滞留在所加工孔中，传给工件的热量往往超过 50%；磨削加工中传给工件的热量有时多达 80% 以上，磨削区温度可高达 800~1 000 ℃。

（2）摩擦热和动力装置能量损耗发出的热量

机床运动部件（如轴承、齿轮、导轨等）为克服摩擦所做机械功转变的热量，机床动力装置（如电动机、液压马达等）工作时因能量损耗发出的热量，它们是机床变形的主要热源。

（3）外部热源

外部热量主要是指周围环境温度通过空气的对流以及日光、照明灯具、取暖设备等热源通过辐射传到工艺系统的热量。外部热源的热辐射及环境温度的变化对机床热变形的影响，有时也是不可忽视的。靠近窗口的机床受到日光照射的影响，上、下午的机床温升和变形就不同，而且日照通常是单向的、局部的，受到照射的部分与未经照射的部分之间就有温差。

工艺系统在工作状态下，一方面它经受各种热源的作用使温度逐渐升高，另一方面它同时也通过各种传热方式向周围介质散发热量。当工件、刀具和机床的温度达到某一数值时，单位时间内传出和传入的热量接近相等时，工艺系统就达到了热平衡状态。在热平衡状态下，工艺系统各部分的温度保持在某一相对固定的数值上，工艺系统的热变形将趋于相对稳定。

2. 工艺系统热变形对加工精度的影响

（1）工件热变形对加工精度的影响

机械加工过程中，使工件产生热变形的热源主要是切削热。对于精密零件，环境温度变化和日光、取暖设备等外部热源对工艺系统的局部辐射等也不容忽视。

车削或磨削轴类工件外圆时，可近似看成是均匀受热的情况。工件均匀受热主要影响工件的尺寸精度，否则还会产生圆柱度误差。

对于精密加工，热变形是一个不容忽视的重要问题。热变形对精密加工件的影响是很大的。磨削加工薄片类工件的平面（图7-2-12所示），就属于不均匀受热的情况，上、下表面间的温差将导致工件中部凸起，加工中凸起部分被切去，冷却后加工表面呈中凹形，产生形状误差。工件凸起量与工件长度的平方成正比，且工件越薄，工件的凸起量越大。

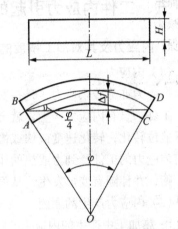

图7-2-12　不均匀受热引起的热变形

（2）刀具热变形对加工精度的影响

使刀具产生热变形的热源主要是切削热。切削热传入刀具的比例虽然不大（车削时约为5%），但由于刀具体积小，热容量小，所以刀具切削部分的温升仍较高。

粗加工时，刀具热变形对加工精度的影响一般可以忽略不计；对于加工要求较高的零件，刀具热变形对加工精度的影响较大，将使加工表面产生尺寸误差或形状误差。

（3）机床热变形对加工精度的影响

使机床产生热变形的热源主要是摩擦热、传动热和外界热源传入的热量。由于机床内部热源分布不均匀和机床结构的复杂性，机床各部件的温升是不相同的，机床零部件间会产生不均匀的变形，这就破坏了机床各部件原有的相互位置关系。不同类型的机床，其主要热源各不相同，热变形对加工精度的影响也不相同。磨床的主要热源是砂轮主轴的摩擦热及液压系统的发热，车床、铣床、钻床、镗床的主要热源来自主轴箱。车床主轴箱的温升将使主轴升高，如图7-2-13所示。由于主轴前轴承的发热量大于后轴承的发热量，故主轴前端比后端高，主轴箱的热量传给床身，还会使床身和导轨向上凸起。

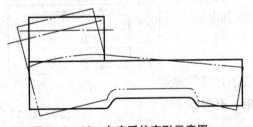

图7-2-13　车床受热变形示意图

3. 减小工艺系统热变形的途径

（1）减少发热量：机床内部的热源是产生机床热变形的主要热源。凡是有可能从主机分离出去的热源，如电动机、液压系统和油箱等，应尽量放在机床外部。为了减少热源发热，在相关零部件的结构设计时应采取措施改善摩擦条件。例如选用发热较少的静压轴承或空气轴承作主轴轴承，在润滑方面也可改用低黏度的润滑油、锂基油脂或油雾润滑等。通过控制切削用量和刀具几何参数，可减少切削热。

（2）改善散热条件：向切削区加注冷却润滑液，可减少切削热对工艺系统热变形的影响。有些加工中心机床采用冷冻机对冷却润滑液进行强制冷却，效果明显。

（3）均衡温度场：在外移热源时，还应注意考虑均衡温度场的问题。

（4）改进机床结构。

五、工件内应力引起的误差

1. 内应力及其对加工精度的影响

（1）内应力

内应力亦称残余应力，是指在没有外力作用下或去除外力作用后残留在工件内部的应力。工件一旦有内应力产生，就会使工件材料处于一种高能位的不稳定状态，它本能地要向低能位转化，转化速度或快或慢，但迟早是要转化的，转化的速度取决于外界条件。当带有内应力的工件受到力或热的作用而失去原有的平衡时，内应力就将重新分布以达到新的平衡，并伴随有变形发生，从而使工件产生加工误差。

（2）内应力产生的原因

① 热加工中产生的内应力

在铸造、锻压、焊接和热处理等加工中，由于工件壁厚不均、冷却不均或金相组织转变等原因，都会使工件产生内应力。图7-2-14所示为壁厚不均匀的铸件毛坯，在浇铸后冷却时，由于薄壁A、C容易散热，冷却比较快。壁B比较厚，冷却慢。当壁A、C从塑性状态冷却到弹性状态时，壁B尚处于塑性状态，这时壁A、C在收缩时未受到壁B的阻碍，铸件内部不产生内应力。当壁B也冷却到弹性状态时，壁A、C基本冷却，故壁B收缩受到壁A、C的阻碍，使壁B内部产生残余拉应力，壁A、C产生残余压应力，拉、压应力处于平衡状态。此时若在壁A上开一个缺口，则壁A压应力消失，壁B、C在各自应力作用下产生伸长和收缩变形，工件弯曲，直到内应力重新分布到新的平衡。

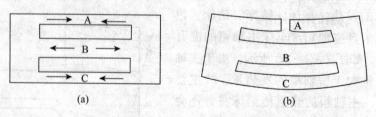

（a）　　　　　　　　　　　　　　　（b）

图7-2-14　铸件内应力及其变形

（a）毛坯；（b）切后变形

② 冷校直产生的内应力

一些刚度较差、容易变形的轴类零件，常采用冷校直方法使之变直。冷校后的工件，直线度误差减小了，却产生了内应力，如图7－2－15所示。

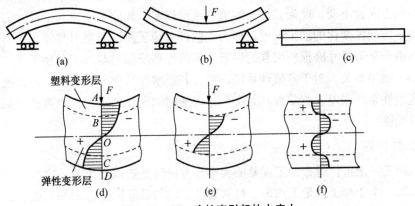

图7－2－15　冷校直引起的内应力

（a）工件变形示意图；（b）施加载荷；（c）工件被校直；（d）加载后变形层示意图；

（e）加载后残余应力分布示意图；（f）卸载后残余应力分布均匀

2. 减小或消除内应力变形误差的途径

（1）合理设计零件结构

在设计零件结构时，应尽量做到壁厚均匀、结构对称，以减小内应力的产生。

（2）合理安排工艺过程

工件中如有内应力产生，必然会有变形发生，但迟变不如早变，应使内应力重新分布引起的变形能在进行机械加工之前或在粗加工阶段尽早完成，而不让内应力变形发生在精加工阶段或精加工之后。铸件、锻件、焊接件在进入机械加工之前，应安排退火、回火等热处理工序；对箱体、床身等重要零件，在粗加工之后尚需适当安排时效工序；工件上一些重要表面的粗、精加工工序宜分阶段安排，使工件在粗加工之后能有更多的时间通过变形使内应力重新分布，待工件充分变形之后再进行精加工，以减小内应力对加工精度的影响。

任务三　加工误差的性质及提高加工精度的途径

在实际生产中，影响加工精度的因素很多，工件的加工误差是多种因素综合作用的结果，且其中不少因素的作用往往带有随机性。对于一个受多种随机因素综合作用的工艺系统，只有用概率统计的方法分析加工误差，才能得到符合实际的结果。加工误差的统计分析方法，不仅可以客观评定工艺过程的加工精度，评定工序能力系数，而且还可以用来预测和控制工艺过程的精度。

一、加工误差的性质

按照加工误差的性质，加工误差可分为系统性误差和随机性误差。

1. 系统性误差

当顺次加工一批零件时，误差的大小和方向基本保持不变或误差随时间按一定规律变化，都称为系统性误差。系统性误差可分为常值性系统误差和变值性系统误差两种。加工误差的大小和方向皆不变，此误差称为常值性系统误差，如原理误差、定尺寸刀具的制造误差等。按一定规律变化的加工误差，称为变值性系统误差，如当刀具处于正常磨损阶段车外圆时，由于车刀尺寸磨损所引起的误差。常值性系统误差与加工顺序无关，变值性系统误差与加工顺序有关。对于常值性系统误差，若能掌握其大小和方向，可以通过调整消除；对于变值性系统误差，能掌握其大小和方向随时间变化的规律，也可通过采取自动补偿措施加以消除。

2. 随机性误差

在顺序加工一批工件时，加工误差的大小和方向都是随机变化的，这些误差称为随机性误差。例如，由于加工余量不均匀、材料硬度不均匀等原因引起的加工误差，以及工件的装夹误差、测量误差和由于内应力重新分布引起的变形误差等均属随机性误差。可以通过分析随机性误差的统计规律，对工艺过程进行控制。

二、保证和提高加工精度的途径

提高加工精度的途径可以归纳为以下几种：

1. 直接消除或减少原始误差

这种方法应用很广，它主要是在查明影响加工精度的主要原始误差因素之后，采取针对性措施，直接进行消除或减小这种原始误差的方法。

例如，加工细长轴时，主要原始误差因素是工件刚性差，因而采用反向进给切削法，并加跟刀架，使工件受拉伸，从而达到减小变形的目的。

2. 补偿和抵消原始误差

有时虽然找到了影响加工精度的主要原始误差，但却不允许采取直接消除或减小的方法（代价太高或时间太长），而需要采取补偿和抵消原始误差的方法。

（1）误差补偿的方法

误差补偿是人为地制造一个大小相等、方向相反的误差去补偿原始误差。

例如，龙门铣床的横梁，在两个铣头的重力作用下会产生向下的弯曲变形，严重影响了加工精度。若用加强横梁刚度和减轻铣头质量的方法去消除或减小原始误差，显然是有困难的。此时可将横梁导轨故意制成向上凸的误差，以补偿铣头受重力引起的向下垂的变形。

（2）误差抵消的方法

误差抵消是利用这部分原始误差去抵消另一部分原始误差。例如，车细长轴时常因切削推力的作用造成工件弯曲变形，若采用前后刀架，使两把车刀粗、精相对车削，就能使推力相互抵消一大部分，从而减小工件变形和加工误差。

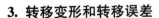

3. 转移变形和转移误差

把影响加工精度的原始误差转移到不影响或少影响加工精度的方向上。

（1）转移变形

例如，将龙门铣床上铣头受重力引起的横梁弯曲变形转移到附加梁上，而附加梁的受力变形对加工精度毫无影响。

（2）转移误差

例如，成批生产中，当机床精度达不到加工精度要求时，常采用专用夹具加工，此时工件的加工精度靠夹具保证，机床的原始误差则被转移到不影响加工精度的方向去了。

转移变形和转移误差实质上没有什么区别，前者转移的是工艺系统受力或受热变形，后者转移的是工艺系统的几何误差，即转移的都是原始误差。

4. 均分与均化原始误差

（1）均分原始误差法

采用分组调整，把误差均分，即把工件按误差大小分组，若分成 n 组，则每组零件的误差就减至 $1/n$，然后按各组调整刀具与工件的相对位置，或采用适当的定位元件以减少上道工序加工误差对本工序加工精度的影响。

（2）均化原始误差

均化是通过加工，使被加工表面的原始误差不断缩小和平均化的过程。

例如，精密内孔的研磨，是利用工件表面与研具表面间复杂的相对运动进行的。加工时，首先是接触面间的高点间相互进行微量切削，使高点和低点差距减小，接触面积逐渐增大，即误差逐渐减小和趋于平均化，最后达到很高的形状精度和很低的表面粗糙度。

5."就地加工"保证精度

在机械制造中，有些精度问题涉及很多零件的相互关系，如果仅仅从提高零部件本身的精度着手，有些精度指标不能达到，或即使达到，成本也很高。

"就地加工"的要点是要保证部件间什么样的位置关系，就在这样的位置关系上用一个部件上的刀具去加工另一部件，这是一种达到最终精度的简捷方法。

例如，车床尾架顶尖孔的轴线要求与主轴轴线重合，采用"就地加工"把尾架装配到机床上后，进行最终精加工。

任务四　机械加工表面质量

机器零件的破坏，一般都是从表面层开始的，这说明零件的表面质量至关重要，它对产品质量有很大影响。

研究表面质量的目的，就是要掌握机械加工中各种工艺因素对表面质量影响的规律，以便应用这些规律控制加工过程，最终达到提高表面质量、提高产品使用性能的目的。

一、加工表面质量的概念

加工表面质量包含以下两个方面的内容。

1. 表面粗糙度与波度

根据加工表面轮廓的特征(波距 L 与波高 H 的比值),可将表面轮廓分为以下三种:① $L_1/H_1 > 1\,000$,称为宏观几何形状误差,如圆度误差、圆柱度误差等,它们属于加工精度范畴;② $L_2/H_2 = 50 \sim 1\,000$,称为波度,它是由机械加工振动引起的;③ $L_3/H_3 < 50$,称为微观几何形状误差,亦称表面粗糙度。表面粗糙度、波度与宏观几何形状误差如图 7 – 4 – 1 所示。

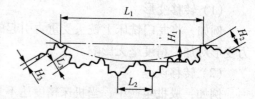

图 7 – 4 – 1　表面粗糙度、波度与宏观几何形状

2. 表面层材料的物理力学性能和化学性能

表面层材料的物理力学性能,包括表面层的冷作硬化、残余应力以及金相组织的变化。

(1)表面层的冷作硬化。机械加工过程中表面层金属产生强烈的塑性变形,使晶格扭曲、畸变,晶粒间产生剪切滑移,晶粒被拉长,这些都会使表面层金属的硬度增加,塑性减小,统称为冷作硬化。

(2)表面层残余应力。机械加工过程中由于切削变形和切削热等因素的作用在工件表面层材料中产生的内应力,称为表面层残余应力。在铸、锻、焊、热处理等加工过程产生的内应力与这里介绍的表面残余应力的区别在于:前者是在整个工件上平衡的应力,它的重新分布会引起工件的变形;后者则是在加工表面材料中平衡的应力,它的重新分布不会引起工件变形,但它对机器零件表面质量有重要影响。

(3)表面层金相组织变化。机械加工过程中,在工件的加工区域,温度会急剧升高,当温度升高到超过工件材料金相组织变化的临界点时,就会发生金相组织变化。例如,磨削淬火钢件时,常会出现回火烧伤、退火烧伤等金相组织变化,将严重影响零件的使用性能。

二、机械加工表面质量对机器使用性能的影响

1. 表面质量对耐磨性的影响

零件的耐磨性不仅与摩擦副的材料、热处理情况和润滑条件有关,而且还与摩擦副表面质量有关。

(1)表面粗糙度对耐磨性的影响

表面粗糙度值大,接触表面的实际压强增大,粗糙不平的凸峰间相互咬合、挤裂,使磨损加剧,表面粗糙度值越大越不耐磨;但表面粗糙度值也不能太小,表面太光滑,因存不住润滑油使接触面间容易发生分子粘接,也会导致磨损加剧。表面粗糙度的最佳值与机器零件的工况有关,一般在 $0.8 \sim 0.2\ \mu\mathrm{m}$ 范围内。

(2)表面冷作硬化对耐磨性的影响

加工表面的冷作硬化,一般能提高耐磨性。但是过度的冷作硬化将使加工表面金属组织变得"疏松",严重时甚至会出现裂纹,使磨损加剧。

（3）表面纹理对耐磨性的影响

在轻载运动副中，两相对运动零件表面的刀纹方向均与运动方向相同时，耐磨性好；两者的刀纹方向均与运动方向垂直时，耐磨性差，这是因为两个摩擦面在相互运动中，切去了妨碍运动的加工痕迹。但在重载时，两相对运动零件表面的刀纹方向均与相对运动方向一致时容易发生咬合，磨损量反而大；两相对运动零件表面的刀纹方向相互垂直，且运动方向平行于下表面的刀纹方向，磨损量较小。

2. 表面质量对零件疲劳强度的影响

表面粗糙度对零件的疲劳强度影响很大。在交变载荷作用下，表面粗糙度的凹谷部位容易产生应力集中，出现疲劳裂纹，加速疲劳破坏。零件上容易产生应力集中的沟槽，圆角等处的表面粗糙度对疲劳强度的影响更大。减小零件的表面粗精度可以提高零件的疲劳强度。零件表面存在一定的冷作硬化，可以阻碍表面疲劳裂纹的产生，缓和已有裂纹的扩展，有利于提高疲劳强度；但冷作硬化强度过高时，可能会产生较大的脆性裂纹，反而降低疲劳强度。加工表面层如有一层残余压应力产生，则可以提高疲劳强度。

3. 表面质量对抗腐蚀性能的影响

大气中所含的气体和液体与零件接触时会凝结在零件表面而使其腐蚀。零件表面粗糙度越大，加工表面与气体、液体接触面积越大，腐蚀作用就越强烈。加工表面的冷作硬化和残余应力，使表层材料处于高能位状态，有促进腐蚀的作用。减小表面粗糙度、控制表面的加工硬化和残余应力，可以提高零件的抗腐蚀性能。

4. 表面质量对零件配合性质的影响

对于间隙配合，零件表面越粗糙，磨损越大，使配合间隙增大，降低配合精度；对于过盈配合，两零件粗糙表面相配时凸峰被挤平，使有效过盈量减小，将降低过盈配合的连接强度。

三、影响加工表面粗糙度的因素及改善措施

切削加工表面粗糙度的实际轮廓形状，一般都与纯几何因素形成的理论轮廓有较大的差别，这是由于切削加工中有塑性变形发生的缘故。

加工塑性材料时，切削速度对加工表面粗糙度有影响，在某一切削速度范围内，容易生成积屑瘤，使表面粗糙度增大。加工脆性材料时，切削速度对表面粗糙度的影响不大。

加工相同材料的工件，晶粒越粗大，切削加工后的表面粗糙度值越大。为减小切削加工后的表面粗糙度值，常在粗加工前或精加工前对工件进行正火、调质等热处理，目的在于得到均匀细密的晶粒组织，并适当提高材料的硬度。

适当增大刀具的前角，可以降低被切削材料的塑性变形；降低刀具前刀面和后刀面的表面粗糙度可以抑制积屑瘤的生成；增大刀具后角，可以减少刀具和工件的摩擦；合理选择冷却润滑液，可以减少材料的变形和摩擦，降低切削区的温度。采取上述各项措施均有利于减小加工表面的粗糙度。

磨削加工表面粗糙度的形成也是由几何因素和表面层材料的塑性变形决定的。表面粗

精度的高度和形状是由起主要作用的某一类因素或是某一个别因素决定的。例如，当所选取的磨削用量不至于在加工表面上产生显著的热现象和塑性变形时，几何因素就可能占优势，对表面粗糙度起决定影响的可能是砂轮的粒度和砂轮的修正用量；与此相反，如果磨削区的塑性变形相当显著时，砂轮粒度等几何因素就不起主要作用，磨削用量可能是影响磨削表面粗糙度的主要因素。

挤压（或滚压）法是改善内、外圆表面粗糙度的有效途径。这种方法是用硬质合金（也可用金刚石或淬火钢）作为挤压（或滚压）工具，使被加工表面均匀产生塑性变形，把半精加工遗留下来的粗糙波峰压低并填补波谷，因而能显著减小表面粗糙度。此外，挤压法生产效率较高，且表层形成残余压应力，有利于提高零件的疲劳强度。

四、影响加工表面物理性能的因素

1. 表面层材料的冷作硬化

（1）冷作硬化

切削过程中产生的塑性变形，会使表层金属的晶格发生扭曲、畸变，晶粒间产生剪切滑移，晶粒被拉长，甚至破碎，这些都会使表层金属的硬度和强度提高，这种现象称作冷作硬化，亦称强化。

（2）影响冷作硬化的因素

① 刀具的影响

切削刃钝圆半径越大，已加工表面在形成过程中受挤压程度越大，加工硬化也越大；当刀具后刀面的磨损量增大时，后刀面与已加工表面的摩擦随之增大，冷作硬化程度也增加；减小刀具的前角，加工表面层塑性变形增加，切削力增大，冷作硬化程度和深度都将增加。

② 切削用量的影响

切削速度增大时，刀具对工件的作用时间缩短，塑性变形不充分，随着切削速度的提高和切削温度的升高，冷作硬化程度将会减小。背吃刀量和进给量增大，塑性变形加剧，冷作硬化加强。

③ 加工材料的影响

被加工工件材料的硬度越低、塑性越大时，冷硬现象越严重。有色金属的再结晶温度低，容易弱化，因此切削有色合金工件时的冷硬倾向程度要比切削钢件时小。

2. 表面层材料金相组织变化

加工表面温度超过相变温度时，表层金属的金相组织将会发生相变。切削加工时，切削热大部分被切屑带走，因此影响较小，多数情况下表层金属的金相组织没有质的变化。磨削加工时，切除单位体积材料所需消耗的能量远大于切削加工，磨削加工所消耗的能量绝大部分要转化为热，磨削热传给工件，使加工表面层金属金相组织发生变化。

磨削淬火钢时，会产生三种不同类型的烧伤：如果磨削区温度超过马氏体转变温度而未超过相变临界温度（碳钢的相变温度为 723 ℃），这时工件表层金属的金相组织由原来的马氏体转变为硬度较低的回火组织（索氏体或托氏体），这种烧伤称为回火烧伤；如果磨削区温度超过了相变温度，在切削液急冷作用下，使表层金属发生二次淬火，硬度高于原来的回火马氏体，里层金属则由于冷却速度慢，出现了硬度比原先的回火马氏体低的回火组织，这种烧伤称为淬火烧伤；若工件表层温度超过相变温度，而磨削区又没有冷却液进入，表层金属产生退火组织，硬度急剧下降，称之为退火烧伤。

磨削烧伤严重影响零件的使用性能，必须采取措施加以控制。控制磨削烧伤有两个途径：一是尽可能减少磨削热的产生；二是改善冷却条件，尽量减少传入工件的热量。采用硬度稍软的砂轮、适当减小磨削深度和磨削速度、适当增加工件的回转速度和轴向进给量、采用高效冷却方式(如高压大流量冷却、喷雾冷却、内冷却)等措施，都可以降低磨削区温度，防止磨削烧伤。

3. 表面层残余应力

(1) 加工表面产生残余应力的原因

① 表层材料比容增大

切削过程中加工表面受到切削刃钝圆部分与后刀面的挤压与摩擦，产生塑性变形，由于晶粒碎化等原因，表层材料比容增大。由于塑性变形只在表面层产生，表面层金属比容增大，体积膨胀，不可避免地要受到与它相连的里层基体材料的阻碍，故表层材料产生残余压应力，里层材料则产生与之相平衡的残余拉应力。

② 切削热的影响

切削加工中，切削区会有大量的切削热产生，工件表面的温度往往很高。

③ 金相组织的变化

切削时的高温会使表面层的金相组织发生变化。不同的金相组织有不同的密度，亦即具有不同的比容。表面层金属金相组织变化引起的体积变化，必然受到与之相连的基体金属的阻碍，因此就有残余应力产生。当表面层金属体积膨胀时，表层金属产生残余压应力，里层金属产生残余拉应力；当表面层金属体积缩小时，表层金属产生残余拉应力，里层金属产生残余压应力。

加工表面的实际残余应力是以上三方面原因综合作用的结果。在切削加工时，切削热一般不是很高，此时主要以塑性变形为主，表面残余应力多为压应力。磨削加工时，磨削区域的温度较高，热塑性变形和金相组织变化是产生残余应力的主要因素，表面层产生残余拉应力。

(2) 消除或减少表面残余应力的措施

① 保证刀具(或刃口)锋利，将刀具后面磨损量控制在 0.2 mm 以下，可以减少残余应力。

② 用挤压(或滚压)法增大表面残余压应力，避免有害的残余拉应力。

③ 用去除应力处理的方法，消除或减少表面残余应力。

任务五　机械加工过程中的振动

机械加工过程中产生的振动，是一种十分有害的现象，这是因为：

（1）刀具相对于工件振动会使加工表面产生波纹，这将严重影响零件的使用性能。

（2）刀具相对于工件振动，切削截面、切削角度等将随之发生周期性变化，工艺系统将承受动态载荷的作用，刀具易于磨损（有时甚至崩刃），机床的连接特性会受到破坏，严重时甚至使切削加工无法进行。

（3）为了避免发生振动或减小振动，有时不得不降低切削用量，致使机床、刀具的工作性能得不到充分发挥，限制了生产效率的提高。

综上分析可知，机械加工中的振动对于加工质量和生产效率都有很大影响，须采取措施控制振动。

一、机械加工过程中的强迫振动

1. 强迫振动及其特征

机械加工过程中的强迫振动是指在外界周期性干扰力的持续作用下，振动系统受迫产生的振动。机械加工过程中的强迫振动与一般机械振动中的强迫振动没有本质上的区别。机械加工过程中的强迫振动的频率与干扰力的频率相同或是其整数倍；当干扰力的频率接近或等于工艺系统某一薄弱环节的固有频率时，系统都将产生共振。

2. 引起强迫振动的原因

强迫振动的振源有来自于机床内部的机内振源和来自机床外部的机外振源。机外振源甚多，但它们都是通过地基传给机床的，可以通过加设隔振地基来隔离外部振源，清除其影响。机内振源主要有：机床上的带轮、卡盘或砂轮等高速回转零件因旋转不平衡引起的振动；机床传动机构的缺陷引起的振动；液压传动系统压力脉动引起的振动；由于断续切削引起的振动；等等。

3. 消除或减小强迫振动的途径

如果确认机械加工过程中发生的是强迫振动，就要设法查找振源，以便消除振源或减小振源对加工过程的影响。具体措施有以下几个方面：

（1）防止振动向刀具和工件传递。对机外振源，可用橡皮垫或在机床基础四周挖防振沟阻止振源传入；或将有振源的设备隔离，防止振源外传。对机内本身的振源，也可以采取隔离的办法，如将外圆磨床上的电动机通过隔振衬垫与机床弹性连接。

一般情况下应使锻压设备、冲床等远离切削加工机床；粗加工机床远离精加工机床。

（2）消除或减小机内的干扰力。如平衡好电动机转子、砂轮以及所有转速在 600 r/min 以上的机件、夹具和工件；断续切削时，增加刀具工作的次数或降低切削用量；磨削时恰当选择砂轮的粒度和组织，以消除砂轮因堵塞而引起的振动。

（3）提高机床系统刚度和阻尼。如调整轴承间隙和零部件之间的间隙以提高刚度；加强机床与地基的联结以提高刚度。

（4）改变振源频率，使其远离机床系统的固有频率，避免出现共振现象。如变动铣床转速和刀齿数；采用不同齿距的铣刀或从镶片铣刀中取出若干刀齿等，往往可以改变振动频率，使其不出现共振。

二、机械加工过程中的自激振动（颤振）

1. 自激振动及其特征

图 7-5-1 所示为自激振动封闭系统。它是一种不衰减振动，维护振动的交变干扰力是由振动系统本身在振动过程中激发产生的。因此，即使不受到任何外界周期性的干扰力作用，振动也会发生。

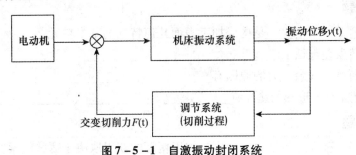

图 7-5-1　自激振动封闭系统

与强迫振动相比，自激振动具有以下特征：

（1）机械加工中的自激振动是指在没有周期性外力（相对于切削过程而言）干扰下产生的振动运动。

（2）自激振动的频率接近于系统某一薄弱振型的固有频率。

2. 自激振动的激振机理

在刀具进行切削的过程中，若受到一个瞬时的偶然扰动力的作用，刀具与工件便会产生相对振动（属自由振动），振动的幅值将因系统阻尼的存在而逐渐衰减。但该振动会在已加工表面上留下一段振纹。当工件转过一转后，刀具便会在留有振纹的表面上进行切削，切削厚度时大时小，这就有动态切削力产生。如果机床加工系统满足产生自激振动的条件，振动便会进一步发展到持续的振动状态。将这种由于切削厚度变化效应（简称再生效应）而引起的自激振动称为再生型切削颤振。

3. 减小和消除自激振动的途径

（1）合理选择切削参数

正确选择切削用量，因为增加切削深度和减小进给量都会使振幅加大，振动加剧。车削速度在 30~50 m/min 的范围时容易振动。

适当增大刀具前角和主偏角可以减少推力和切削力，从而减小振动。

改进刀具结构（如采用弯头刨刀），可减小刀具的高频振动；采用弹性刀杆的车刀，不易产生高频振动。

（2）增加工艺系统的抗振性

提高工艺系统的刚度，对减小振动有很大作用。例如，减小车床尾架套筒的悬伸长度；改善顶尖与顶尖孔的配合；主轴轴承适当预紧；减小刀杆的悬伸长度等。对刚性较差的工件，增加辅助支撑等也可以提高工艺系统的刚度。

（3）采用减振装置

减振器的作用是增加阻尼以消耗振动的能量，从而达到消除或减轻振动的目的。常用的减振装置有动力式减振器、摩擦式减振器和冲击式减振器。

课后思考与练习

一、填空题

1. _____是构成加工表面几何特征的基本单元。
2. 主轴回转误差包括_____、_____、_____。
3. 加工表面产生残余应力的原因有_____、_____。
4. 减小工艺系统变形热的途径有_____、_____、_____、_____。

二、简答题

1. 零件的加工精度应包括哪些内容？加工精度的获得取决于哪些因素？
2. 什么是加工误差？
3. 表面粗糙度产生的原因是什么？
4. 什么是误差复映？
5. 表面质量对零件的使用性能有何影响？

三、实训题

如题图 7-1 所示，工件刚度极大，床头刚度大于床尾，分析加工后的加工形状误差。

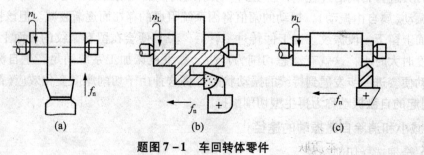

（a）　　　　　　　（b）　　　　　　　（c）

题图 7-1　车回转体零件

（a）径向进给；（b）轴向进给；（c）轴向进给

项目 机械装配技术 8

装配是整个机械制造过程中的后期工作。各种零部件(包括自制的、外购的、外协的)需经过正确的装配,才能形成最终产品。装配过程必须保证各个部件和制成产品具有规定的精度,达到设计所定的使用功能和质量要求。

保证装配精度应以零件的加工质量作为基础条件。装配精度主要是指各个相关零件配合面之间的位置精度,包括配合面之间为间隙或过盈的相对位置,以及由于装配中零件配合面形状的改变而需计及的形状精度和微观几何精度(如接触面积的大小和接触点分布)。

本项目学习要点:
1. 了解装配工艺方法,掌握装配尺寸链的计算。
2. 了解装配工艺规程的内容和装配前的技术准备。
3. 掌握轴承、齿轮等典型机械零件的装配技术。

任务一 机械装配生产类型及其特点

机械装配的生产类型按装配工作的生产批量大致可分为大批大量生产、成批生产及单件小批生产三种。生产类型决定了装配工作各具特点,诸如在组织形式、装配方法、工艺装备等方面都有不同。为使装配工作大幅度地提高其工艺水平,必须注意各种生产类型的特点及现状,研究其本质联系,才能抓住重点,有的放矢地进行工作。为了说明简洁起见,现将各种生产类型的装配工作的特点列于表8-1-1。

表8-1-1　　　　　　　　　　机械装配的生产类型及特点

生产类型	大批大量生产	成批生产	单件小批生产
装配工作特点　基本特征	产品固定,生产活动长期重复,生产周期一般较短	产品在系列化范围内变动,分批交替投产或多品种同时投产,生产活动在一定时期内重复	产品经常变换,不定期重复生产,生产周期一般较长

续表 8 – 1 – 1

生产类型	大批大量生产	成批生产	单件小批生产
组织形式	多采用流水装配线，有连续移动、间歇移动及可变节奏移动等方式，还可采用自动装配机或自动装配线	产品笨重、批量不大的产品多采用固定流水装配，批量较大时采用流水装配，多品种平行投产时用多品种可变节奏流水装配	多采用固定装配或固定式流水装配进行总装，同时对批量较大的部件亦可采用流水装配
装配工艺方法	按互换法装配，允许有少量简单的调整，精密零件成对供应或分组供应装配，无任何修配工作	主要采用互换法，但灵活运用其他保证装配精度的装配工艺方法，如调整法、修配法及前两项合并法，以节约加工费用	以修配法及调整法为主，互换件比例较少
工艺过程	工艺过程划分很细，力求达到高度的均衡性	工艺过程的划分须适合于批量的大小，尽量使生产均衡	一般不制订详细工艺文件，工序可适当调度，工艺也可灵活掌握
工艺装备	专业化程度高，宜采用专用高效工艺装备，易于实现自动化	通用设备较多，但也采用一定数量的专用工、夹、量具，以保证装配质量和提高工效	一般为通用设备及通用工、夹、量具
手工操作要求	手工操作比重小，熟练程度容易提高，便于新工人操作	手工操作比重较多，技术水平要求较高	手工操作比重大，要求工人有高的技能水平和多方面的工艺知识
应用实例	汽车、拖拉机、内燃机、滚动轴承、手表、电气开关等	机床、机车车辆、中小型锅炉、矿山采掘机械等	重型机床、重型机器、汽轮机、大型内燃机、大型锅炉等

由表 8 – 1 – 1 可以看出，对于不同的生产类型，它的装配工作的特点都有其内在的联系，而装配工艺方法亦各有侧重。例如，大量生产汽车或拖拉机的工厂，它们的装配工艺主要是互换法装配，只允许有少量简单的调整，工艺过程必须划分很细，即采用分散工序原则，以便达到高度的均衡性和严格的节奏性。在这样的装配工艺基础上和专用高效工艺装备的物质基础上，才能建立移动式流水线以至自动装配线。

单件小批生产则趋向另一极端，它的装配工艺方法以修配法及调整法为主，互换件比例较小，与此相应，工艺上的灵活性较大，工序集中，工艺文件不详细，设备通用，组织形式以固定式为多。这种装配工作的效率，一般说是较低的。要提高单件小批生产的装配工作的效率，必须注意装配工作的各个特点，保留和发扬合理的部分，改进和废除不合理的习惯，以大批大量生产类型所采用方法的精神实质，通过具体措施予以改进和提高。例如，采用固定式流水装配就是一种组织形式上的改进。又如，尽可能采用机械加工或机械化手动工具来代替繁重的手工修配操作；以先进的调整法及测试手段来提高调整工作的效率；总结先进经验，制定详细的装配施工指导性工艺文件和操作条例，这样既保持了装配工作可以适当调度和灵活掌握的必要性，又便于保质保量按期完成装配任务，同时又有利于培养新工人。

至于成批生产类型的装配工作的特点则介于大批大量和单件小批这两种生产类型之间，它的情况和改进措施在表格中已经表达，在此不再赘述。

任务二 装配工艺方案选择

装配工艺方案主要是指依据产品结构、零件大小、制造精度、生产规模等因素，选择装配的工艺配合法和工作组织形式。选定的工艺配合法，往往又是制定工艺规程，选用工具、设备等的先决条件，有时还影响到装配的组织形式。

一、装配的工艺配合法和尺寸链

工艺配合法与尺寸链的解算密切相关；选择工艺配合法，须找出装配的全部尺寸链，结合设计要求和制造的经济性，经过合理的技术计算，把封闭环的公差值分配给各组成环，确定各环的公差和极限尺寸，以及装配的最终精度。

1. 装配工艺配合法及应用

工艺配合法可分为五种：完全互换法、不完全互换法、选择装配法（选配法）、调整法和修配法。它们的特点和应用见表 8 - 2 - 1。

表 8 - 2 - 1　　　　　　　　　装配工艺配合法的特点及应用

配合法	工艺内容和特点	适用范围和实例	注意事项
完全互换法	1. 装配操作简单，质量稳定； 2. 便于组织流水作业； 3. 有利于维修工作； 4. 对零件的加工精度要求较高	适用于零件数较少、批量大、可用经济加工精度的情况；或零件数较多、批量较小而装配精度不太高的情况。如汽车、摩托车、柴油机和自行车等部分部件的装配应用较广	
不完全互换法	零件加工公差较完全互换法放宽，仍具有上述1、2、3项特点，但有极少数超差产品	适用于零件略多、批量大，加工要求精度高，零件需适当放宽公差。如同上产品的另一部分零件	注意检查，对不合格的零件须退修或更换为能补偿偏差的零件
选择装配法	各零件的加工公差按装配精度要求的允差放大数倍，或零件加工公差不变，而以选配来提高配合精度。增加了对零件的测量、分组以及储存、运输工作	适用于大批量生产中，零件数少、装配精度较高，又不便采用调整装置时。如中小型柴油机的活塞与活塞销、滚动轴承的内外圈与滚动体	一般以分成 2 ~ 3 组为宜。对零件的组织管理工作要求严格

配合法	工艺内容和特点	适用范围和实例	注意事项
调整法	1. 零件可按经济精度加工，仍有高的装配精度，但在一定程度上依赖工人技术水平； 2. 采用定尺寸调整件时，操作较方便，可在流水作业中应用； 3. 增加调整件成或机构，易影响配合副的刚性	适用于零件较多、装配精度高而又不宜用选配法时；易于保持或恢复调整精度。可用于多种装配场合，如滚动轴承调整间隙的隔圈、锥齿轮调整啮合间隙的垫片、机床导轨的镶条、内燃机气门间隙的调节螺钉	选用定尺寸调整件（如不同规格的垫片、套筒）或可调件，利用其斜面、锥面、螺纹等，可改变零件之间的相互位置。采用可调件应考虑有防松措施
修配法	1. 依靠工人的技术水平，可获得很高的精度，但增加了装配过程中的手工修配或机械加工； 2. 在复杂、精密的部装或总装后作为整体配对进行一次精加工，消除其累积误差。	一般用于单件小批生产、装配精度高、不便于组织流水作业的场合。如主轴箱底面用加工或刮研除去一层金属，更换加大尺寸的新键，汽轮机叶轮装在主轴上用调节环，平面磨床工作台进行"自磨"等。特殊情况下也用于大批生产，如喷油泵精密配件的自动配磨或配研	一般应选用易于拆装且修配面较小的零件。应尽可能利用精密加工方法代替手工操作

2. 装配尺寸链的解算

（1）完全互换法及其尺寸链解算

在完全互换法中，零件按规定公差加工，装配时不需经过任何选择、调整和修配就能达到规定的装配精度及要求。

完全互换法的尺寸链解算，现举例如下。

① 极值解法：图 8 - 2 - 1 所示为双联转子泵的轴向装配关系简图。装配尺寸链的各组成环的公称尺寸为：$A_1 = 41$ mm，$A_2 = A_4 = 17$ mm，$A_3 = 7$ mm。

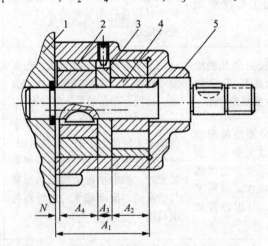

图 8 - 2 - 1　双联转子泵的轴向装配关系简图

1——机体；2——外转子；3——隔板；4——内转子；5——壳体

装配尺寸链的封闭环的公称尺寸 $N = 0$ mm。根据技术要求，冷态下的轴向装配间隙 N 应为 $0.05 \sim 0.15$ mm，即 $N = 0^{+0.15}_{+0.05}$ mm。

为了满足封闭环公差值 $\delta_N = 0.1$ mm 的要求，各组成环公差 δ_i 的总和不得超过 0.1 mm，即：

$$\sum_{i=1}^{n-1} \delta_i \leqslant \delta_N = 0.1 \text{ mm}$$

式中　n——尺寸链的全部环节（包括封闭环在内），本例的 n 为5。

各组成环的平均公差 δ_M 为：

$$\delta_M = \frac{\delta_N}{n-1} = \frac{0.1}{4} = 0.025 \text{ mm}$$

根据各组成环的加工难易和测量方法等要求来调整各环的公差，$A_1 = 41^{+0.099}_{+0.050}$ mm，$A_2 = A_4 = 17^{0}_{-0.018}$ mm，$A_3 = 7^{0}_{-0.015}$ m，则：

$$\sum_{1}^{5-1} = \delta_1 + \delta_2 + \delta_3 + \delta_4 = 0.049 + 0.018 + 0.015 + 0.018 = 0.1 \text{ (mm)}$$

极值解法适用于环数较少或环数虽较多但封闭环精度要求不高的情况。

② 概率解法：如图 8-2-2 所示的发动机曲轴轴向定位，装配尺寸链的封闭环 $N = 0^{+0.25}_{+0.05}$ mm，即轴向间隙 N 应为 $0.05 \sim 0.25$ mm。

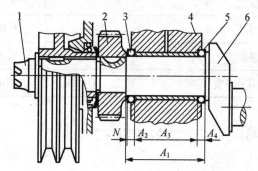

图 8-2-2　曲轴轴向定位结构简图
1——启动爪螺母；2——正时齿轮；3，5——前、后止推

工厂生产中，曲轴的轴向最大间隙在圆周上是变化的，严重时曾发生因没有间隙而使止推垫片表面划伤，甚至因发热而咬死的情况。这是由有关零件的表面垂直度和平行度等误差而引起。因此，在新的装配尺寸链组成中共有 8 个组成环，如图 8-2-3 所示，具体数值见表 8-2-2。

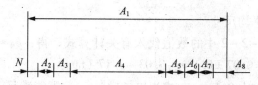

图 8-2-3　影响轴向间隙 N 的新的装配尺寸链组成

对多环尺寸链的装配，各组成环的尺寸都接近极值的情况是很少的，如按概率来进行

计算就能扩大零件公差，便于加工。

装配尺寸链的概率算法封闭环公差值δ_N为：

$$\delta_N = \sqrt{\sum_{i=1}^{n-1} k_i^2 \delta_i^2}$$

式中　　k_i——各零件尺寸的相对分布系数，一般取1.5。

当零件尺寸为正态分布时，k值为1，则：

$$\delta_N = \sqrt{\sum_{i=1}^{n-1} \delta_i^2}$$

表8-2-2　　　　　　　　　　　　新的装配尺寸链组成环一览表

组成环	名称	极限尺寸	公差δ_i	平均偏差$B_M A_i$
$\overrightarrow{A_1}$	曲轴第一主轴颈宽度，A_1	$43.5^{+0.10}_{+0.05}$	0.05	+0.075
$\overleftarrow{A_2}$	前止推垫片的厚度，A_2	$2.5^{0}_{-0.04}$	0.04	-0.02
$\overleftarrow{A_3}$	前止推垫片的平面度	$0^{+0.025}_{0}$	0.025	+0.012 5
$\overleftarrow{A_4}$	汽缸轴承座的宽度，A_3	$38.5^{0}_{-0.07}$	0.07	-0.035
$\overleftarrow{A_5}$	轴承座端面的摆差	$0^{+0.06}_{0}$	0.06	+0.03
$\overleftarrow{A_6}$	后止推垫片的厚度，A_4	$2.5^{0}_{-0.04}$	0.04	-0.02
$\overleftarrow{A_7}$	后止推垫片的平面度	$0^{+0.025}_{0}$	0.025	+0.012 5
$\overleftarrow{A_8}$	轴承盖装配的不平齐度	$0^{+0.05}_{0}$	0.05	+0.025

各组成环的平均公差：
$$\delta_M = \frac{\delta_N}{\sqrt{n-1}}$$

封闭环的平均偏差

$$B_M N = \sum_{i=1}^{m} B_M \overrightarrow{A_i} - \sum_{i=m+1}^{n-1} B_M \overleftarrow{A_i}$$

式中　　$B_M \overrightarrow{A_i}$——组成环中增环的平均偏差；

　　　　$B_M \overleftarrow{A_i}$——组成环中减环的平均偏差；

　　　　m——增环环数。

封闭环的公称尺寸：
$$N = N_M \pm \frac{1}{2}\delta_N$$

式中　　N_M——封闭环的平均尺寸

将$k_i = 1.5$以及表8-2-2中的数值代入有关计算式，得：$\delta_N \approx 0.2$ mm，$B_M N = 0.07$ mm，$N_M = 0.07$ mm，$N = 0.07 \pm 0.1 = -0.03 \sim 0.17$（mm）。

若将A_1的公称尺寸加大0.1 mm，成为$43.6^{+0.10}_{+0.05}$ mm，即能满足$N = 0.05 \sim 0.25$ mm的要求（包括其他一些误差因素而减小装配间隙约0.02 mm在内）。

概率解法适用于封闭环精度要求较高而组成环数又较多的情况，可得组成环的平均公

差扩大 $\sqrt{n-1}$ 倍 ($k_i = 1$ 时)。在 $k_i > 1$ 时，实际扩大的倍数小于 $\sqrt{n-1}$。用概率解法，产品装配后的不合格率仅占 0.27%，一般可忽略不计。

（2）不完全互换法及其尺寸链解算

不完全互换法是将尺寸链中组成环的公差扩大到较为经济的加工精度，并使部分按最大公差加工出来的零件在装配时要做一些修配。

不完全互换法的尺寸链采用概率解法。根据概率大小（即不互换的零件的百分率）确定在封闭环公差 δ_N 已经定时，各组成环的平均公差值 δ_M：

$$\delta_M = \frac{\delta_N}{t\sqrt{\lambda(n-1)}}$$

式中　t——概率系数，见表 8 – 2 – 3。

λ——误差分布规律系数：误差相等的等概率分布时 $\lambda = \dfrac{1}{3}$，误差为等三角形；概率分布时，$\lambda = \dfrac{1}{6}$；误差呈正态分布时，$\lambda = \dfrac{1}{9}$。

当 $\lambda = \dfrac{1}{9}$，概率为 0.27%，$t = 3$，则 $\delta_M = \dfrac{\delta_N}{\sqrt{n-1}}$，即可属于完全互换法。

表 8 – 2 – 3　　　　　　　　　　　　　　系数 t 值与概率的关系

概率%	0.27	0.6	1.0	2.0	4.0	6.0	8.0	10.0	33.0
t	3.00	2.70	2.57	2.34	2.06	1.88	1.75	1.65	1.00

（3）选择装配法及其尺寸链解算

选择装配法是将尺寸链中组成环的公差放大到经济可行的程度，然后选择合适的零件进行装配以保证规定的装配精度。

选择装配法有直接选配法、分组选配法和复合选配法三种，以分组选配法最常用。

轴孔分组互换如图 8 – 2 – 4 所示。分组选配尺寸链的孔、轴组成环公差为：

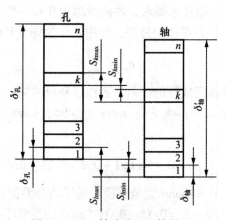

图 8 – 2 – 4　轴孔分组互换图

$$\delta' = n\delta$$

式中 δ'——孔或轴的公差；

δ——符合装配精度要求的孔或轴公差；

n——分组数。

分组选配尺寸链的任一组（k 组）封闭环间隙（最大间隙与最小间隙）为：

$$S_{k\max} = S_{l\max}$$
$$S_{k\min} = S_{l\min}$$

（4）调整法及其尺寸链解算

调整法是将尺寸链中组成环在按经济加工精度确定公差时，选定其中一个或几个适当尺寸的调节件（调节环）的调整来保证规定的装配精度要求。

图 8 – 2 – 5 所示为车床主轴大齿轮的装配关系图。装配尺寸链的各组成环的基本尺寸为：$A_1 = 115$ mm，$A_2 = 8.5$ mm，$A_3 = 95$ mm，$A_4 = 2.5$ mm，$A_k = 9$ mm。其中 A_k 为调节件。

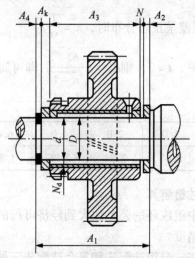

图 8 – 2 – 5　车床主轴大齿轮装配关系图

尺寸链的封闭环 N，根据技术要求，轴向间隙为 $0.05 \sim 0.2$ mm（$\delta_N = 0.15$ mm）。

按经济加工精度确定有关零件的公差，并用 δ_s 作为调节环的补偿值。

$$\delta_s = \sum_{i=1}^{n-2} \delta_i$$

按经济加工精度规定各组成环的公差，各组成环尺寸为：

$A_1 = 115^{+0.20}_{+0.05}$ mm；$A_2 = 8.5^{\ 0}_{-0.1}$ mm；$A_3 = 95^{\ 0}_{-0.1}$ mm；$A_4 = 2.5^{\ 0}_{-0.12}$ mm

则：

$$\delta_s = \sum_{i=1}^{n-2} \delta_i = 0.15 + 0.1 + 0.1 + 0.12 = 0.47 \ (\text{mm})$$

调节环的公差 δ_k 定为 0.03 mm（完全互换法的平均公差值）。

调节环的补偿能力为 $\delta_N - \delta_k = 0.15 - 0.03$（mm），调节环的分级级数为：

$$m = \frac{\delta_s}{\delta_N - \delta_k} = \frac{0.47}{0.15 - 0.03} \approx 4$$

此级差能保证补偿作用的连续进行。

可根据各组成环的公差值确定调节件的最大尺寸，再按级差推算出较小尺寸。

（5）修配法及其尺寸链解算

修配法是在装配时根据实际测量的结果，改变尺寸链中某一预定修配件（修配环）的尺寸，使封闭环达到规定的装配精度。

图8-2-6所示为车床主轴轴线和顶尖轴线等高度的装配关系图。装配尺寸链各组成环的基本尺寸为：

$$A_1 = 516 \text{ mm}; \quad A_2 = 46 \text{ mm}; \quad A_3 = 202 \text{ mm}$$

装配尺寸链的封闭环N，根据技术要求，轴线等高度允差为$N = 0_0^{+0.06}$ mm（$\delta_N = 0.06$ mm）。

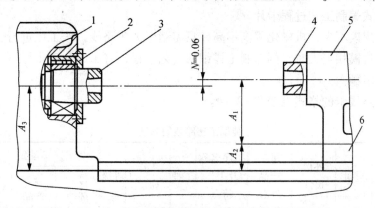

图8-2-6 车床主轴与顶尖轴线等高度的装配关系图
1——主轴箱；2——滚子轴承；3——主轴；4——尾座顶尖套；5——尾座体；6——尾座底板

在生产中，常按经济加工精度规定各组成环的公差，而在装配时用修配（如刮、磨）底板的方法来达到装配精度。

按经济加工精度，$\delta_1 = \delta_3 = 0.1$ mm，$\delta_2 = 0.15$ mm。

为了减少修配量，常先把尾座和尾座底板的接触面配刮好，作为一个整体再镗尾座的顶尖孔。即$A_{1,2} = A_1 + A_2 = 156 + 46 = 202$（mm），$\delta_{1,2} = 0.1$ mm。

在装配尺寸链中，以$A_{1,2}$作为修配环。当$N = 0$时，$A_{1,2} = 202_{+0.05}^{+0.15}$ mm。为了使装配后的封闭环实际尺寸$N > 0$ mm（否则无法修配），必须在$A_{1,2}$环中留有最小修配余量（设定为0.15 mm），则$A_{1,2} = 202_{+0.20}^{+0.30}$ mm。修配环的最大修配余量为：

$$Z_k = \overrightarrow{A}_{1,2 \text{ max}} - \overleftarrow{A}_{3 \text{ min}} - 0.06 = 202.30 - 201.95 - 0.06 = 0.29 \text{（mm）}$$

二、装配工艺规程和工艺设计

1. 工艺规程的制定

将产品全部零件加以组合（在规定的装配精度和技术条件的范围内）的工艺过程，编制成为装配工艺规程。主要内容和步骤如下：

（1）划分装配单元

根据产品的装配图，编制产品装配系统图，表明各装配单元的组成和相互之间的关系。

装配单元一般可分为：

① 副组件：是一种最简单的零件组合。

② 组件：为多种零件（包括副组件）的组合单元。

③ 部件：几个组件和零件的组合单元。

对复杂的产品，应另编制简略的装配系统图，其中只包括在总装配时直接构成产品的所有部件即可。复杂的部件也须编制各自的装配系统图，以便于装配过程工艺分析。

（2）编制装配工艺卡

在装配系统图的基础上，划分装配工序，制订工序计划（包括调整和检验工序）以及按预先确定的格式编制工艺过程卡片。

如果生产规模不大，机械化程度不高，只需制定工艺路线，按工序进行合并，不划分工步。当生产规模相当大时，则需制定详细的工艺过程，将工序和工步尽可能地细分，精确地制定工时定额。

装配工艺路线卡的格式见表 8 - 2 - 4。

表 8 - 2 - 4　　　　　　　　　　装配工艺路线明细表

图号	部件或机构名称	重量	外形尺寸	每一产品件数	工序名称及工作特点	工种	工作密度	等级	劳动量			设备和工作场地
									每一部件	每一产品	年产量	

（3）进行装配工艺分析

在成批生产中，只选择代表产品作工艺分析。在大批大量生产中，将工厂的全部产品进行工艺分析。

进行工艺分析时，应注意以下原则：

① 根据结构工艺特点，把产品划分成装配单元。

② 尽可能减少进入总装配的单个零件，以缩短总装配周期。

③ 在可能条件下加大工作密度，以缩短装配周期。

④ 必须保证合理的装配顺序和达到规定的装配精度。

⑤ 总装成产品之后，均应严格检验以至做必要的试验。

2. 工艺设计

（1）确定装配方法

从熟悉产品结构各部分的相互关系以及其制造验收、试验技术条件入手，选择采用先进的装配方法。例如采用高效率设备，实现工序的机械化和自动化，选择合适有效的运输设备，提出所需专用工具、专用夹具和非标准设备的设计任务书，等等。如发现产品图纸中对装配技术要求和结构的装配工艺性等方面有缺点或错误，应及时提出解决方案。与零件的机械加工、各部件的其他有关工艺（如焊接），在必要时应协商研究，以保证装配工作的正常进行，并消除过程中可能出现的多余修配工作。

（2）计算劳动量（工时定额）

装配劳动量一般包括钳工修配、组件部件装配、总装配所需的生产时间、辅助时间、工作地（台位或工位）的维护时间和工人自然需要时间等。

计算劳动量有两种方法：

① 详细计算法：按工艺分析的每一工序计算所需的工时，适用于大批量生产。

② 概略计算法：有适用于成批生产的折合法和适用于单件小批生产的估算法两种。

（3）确定装配台位

① 固定式装配：所需的设备和工作地需考虑工序的年劳动量（台时），装配单元的年产量（台或件），设备的年时基数和负荷率，从事装配的平均工人数等。

② 流水线装配：每台产品的装配劳动量，生产节拍，从事装配的平均工人数等。

任务三　零部件的装配工作

供给装配的零部件，均应该完成需要的机械加工，并经检验合格。除工艺规定需在装配过程中进行的配钻、配磨、配研等修配工作以外，一般装配中均不进行正常的切削加工。

装配前，应对用作装配的零部件配套的品种及其数量加以检查，以求做到按需、及时、足量地供料。外购件必须经过质检检验合格。

各种零部件在装配前应先完成以下各项必要的工艺准备工作：

（1）进行零件清洗，使装配的零件清洁。

（2）为达到工艺上的高精度配合要求，对有关零件进行刮削。

（3）旋转零部件，特别是高转速、大功率回转体零件，为满足高速平稳运转的需要，须进行精密平衡和校正。

（4）采用分组选配法进行装配的零件，装配前要进行各种性质的测量、分组、保存和运送，然后按相应的组别进行装配。零件分选一般有尺寸分选和重量分选两种方法，根据零件加工的尺寸公差和重量公差进行。生产批量较小时，采用通用或专用量具作精密测量；人工分选，生产批量大，则用半自动或自动分选机。

一、零件的清洗

1. 清洗液及其选择

（1）清洗液

金属的清洗过程是一种复杂的表面化学物理现象。清洗液作为工作介质，其评价指标主要是：清洗力、工艺性、稳定性和缓蚀性，以及易于配制、使用安全、成本低廉。常用的清洗液有水剂清洗液、碱液、汽油、航空汽油、煤油、柴油、酒精、二甲苯、三氯乙烯、二氯乙烷等。传统用的清洗液为汽油和碱液，现正逐渐被水剂清洗液所取代。若以除油效率和使用安全来评价，则应推荐三氯三氟乙烷。

水剂清洗液是金属清洗剂起主要作用的水溶液，金属清洗剂占4%以下，其余为水。

金属清洗剂主要为非离子表面活性剂。

水剂清洗液的特点是：清洗力强，应用工艺简单，多种清洗方法都能适用，合理配制可有较好的稳定性和缓蚀性，无毒，不燃，使用安全，成本低廉。

（2）清洗液的选择

为了缩短清洗时间和提高清洗质量，就需要综合选用清洗剂。选择原则如下：

① 对铜铝合金或镀锌零件，宜选用 TX－10 清洗剂。

② 如需要清除零件上的热处理熔盐，宜采用 6503 清洗剂，因它在盐类电解水溶液中有良好清洗力。

③ 零件黏附有较严重的液态和半固态油污，或带有残存的研磨膏、抛光膏等，宜选用 664、105、TX-10、771 等清洗剂。

④ 对缓蚀要求较高的零件，通常采用 6503、664、SP-1、771 等具有一定防锈能力的清洗剂。

⑤ 如果确定采用喷洗方法，而又碍于水剂清洗剂的多泡性，则宜改用少泡性的清洗剂。比较能适应喷洗作业的有 SP-1、771、HD-2 等。

⑥ 如受使用场合或零件要求所限，必须在常温下使用水剂清洗液以改变通常在加热条件下使用的情况，则应优先选用常温下仍具有相当清洗力的清洗剂，如 SP-1、HD-2 等。

⑦ 为使清洗液具有多效能而选择几种清洗剂混合使用时，清洗剂的总用量亦不必过大，仍宜小于 4%。

⑧ 为使水剂清洗液具有较好的工艺性、稳定性和缓蚀性，配制时须附加适宜的添加剂。经验证明，加入适量磷酸钠、硅酸钠、碳酸钠等，可提高工艺性和稳定性，加入少量亚硝酸钠、三乙醇胺、磷酸氢钠等，可增强缓蚀性，加入适量的消泡剂如二甲苯硅油、邻苯二甲酸二丁酯等，可提高喷洗的工艺性。

清洗液的选用，还应当充分顾及经清洗后的零件须再经清水浸洗或冲洗或漂洗，其排放水所造成的废水治理困难。据对多种水基清洗液的排放水的水质分析，废水的化学耗氧量（COD）都在 400～2000 mg/L 之间，这些废水的治理应当在选用时就加以充分考虑。

2. 清洗方法

零件适用的各种清洗方法，必须配用相适应的清洗液，才能充分发挥效用。表 8－3－1 为常用清洗方法的特点、适用性及其提高生产率的途径。

表 8－3－1　　　　　　　　　　　常用清洗方法

清洗方法	配用清洗液	主要特点	适用性	提高生产率的途径
擦洗	汽油、煤油、轻柴油、二甲苯、酒精、常温水剂清洗液	手工操作简易，装备简单，如能配备合适的清洗设备，也能实现高效率清洗	小批生产的中小零件；大型零件的局部清洗；严重污染件的头道清洗	配备多头刷轮和传动装置，可对轴承件实现半自动擦洗

清洗方法	配用清洗液	主要特点	适用性	提高生产率的途径
浸洗	常见的各种清洗液	设备简易；清洗时间长；清洗作用主要依靠清洗液	批量大、形状复杂的零件；轻度油脂污垢的零件	配备传动装置，边传送边清洗，传送中兼有摇晃，可提高清洗效果
电解清洗	碱洗	清洗质量优于浸洗；清洗液要有一定导电性，须配备电源装置	大批、中批生产的小型件；清洗质量要求较高的零件	配备传动装置，边传送边清洗，传送中兼有摇晃，可提高清洗效果
喷洗	除大部分水剂清洗剂外，其余各种常用清洗液	生产率高；常配有传送装置或起重运输装置，零件与喷嘴有相对运动，设备较复杂；工作压力一般在 0.28 MPa 左右	大批、中批生产中形状简单的零件；半固态污物与一般的固态污物均能清洗	配备上、下料装置，很容易实现自动清洗
气象清洗	三氯乙烯、三氯三氟乙烷等	清洗效果好，零件表面洁净程度高；设备复杂，须配备加热冷凝装置；劳动保护要求严格，辅助装置多，操作管理严格	成批生产的中小零件；清洗要求高的零件	应配备热工检测及控制系统，改善传动装置，防止清洗液蒸汽散逸，才能提高清洗生产率
超声波清洗	常用清洗液均可配用	清洗效果好，零件表面洁净程度高；零件污垢严重须先经头道清洗；设备复杂，清洗工艺要求严格；维护管理要求较高	中小型零件；成批生产、清洁度要求特高的微型零件；清洁度要求高的一般零件	配备上、下料装置，容易实现自动清洗
高压清洗	清水、碱液、水剂清洗液	能除严重污垢；一般手工操作，清洗时间较长；工作压力自 2 MPa 起，常在 10～20 MPa 之间	污垢严重的大型零件，如换热器等；中小批生产的中型零件	采用多头喷嘴或多喷嘴系统；提高喷嘴耐磨性；配备相应的起重运输设备
多步清洗	按各步清洗方法配用	将浸洗、喷洗、气象清洗、超声波清洗四种方法互相配合以提高清洗质量和生产率	中批、大批生产的中小零件；清洗质量要求特高的大批生产中小型和微型零件	本身已属清洗生产线，改进控制系统可使自动化程度进一步提高

二、轴承装配

1. 滑动轴承装配

（1）小型精密轴承

这种轴承为金属制成的衬套，有时仅装在护板钻孔中。因轴承的间隙甚小，装配时必须特别注意对中，并注意下列各点：

① 必须用适当的手工工具或液压机，将轴承垂直推入护板，最好采用准确配合的工艺轴。

② 装入后轴承内径将稍有缩小，使工艺轴径接近公差范围的上限，具体视材料和壁厚而定，可达到规定的要求。

③ 工艺轴应磨圆，尽可能淬硬，表面光滑（$Ra < 0.04 \; \mu m$）。

④ 如两个轴承装于一壳体，应同时采用一根工艺轴。

⑤ 不要用大力推动轴承碰撞挡块，以免轴承变形。

（2）一般固定式圆轴承

大部分采用直接装配法，根据尺寸与过盈量大小可采用压入法或温差法装入。

2. 滚动轴承装配

滚动轴承有圆柱孔和圆锥孔两类，其安装方法与轴承结构、尺寸大小、轴承部件配合性质有关。安装时的装配压力应直接加在待配合的套圈端面上，如图8-3-1（a）所示，严禁借用滚动体传递压力。

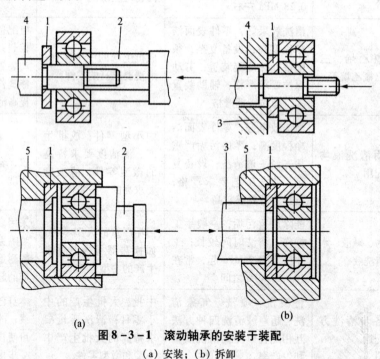

(a)

图8-3-1 滚动轴承的安装于装配

（a）安装；（b）拆卸

1——拆卸挡圈；2——安装工具；3——拆卸工具；4——主轴；5——箱体

（1）圆柱孔滚动轴承

对于不可分离型滚动轴承，当采用内圈与主轴过盈配合、外圈与轴承座孔间隙配合时，可先将轴承安在主轴轴颈上，压装时在轴承端面垫上套筒，然后将轴承连同主轴一起装入箱体孔中。

当轴承外圈与轴承座孔为过盈配合、内圈与轴为间隙配合时，应将轴承先压入轴承座孔中，压装时采用的装配套筒外径应略小于轴承座孔的直径。如果轴承内圈与轴、外圈与轴承座孔都是过盈配合,用装配套筒压装时,套筒端面应做成能同时压紧轴承内、外套圈的圆环肩面,使压力同时传给内、外圈而将轴承压入轴承座孔中。

对于分离型滚动轴承,可分别将外圈装入轴承座孔中、内圈装入主轴轴颈上,然后调整游隙。

对于精密轴承或配合过盈量较大的轴承,常采用温差法装配以减少变形量,其加热温度不应大于 100 ℃,冷冻温度不应低于 - 80 ℃。

(2)圆锥孔滚动轴承

双列向心圆柱滚子轴承、双列向心球面滚子轴承、双列向心球面球轴承的内孔为锥孔时(锥孔常采用 1 : 12),可直接安装在有锥度的主轴轴颈上(图 8 - 3 - 2)或安装在紧定套和退卸套的锥面上,其配合过盈量取决于轴承沿轴颈锥面的轴向移动量。轴向移动量 S 与径向游隙减小量 Δ 之间的关系为:

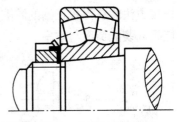

图 8 - 3 - 2　圆锥孔轴承安装

$$\Delta \approx \frac{1}{15}S$$

(3)向心推力轴承

这类轴承的轴向游隙必须在装配时进行调整,一般采用下列方法:

① 用垫片调整轴承的轴向游隙,如图 8 - 3 - 3(a)所示。垫片厚度 a 按下式确定:

$$a = a_1 + \Delta$$

式中　Δ——规定的轴向游隙;

　　　a_1——消除轴承间隙后,后端盖与壳体端面的缝隙。

注意:测量 a_1 时,必须使端面接合面和壳体孔端面与中心线垂直度均符合要求,测量值取互成 120°三点的平均值(垫圈的平行度应 ≤0.01 mm,精密部件垫圈平行度 ≤0.005 mm)。

② 用锁紧螺母调整轴承的轴向游隙,如图 8 - 3 - 3(a)所示,锁紧螺母代替了垫圈。先旋紧螺母使轴承游隙消除,然后将螺母松开一定角度 α,使轴承得到规定的游隙 Δ,其值用千分表测量。计算公式如下:

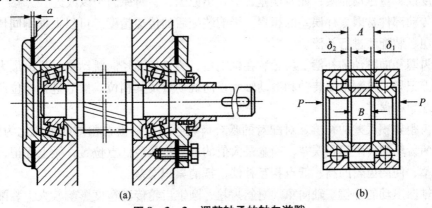

(a)　　　　　　　　　　　　　　　　(b)

图 8 - 3 - 3　调整轴承的轴向游隙

(a)用垫圈;(b)用内外间隔套

$$\alpha = \frac{\Delta}{P} \times 360°$$

式中　P——锁紧螺母的螺距。

此法适用于轴承内圈与轴颈配合过盈量较小，且要求螺母端面与螺纹轴线垂直的情况。游隙稳定性取决于防松装置。

③ 向心推力球轴承成对安装，是利用调整两轴承间内、外间隔套厚度来控制轴承的轴向游隙，如图 8-3-3(b) 所示。图中 $A = B + (\delta_1 + \delta_2)$，是规定的轴向游隙。这种轴承安装方法能获得较正确的游隙，调整游隙一般用千分表来测量(图 8-3-4)比较精确，且能提高装配精度与效率。

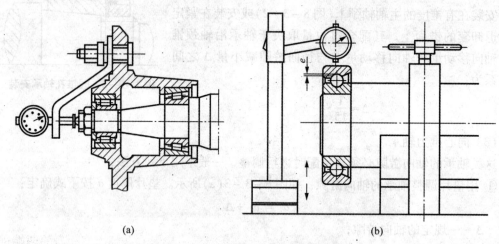

(a)　　　　　　　　　　(b)

图 8-3-4　用千分表测量轴承游隙

(a) 轴向游隙测量；(b) 径向游隙测量

三、圆柱齿轮传动装配

1. 运动精度的装配调整

运动传动齿轮部件主要是对齿轮齿距、侧隙和几何偏心要求较严格。高精度的部件可用电磁分度仪测量运动曲线；如有误差，应找出原因，针对原因予以改进。

齿轮传动部件常因零件误差的积累，影响装配后的传递精度。可以根据不同情况，采用下述定向、装配法进行补偿。

(1) 齿圈径向跳动的补偿。齿轮装在轴上后，测量齿圈径向跳动量，找出最大值及其相位，做上记号，再测出安装轴和滚动轴承径向跳动量及其相位。然后进行相位调整，适当抵消装配累积误差

(2) 齿距累积误差的补偿。对配对的啮合齿轮，当它们齿数相同或齿数比为整数时，分别测定两齿轮的齿距累积误差，确定最大值的最高点和最低点位置，做上标记，然后进行相位调整，使两齿轮的高、低点相互补偿，抵消累积误差。

(3) 轴向窜动的补偿。轴向窜动对斜齿轮、圆锥齿轮传动精度影响较大。装配前，要测定齿轮定位端面、滚动轴承内圈端面和安装轴轴肩面的跳动量及相位，分别做上记号，

然后按相互抵消位置进行装配。

对于高精度齿轮传动部件，有一种过定位结构形式，如图8-3-5所示齿轮由锥孔和端面定位，对齿轮加较大的轴向力时，它沿锥形轴做轴向位移，使齿轮端面与调节垫圈贴紧，即完成装配工作。这种结构装配后常发生锥形轴弯曲，为控制弯曲量，除采用定向装配法抵销零件误差外，应着重寻求齿轮最佳轴向位移量，即将齿轮装上锥形轴，逐步旋入固紧螺钉，同时辅之以测量齿圈跳动量，呈最小值时，测量齿轮端面与轴肩面间隙，按此尺寸修磨调节垫圈厚度至要求，然后装上垫圈，旋紧固紧螺钉。

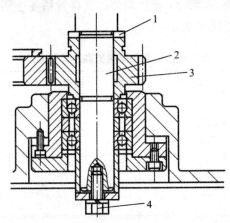

图8-3-5 过定位结构

1——调节垫圈；2——锥形轴；3——锥孔齿；4——固紧螺钉

为改善工作平稳性，要避免齿轮的轮齿发生变形后的不良影响，将齿顶和齿的两端进行去毛刺、倒角也常是有效的。特别对大模数、少齿数、未经淬硬以及重力载荷的齿轮，更应去毛刺、倒角，或考虑对齿廓进行鼓形修缘。

2. 接触精度的检验和调整

以渐开线圆柱齿轮的接触精度为例，齿轮副接触精度主要是接触斑点和接触位置。接触斑点指安装好的齿轮副在轻微的制动下，运转后齿面上分布的接触擦亮痕迹，如图8-3-6所示。接触痕迹的大小，在齿面展开图上用百分比计算。

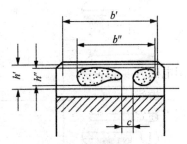

图8-3-6 齿轮副的接触斑点

沿齿长方向：接触痕迹的长度 b''（扣除超过模数值的断开部分 c）与工作长度 b' 之比，即 $\dfrac{b''-c}{b'} \times 100\%$ 。

沿齿高方向：接触痕迹的平均高度 h'' 与工作高度 h' 之比，即 $\dfrac{h''}{h'} \times 100\%$ 。

一般齿轮副接触斑点的分布位置及大小按表8-3-2的规定，控制斑点的分布位置应趋近齿面中部，齿顶和两端部棱边处不允许接触，表中括号内数值用于轴向重合度大于0.8的斜齿轮。当自行设计齿形和齿向线时，接触斑点的分布位置和大小由设计者自行规定。

表 8-3-2　　　　　　　　　　渐开线圆柱齿轮副接触斑点

接触斑点	精度等级											
	1	2	3	4	5	6	7	8	9	10	11	12
按高度(≥)/%	65	65	65	60	55(45)	50(40)	45(35)	40(30)	30	25	20	15
按长度(≥)/%	95	95	95	90	80	70	60	50	40	30	30	30

为提高接触精度，通常结构均以轴承为调整环节，通过刮削轴瓦或微量调节轴承支座的位置，对轴线平行度误差 Δx 和 Δy 进行调整，使接触精度达到要求。渐开线圆柱齿轮接触斑点常见的问题和调整方法见表 8-3-3。

表 8-3-3　　　　　　　　　　渐开线圆柱齿轮接触斑点及调整方法

接触斑点	症状	原因	调整方法
	正常接触		
	齿顶接触	中心距偏大	对于中心距可调结构，调整轴承座或刮轴瓦
	齿根接触	中心距偏小	对于中心距可调结构，调整轴承座或刮轴瓦
	一端接触	两齿轮轴线平行度误差	对于中心距可调结构，调整轴承座或刮轴瓦
	搭角接触	两齿轮轴线相对歪斜	对于中心距可调结构，调整轴承座或刮轴瓦
	一面接触好，一面接触差	左、右面齿向不统一	调换齿轮
	不规则接触(接触斑点往往时好时差)	齿圈径向跳动量较大	1. 用定向装配法调整； 2. 清除齿轮定位基准异物(包括毛刺)
	鳞状接触	齿面波纹、毛刺等	1. 去毛刺、硬点； 2. 低精度可用磨合解决

3. 侧隙的检验和调整

（1）齿轮副的侧隙规定

圆柱齿轮的齿轮副侧隙要求，根据工作条件用最大极限侧隙 $j_{n\max}$（或 $j_{t\max}$）与最小极限侧隙 $j_{n\min}$（或 $j_{t\min}$）来规定。法向侧隙与圆周侧隙的关系为：

$$j_n = j_t \cos \beta_b \cos \alpha_t$$

式中 j_n——法相侧隙；

       j_t——圆周侧隙；

       β_b——基圆螺旋角；

       α_t——端面压力角。

（2）侧隙检验

齿轮副的侧隙检验通常采用下列方法：

① 用保险丝检验。如图 8-3-7 所示，在齿面沿齿长两端并垂直于齿长方向，放置两条保险丝，宽齿则放 3~4 条。保险丝直径不宜大于齿轮副规定的最小极限侧隙的 4 倍。经滚动齿轮挤压后，测量保险丝最薄处的厚度，即为所测的侧隙。

② 用百分表检验。如图 8-3-8 所示，将百分表测头与一齿轮齿面垂直接触，并将另一齿轮固定，然后倒、顺转动与百分表测头接触的齿轮，测出游动量即可取得侧隙。

图 8-3-7 用保险丝检验

图 8-3-8 用百分表检验

（3）侧隙调整

齿轮副侧隙能否符合规定，在剔除齿轮加工因素之外，与中心距偏差密切相关。侧隙还会同时影响齿轮的接触精度。因此，一般要与接触精度结合起来调整齿轮副的中心距，使侧隙符合要求。

课后思考与练习

一、简答题

1. 机械装配工作中，大批量生产和单件小批量生产的组织形式、装配工艺方法有何特点？

2. 装配工艺规程的制定主要内容和步骤有哪些？

3. 保证机械设备或部件装配精度的方法有哪几种？各适用于哪种生产类型？

4. 零件清洗时，清洗液选择的原则有哪些？

5. 如题图 8-1 所示为双联转子泵的轴向装配关系图，要求在冷态情况下轴向间隙为

$0.05 \sim 0.15$ mm。已知 $A_1 = 41$ mm，$A_2 = A_4 = 17$ mm，$A_3 = 7$ mm。分别采用完全互换法和大致互换法装配时，确定各组成零件的公差和极限偏差。

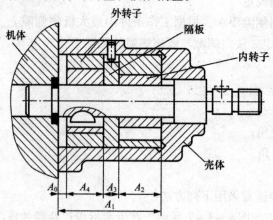

题图 8 - 1　双联转子泵的轴向装配关系图

6. 如题图 8 - 2 所示为键槽的装配关系。已知 $A_1 = 20$ mm，$A_2 = 20$ mm，要求配合间隙为 $0.08 \sim 0.15$ mm，试求解：

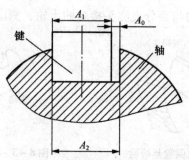

题图 8 - 2　键槽装配关系示意图

（1）当大批量生产时，采用互换法装配各零件的尺寸及其偏差。

（2）当单件小批量生产时，$A_2 = 20^{+0.13}_{0}$ mm，$T_1 = 0.052$ mm。采用修配法装配，试选择修配件，并计算在最小修配量为零时修配件的尺寸和偏差及最大修配量。

（3）当最小修配量 $F_{min} = 0.05$ mm 时，试确定修配件的尺寸和偏差及最大修配量。

7. 各种零部件在装配前应先完成哪些必要的工艺准备工作？

二、实训题

一级圆柱齿轮减速器装配。

（1）圆锥向心推力轴承装配参考任务三有关内容。

（2）啮合齿轮装配参考任务三有关内容，并检测接触精度，根据齿轮接触斑点参考表 8 - 3 - 3 进行调整。

（3）普通平键的装配。

本项目学习要点：
1. 了解现代制造技术的含义、形成与发展。
2. 了解现代制造技术的特点。

任务一　概　　述

一、现代制造技术的含义

传统的机械加工已有很久的历史，它对人类的生产和物质文明起了极大的推动作用。第二次世界大战后，特别是进入 20 世纪 50 年代以来，随着生产发展和科学实验的需要，零件形状越来越复杂，精度、表面粗糙度和某些特殊要求也越来越高，对机械制造部门提出了下列新的要求：

（1）解决各种难切削材料的加工问题。

（2）解决各种特殊复杂表面的加工问题。

（3）解决各种高精度、极小表面粗糙度或具有特殊要求的零件的加工问题。

为解决上述难题，企业无法沿用传统的制造技术和制造模式，因而现代制造技术随着科学技术的发展应运而生。现代制造技术就是将计算机技术、数控技术、控制论及系统制造技术结合为一体的新型的、先进的制造技术，如数控技术（NC）、计算机数控（CNC）、柔性制造单元（FMC）、计算机辅助设计与制造（CAD/CAM）、计算机集成制造系统（CIMS）、精益生产（LP）、敏捷制造（AM）等。

二、制造技术发展过程

制造技术的发展，离不开市场需求的牵引和科技发展的推动。在市场需求不断变化的推动下，制造业的生产规模沿着"小批量→少品种、大批量→多品种、变批量"的方向发展；在科技高速发展的推动下，制造业的资源配置沿着"劳动力密集→加工设备密集→信息和知识密集→智能密集"的方向发展，与之相适应，制造技术的生产方式沿着"手工→机械化→单机自动化→刚性流水自动化→柔性自动化→智能自动化"的方向发展。

三、现代制造技术的产生及其特点

新材料和难加工材料的不断涌现和使用，极大地刺激和推动了制造技术的发展，出现了一系列新技术、新工艺，解决了传统制造技术难以解决的加工问题；产品零件的精度和表面质量要求越来越高，使得超精密加工技术得以迅猛发展，作用日益突出，实现超精密加工的方法也日趋增多和完善；为适应日趋激烈的市场竞争，生产的自动化程度和适应能力空前提高。

现代制造技术具有如下特征：

（1）传统制造技术的学科、专业单一，界限分明，而现代制造技术的各学科、专业间不断交叉融合，其界限逐渐淡化甚至消失。现代制造技术是多科学、多种技术交叉融合的产物，其研究范围更为广泛，并且形成了科学体系。

（2）传统制造技术一般仅指加工制造过程的工艺方法，而现代制造技术是制造技术与管理的统一，它覆盖了从市场分析、产品设计、生产计划、制造加工、过程控制、材料处理、信息管理到产品销售、维修服务和回收再生等环节。

（3）现代制造技术的最终目的是在当今千变万化的市场发展中，取得理想的经济效果，提高企业的竞争能力。

（4）发展现代制造技术的目的在于能够实现优质、高效、低耗、清洁无污染和灵活的柔性生产，并取得理想的技术经济效果。

（5）现代制造技术向超精微细领域扩展。

任务二 特 种 加 工

随着科学技术的发展，出现了许多传统切削加工方法难以加工的材料和结构。这些材料具有高硬度、高强度、高脆性、高熔点等特征，如硬质合金、淬火工具钢、陶瓷、玻璃等。难加工的结构如涡轮叶片、成形磨具型腔、喷油嘴上细微的小孔、栅网、薄壁件等。特种加工就是为解决这些难题而发展起来的。

特种加工是指利用电能、光能、化学能等对工件进行去除材料的加工方法。特种加工与传统切削加工不同，加工时工具与工件之间不存在显著的机械切削力，工具的硬度可以低于工件。特种加工的方法主要有电火花加工、激光加工、超声波加工、电解加工、电子束加工等。

一、电火花加工

1. 电火花加工原理

电火花加工是利用在充满液体介质的工具电极和工件电极之间的脉冲放电所产生的高温熔蚀工件材料来实现加工的。其工作原理如图 9 - 2 - 1 所示，工件和工具电极分别于脉冲电源的输出端相连接，两极间充满液体介质。当工具电极在进给机构驱动下与工件靠近时，液体介质被击穿而产生火花放电，瞬间释放能量，使工件表面达到很高的温度

（10 000 ℃以上），其局部材料瞬间熔化甚至气化，使工件形成一个小坑，工作液以一定的压力通过工具与工件之间的间隙，将蚀除产物带走。随着工具与工件不断接近，放电过程不断连续进行，工件表面材料不断被蚀除，最终将工具电极的形状复制到工件上，加工出所需形状。

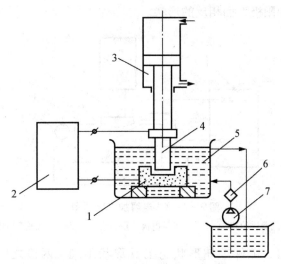

图 9 - 2 - 1　电火花加工工作原理图

1——工件；2——脉冲电源；3——伺服系统；4——工具；5——工作液；6——流量阀；7——油泵

要实现电火花加工必须满足以下基本条件：

（1）使工具电极和工件被加工表面之间保持一定的放电间隙。

（2）火花放电必须是瞬间的脉冲电源。

（3）火花放电必须在有一定绝缘性能的液体介质中进行。

2. 电火花加工的工艺特点及应用

（1）由于电火花加工是利用电极间火花放电时产生的电腐蚀现象，靠高温熔化和气化金属进行蚀除加工的，因此只适用于加工导电材料，有一定局限性。

（2）由于电火花加工是一种不接触式加工，加工时不产生切削力，不受工具和工件刚度限制，因而有利于实现微细加工。如薄壁、深小孔、盲孔、窄缝及弹性零件等的加工。

（3）由于电火花加工中不需要复杂的切削运动，因此有利于异形曲面零件的表面加工，而且由于工具电极的材料可以较软，因而工具电极较易制造。

（4）尽管放电温度较高，但因放电时间极短，所以加工表面不会产生厚的热影响层，因而适于加工热敏感性很强的材料。

（5）电火花加工时，脉冲电源的电脉冲参数调节及工具电极的自动进给等，均可通过一定措施实现自动化。

（6）电火花加工时，工具电极会产生损耗，这会影响加工精度。

二、电解加工

电解加工是利用金属在电解液中产生阳极溶解的化学原理，将工件加工成形的。

图9-2-2是电解加工原理图。工件接电源正极(阳极),工具接电源接负极(阴极),两级间保持较小的间隙(0.1~0.8 mm),具有一定的压力(0.5~2.5 MPa),电解液从两极间的间隙中以5~60 m/s的速度高速流过。当工具阴极不断向工具阳极进给时,在与阴极相对的工件表面上,金属材料按阴极型面的形状不断地溶解,电解产物不断被电解液带走,于是在工件表面加工出和阳极型面相反的形状。

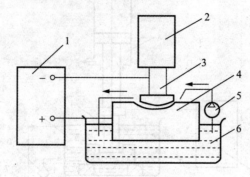

图9-2-2 电解加工原理图

1——直流电源;2——伺服进给机构;3——工具电极;4——工件;5——电解液循环系统;6——电解液

电解加工刚开始时,工件毛坯形状与工具形状不同,两极之间间隙不相等,如图9-2-3(a)所示。间隙小的地方电场强度高,电流密度大,金属溶解速度较快;反之,间隙大的地方金属溶解速度慢。随着工具不断向工件进给、阳极表面形状就逐渐与阴极形状接近。各处间隙与电流密度逐渐趋于一致,如图9-2-3(b)所示。

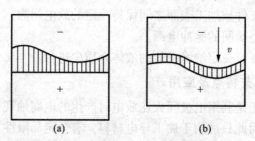

(a)　　　　　　　　(b)

图9-2-3 电解加工成形原理示意图

电解加工具有以下特点:

(1)加工范围广,不受金属材料本身硬度、强度和韧性的限制;凡是能导电的材料均可进行电解加工。

(2)生产效率高,为电火花加工的5~10倍。

(3)加工过程中不存在机械切削力和电火花加工时的热效应,所以不产生残余应力和变形,适于加工易变形或刚性差的工件,加工工件边缘无毛刺,精度高。

(4)加工过程中阴极在理论上不会损耗,可长期使用。

(5)电解加工能以简单的进给运动一次加工出复杂的成形面。

(6)电解加工表面粗糙度比电火花加工的表面粗糙度值小。

(7)电解加工的附属设备较多,机床造价高。

三、超声波加工

电火花加工和电解加工都只能加工金属导电材料，而无法加工不导电的非金属材料。然而，超声波加工不仅能加工高熔点的硬质合金、淬火钢等金属硬脆材料，而且更适合于加工玻璃、陶瓷、半导体锗和硅等不导电的硬脆材料。

1. 超声波加工基本原理

超声波加工是利用产生超声频(16~25 kHz)振动的工具，带动工件和工具间的磨料悬浮液，冲击和抛磨工件的被加工部位，使其局部材料破坏而成为粉末，以进行穿孔、切割和研磨等加工。

图9-2-4是超声波加工原理示意图。加工时，在工具1和工件2之间加入工作液，并使工具以很小的压力作用于工件上，超声波发生器7产生一定功率的超声频电流，通过换能器6将电能转化为超声频机械振动。换能器产生的振动经变幅杆4、5将振幅由原来的0.005~0.01 mm放大到0.01~0.15 mm，驱动工具振动。工具端面振动冲击工作液中的磨料颗粒，使其以很高的速度不断冲击被加工表面，把加工区的材料粉碎成很碎的微粒后脱离工件。流动的工作液将其带走，并送来新磨料。随着工具的不断进给，工具的形状被复映到工具上，直至所要求的形状和尺寸为止。

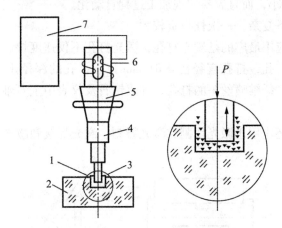

图9-2-4 超声波加工原理示意图

1——工具；2——工件；3——工作液；4，5——变幅杆；6——换能器；7——超声波发生器

2. 超声波加工特点与应用

超声波加工特点：

(1) 加工任何材料，特别是电火花加工和电解加工难以加工的不导电材料，如玻璃、陶瓷、金刚石等。

(2) 加工精度高、表面质量好。一般尺寸精度可达0.05~0.01 mm，表面粗糙度Ra为0.4~0.1 μm。

(3) 加工设备简单。

(4) 超声波加工效率不高。

超声波加工主要用于硬脆材料的孔加工、套料、切割、雕刻、研磨金刚石拉丝模等，以及超声清洗、超声焊接、超声测距和探伤等。

四、激光加工

激光具有亮度高、方向性好、单色性好、相干性好的特点。由于激光发散角小，通过光学系统把激光束聚集成一个极小的光斑（直径仅几微米或几十微米），使光斑处获得$10^8 \sim 10^{10}$ W/cm^{2}的能量密度，产生10 000 ℃以上的高温，从而能在千分之几秒甚至更短的时间内使被加工物质熔化和汽化，并产生很强烈的冲击波，使熔化物质爆炸式地喷射出去，以达到工件蚀除的目的。图9-2-5为激光加工原理示意图。

实现激光加工的设备主要由激光器、电源、光学系统和机械系统等组成。

激光加工具有以下特点：

（1）适用范围广，几乎对所有的金属材料和非金属材料都可以进行激光加工（不像电火花与电解加工那样要求被加工材料具有导电性）。

（2）激光能聚集成极细的光束，输出功率可以调节，因此可用于精密微细加工。

（3）加工所用工具是激光束，属于非接触加工，所以无明显的机械力。

（4）激光加工速度快，效率高（打一个孔仅需0.001 s，切割20 mm厚的钢板速度可达1.27 m/s），热影响区小，而且容易实现加工过程自动化。

（5）激光加工设备复杂，一次性投资较大。

激光加工领域中应用最广的是激光打孔，激光打孔不仅速度快、效率高，而且可做微细孔加工与超硬材料打孔，打孔直径在0.01 mm以下，孔的深径比可达50。目前已应用于柴油机喷油嘴、化学纤维喷丝头的打孔、钟表钻石及仪表中宝石轴承打孔、金刚石拉丝模打孔等方面。

此外，激光加工还应用于激光切割、激光雕刻、激光焊接和激光表面热处理等。

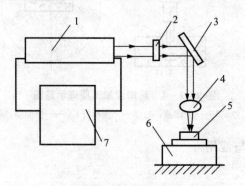

图9-2-5 激光加工原理示意图

1——激光器；2——透镜；3——平面镜；4——聚焦镜；5——工件；6——机械系统；7——电源

任务三 数控加工技术

一、数控机床的组成及数控加工过程

数控机床由程序编制及程序载体、输入装置、计算机数控装置（CNC）、伺服驱动及位置检测、辅助控制装置、机床本体等几部分组成。

1. 数控机床的基本结构

（1）程序编制及程序载体

数控程序是数控机床自动加工零件的工作指令。在对加工零件进行工艺分析的基础上，确定零件坐标系在机床坐标系上的相对位置，即零件在机床上的安装位置；刀具与零件相对运动的尺寸参数；零件加工的工艺路线、切削加工的工艺参数以及辅助装置的动作等，得到零件的所有运动、尺寸、工艺参数等加工信息后，用由文字、数字和符号组成的标准数控代码，按规定的方法和格式，编制零件加工的数控程序单。编制程序的工作可由人工进行；对于外形复杂的零件，则要在专用的编程机或通用计算机上进行 APT 自动编程或 CADCAM 设计。

编好的数控程序存放在便于输入到数控装置的一种存储载体上，如穿孔纸带、磁带和磁盘等，采用哪一种存储载体，取决于数控装置的设计类型。

（2）输入装置

输入装置的作用是将程序载体（信息载体）上的数控代码传递并存入数控系统内。根据控制存储介质的不同，输入装置可以是光电阅读机、磁带机或软盘驱动器等。数控机床加工程序也可以通过键盘用手工方式直接输入数控系统；数控加工程序还可由编程计算机用RS232C 接口或采用网络通信方式传送到数控系统中。

零件加工程序输入过程有两种不同的方式：一种是边读入边加工（数控系统内存较小时）；另一种是一次将零件加工程序全部读入数控装置内部的存储器，加工时再从内部存储器中逐段调出进行加工。

（3）数控装置

数控装置是数控机床的核心。数控装置从内部存储器中取出或接收输入装置送来的一段或几段数控加工程序，经过数控装置的逻辑电路或系统软件进行编译、运算和逻辑处理后，输出各种控制信息和指令，控制机床各部分的工作，使其进行规定的有序运动和动作。

零件的轮廓图形往往由直线、圆弧或其他非圆弧曲线组成，刀具在加工过程中必须按零件外形和尺寸的要求进行运动，即按图形轨迹移动。但是，输入的零件加工程序只能是各线段轨迹的起点和终点坐标值之间进行数据点的密化，求出一系列中间点的坐标值，并向相应的坐标输出脉冲信号，控制各坐标轴（即进给运动的各执行元件）的进给速度、进给方向和进给位移量等。

（4）驱动装置和位置检测装置

驱动装置接受来自数控装置的指令信息，经功率放大后，严格按照指令信息的要求驱动机床移动部件，以加工出符合图样要求的零件。因此，它的伺服精度和动态响应性能是影响数控机床加工精度、表面质量和生产率的重要因素之一。驱动装置包括控制器（含功率放大器）和执行机构两大部分。目前大都采用直流或交流伺服电动机作为执行机构。

位置检测装置将数控机床各坐标轴的实际位移量检测出来，经反馈系统输入到机床的数控装置之后，数控装置将反馈回来的实际位移量值与设定值进行比较，控制驱动装置按照指令设定值运动。

（5）辅助控制装置

辅助控制装置的主要作用是接收数控装置输出的开关量指令信号，经过编译、逻辑判别和运动，再经过功率放大后驱动相应的电器，带动机床的机械、液压、气动等辅助装置完成指令规定的开关量动作。这些控制包括主轴运动部件的变速、换向和启停指令，刀具的选择和交换指令，冷却、润滑装置的启动停止，工件和机床部件的松开、夹紧，分度工作台转位分度等开关辅助动作。

由于可编程逻辑控制器（PLC）具有响应快，性能可靠，易于使用、编程和修改程序，并可直接启动机床开关等特点，现已广泛用作数控机床的辅助控制装置。

（6）机床本体

数控机床的机床本体与传统机床相似，由主轴传递装置、进给传递装置、床身、工作台以及辅助运动装置、液压气动系统、润滑系统、冷却装置等组成。但是，数控机床在整体布局、外观造型、传动系统、刀具系统的结构以及操作机构等方面都已发生了很大的变化。这种变化的目的是为了满足数控机床的要求和充分发挥数控机床的特点。

2. 数控机床的加工过程

将被加工零件图纸上的几何信息和工艺信息用规定的代码和格式编写成加工程序，然后将加工程序输入数控装置，按照程序的要求，经过控制系统信息处理、分配，使各坐标移动若干个最小位移量，实现刀具与工件的相对运动，完成零件的加工。

数控加工中数据转换过程如图 9-3-1 所示。

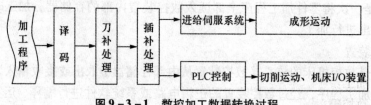

图 9-3-1 数控加工数据转换过程

（1）译码（解释）

译码程序的主要功能是将用文本格式（通常用 ASCII 码）表达的零件加工程序，以程序段为单位转换成刀补处理程序所要求的数据结构（格式）。该数据结构用来描述一个程序段解释后的数据信息。它主要包括：x、y、z 等坐标值，进给速度，主轴转速，G 代码，M 代码，刀具号，子程序处理和循环调用处理等数据或标志的存放顺序和格式。

（2）刀补处理（计算刀补刀具中心轨迹）

零件加工程序通常是按零件轮廓编制的，而数控机床在加工过程中控制的是刀具中心

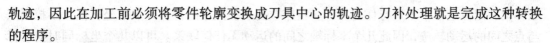

轨迹，因此在加工前必须将零件轮廓变换成刀具中心的轨迹。刀补处理就是完成这种转换的程序。

（3）插补计算

本模块以系统规定的插补周期 Δt 定时运行，它将由各种线形（直线、圆弧等）组成的零件轮廓，按程序给定的进给速度 v_c，实时计算各个进给轴在 Δt 内位移指令（Δx_1，Δy_1，…），并送给进给伺服系统，实现成形运动。

（4）PLC 控制

PLC 控制是对机床动作的顺序控制，即以 CNC 内部和机床各行程开关、传感器、按钮、继电器等开关量信号状态为条件，并按预先规定的逻辑顺序对诸如主轴的启停、换向，刀具的更换，工件的夹紧、松开，冷却、润滑系统等的运行进行控制。

二、数控机床的分类

数控机床的种类很多，可以按不同的方法对数控机床进行分类。

1. 按加工工艺方法分类

（1）金属切削类数控机床

与传统的车、铣、钻、磨、齿轮加工相对应的数控机床有数控车床、数控铣床、数控钻床、数控磨床、数控齿轮加工机床等。尽管这些数控机床在加工工艺方法上存在很大的差别，具体的控制方式也各不相同，但机床的动作和运动都是数字化控制的，具有较高的生产率和自动化程度。

在普通数控机床上加装一个刀库和换刀装置，就成为数控加工中心机床。加工中心机床进一步提高了普通数控机床的自动化程度和生产率。如铣、镗、钻加工中心，它是数控铣床基础上增加了一个容量较大的刀库和自动换刀装置形成的，工件一次装夹后，可以对箱体零件的大部分加工工序进行铣、镗、钻、扩、铰以及功螺纹等多工序加工，特别适合箱体类零件的加工。加工中心机床可以有效地避免由于工件多次安装造成的定位误差，减少了机床的台数和占地面积，缩短了辅助时间，大大提高了生产效率和加工质量。

（2）特种加工类数控机床

除了切削加工数控机床以外，数控技术也大量用于数控电火花线切割机床、数控电火花成形机床、数控等离子弧切割机床、数控火焰切割机床以及数控激光加工机床等。

（3）板材加工类数控机床

常见的应用于金属板材加工的数控机床有数控压力机、数控剪板机和数控折弯机等。

近年来，其他机械设备中也大量采用了数控技术，如数控多坐标测量机、自动绘图机及工业机器人等。

2. 按控制运动轨迹分类

（1）点位控制数控机床

点位控制机床的特点是机床移动部件只能实现由一个位置到另一个位置的精确定位，

在移动和定位过程中不进行任何加工。机床数控系统只控制行程终点的坐标值，不控制点与点之间的运动轨迹，因此几个坐标轴之间的运动无任何联系。可以几个坐标同时向目标点运动，也可以各个坐标单独依次运动。

（2）直线控制数控机床

直线控制数控机床可控制刀具或工作台以适当的进给速度，沿着平行于坐标轴的方向进行直线移动和切削加工，进给速度根据切削条件可在一定范围内变化。

（3）轮廓控制数控机床

轮廓控制数控机床能够对两个或两个以上运动的位移及速度进行连续相关的控制，使合成的平面或空间的运动轨迹能满足零件轮廓的要求。它不仅能控制机床移动部件的起点与终点坐标，而且能控制整个加工轮廓每一点的速度和位移，将工件加工成要求的轮廓形状。

3. 按驱动装置的特点分类

（1）开环控制数控机床

这类数控机床控制系统没有位置检测元件，伺服驱动部件通常为反应式步进电动机或混合式伺服步进电动机。数控系统每发出一个进给指令，经驱动电路功率放大后，驱动步进电动机旋转一个角度，再经过齿轮减速装置带动丝杠旋转，通过丝杠螺母机构转换为移动部件的直线位移。移动部件的移动速度与位移量是由输入脉冲的频率与脉冲数所决定的。此类数控机床的信息流是单向的，即进给脉冲发出去后，实际移动值不再反馈回来，所以称为开环控制数控机床。

（2）闭环控制数控机床

闭环控制数控机床是在机床移动部件上直接安装直线位移检测装置，直接对工作台的实际位移进行检测，将测量的实际位移值反馈到数控装置中，与输入的指令位移值进行比较，用差值对机床进行控制，使移动部件按照实际需要的位移量运动，最终实现移动部件的精确运动和位移。从理论上讲，闭环系统的运动精度主要取决于检测装置的检测精度，也与传动链的误差无关，因此其控制精度高。这类控制的数控机床，因把机床工作台纳入了控制环节，故称为闭环控制数控机床。

（3）半闭环控制数控机床

半闭环控制数控机床是在伺服电动机的轴或数控机床的传动丝杠上装有角位移电流检测装置（如光电编码器等），通过检测丝杠的转角间接地检测移动部件的实际位移，然后反馈到数控装置中去，并对误差进行修正。通过测速元件和光电编码盘可间接检测出伺服电动机的转速，从而推算出工作台的实际位移量，将此值与指令值进行比较，用差值来实现控制。由于工作台没有包括在控制回路中，因而称为半闭环控制数控机床。

（4）混合控制数控机床

将以上三类数控机床的特点结合起来，就形成了混合控制数控机床。混合控制数控机床特别适用于大型或重型数控机床，因为大型或重型数控机床需要较高的进给速度与相当高的精度，其传动链惯量与力矩大，如果只采用全闭环控制，机床传动链和工作台全部置于控制闭环中，闭环调试比较复杂。

三、数控机床的特点及应用

1. 数控机床的特点

（1）具有高度柔性

在数控机床上加工零件，主要取决于加工程序，它与普通机床不同，不必制造、更换许多工具、夹具，不需要经常调整机床。因此，数控机床适用于零件频繁更换的场合，也就是适合单件、小批量生产及新产品的开发，缩短了生产准备周期，节省了大量工艺设备的费用。

（2）加工精度高

数控机床的加工精度，一般可达 0.005 ~ 0.1 mm。数控机床是按数字信号形式控制的，数控装置每输出一个脉冲信号，则机床移动部件移动一个脉冲当量数控装置进行补偿，因此数控机床定位精度比较高。

（3）加工质量稳定、可靠

加工同一批零件，在同一机床，相同加工条件下，使用相同刀具和加工程序，刀具的走刀轨迹完全相同，零件的一致性好，质量稳定。

（4）生产率高

数控机床可有效地减少零件的加工时间和辅助时间，数控机床的主轴转速和进给量的范围大，允许机床进行大切削量的强力切削。数控机床目前进入高速加工时代，数控机床移动部件的快速移动和定位及高速切削加工，减少了半成品工序间的周转时间，提高了生产效率。

（5）改善劳动条件

数控机床加工前经调整好后，输入程序并启动，机床就能自动连续进行加工，直至加工结束。操作者主要负责程序的输入、编辑、装卸零件、刀具准备、加工状态的观测、零件的检验等工作，极大降低了劳动强度，机床操作者的劳动趋于智力型工作。另外，机床一般是封闭式加工，既清洁，又安全。

（6）利于生产管理现代化

数控机床的加工，可预先精确估计加工时间，所使用的刀具、夹具可进行规范化、现代化管理。数控机床使用数字信号与标准代码为控制信息，易于实现加工信息的标准化，目前已与计算机辅助设计与制造（CAD/CAM）有机地结合起来，是现代集成制造技术的基础。

2. 数控机床的应用

目前，数控机床主要应用在以下几方面：

（1）常规零件的加工，如二维车削、箱体类镗铣等。其目的是：提高加工效率，避免人为误差，保证产品质量；以柔性的方式取得高成本的工装设备，缩短产品制造周期，适应市场需求。这类零件一般形状较简单，实现上述目的的关键在于提高机床的柔性自动化程度、高速高精度加工能力、加工过程的可靠性与设备的操作性能。同时，合理的生产组织、计划调度和工序安排也非常重要。

（2）复杂零件的加工，如模具型腔、涡轮、叶片等。这类零件成形面复杂，用常规方法难以实现，它不仅促进了数控加工技术的发展，而且也一直是数控加工技术主要研究及应用的对象。

课后思考与练习

1. 简述现代制造技术的特点。
2. 简述电火花加工的基本原理。
3. 简述超声波加工的原理与应用。
4. 数控机床基本结构有几部分？
5. 数控机床按驱动装置的特点可分为哪几类？
6. 数控机床有哪些特点？

参 考 文 献

［1］高波.机械制造基础［M］.大连:大连理工大学出版社,2006.

［2］吉卫喜.机械制造技术［M］.北京:机械工业出版社,2001.

［3］李华.机械制造技术［M］.北京:高等教育出版社,2000.

［4］李益民.机械制造工艺设计简明手册［M］.北京:机械工业出版社,2011.

［5］刘越.机械制造技术［M］.北京:化学工业出版社,2009.

［6］卢秉恒.机械制造技术基础［M］.3 版.北京:机械工业出版社,2008.

［7］陆剑中,孙家宁.金属切削原理与刀具［M］.5 版.北京:机械工业出版社,2011.

［8］罗中先.金属切削机床［M］.重庆:重庆大学出版社,1997.

［9］孟少农.机械加工工艺手册［M］.北京:机械工业出版社,1991.

［10］祁红志.机械制造基础［M］.北京:电子工业出版社,2005.

［11］王明耀.机械制造技术［M］.北京:机械工业出版社,2006.

［12］肖继德.机床夹具设计［M］.北京:机械工业出版社,2005.

［13］薛源顺.机床夹具设计［M］.3 版.北京:高等教育出版社,2013.

［14］尹成湖.机械制造技术基础［M］.北京:高等教育出版社,2008.

［15］袁哲俊.金属切削刀具［M］.上海:上海科学技术出版社,1984.

［16］恽达明.金属切削机床［M］.北京:机械工业出版社,2005.

［17］曾志新,刘旺玉.机械制造技术基础［M］.2 版.北京:高等教育出版社,2011.

［18］郑修本.机械制造工艺学［M］.3 版.北京:机械工业出版社,2012.

［19］周宗明.金属切削机床［M］.北京:清华大学出版社,2004.